严格依据中华人民共和国住房和城乡建设部印发的
造价工程师职业资格考试大纲编写

全国一级造价工程师职业资格考试

名师讲义及同步强化训练

建设工程造价管理

◎ 环球网校造价工程师考试研究院 组编

中国石化出版社
HTTP://WWW.SINOPEC-PRESS.COM

图书在版编目（CIP）数据

建设工程造价管理/环球网校造价工程师考试研究院组编．—北京：中国石化出版社，2019.8（2022.6 重印）

全国一级造价工程师职业资格考试·名师讲义及同步强化训练

ISBN 978-7-5114-5487-4

Ⅰ．①建… Ⅱ．①环… Ⅲ．①建筑造价管理—资格考试—自学参考资料 Ⅳ．①TU723.3

中国版本图书馆 CIP 数据核字（2019）第 157886 号

中国石化出版社出版发行

地址：北京市东城区安定门外大街 58 号

邮编：100011　电话：（010）57512500

发行部电话：（010）57512575

http：//www. sinopec-press. com

E-mail：press@sinopec. com

三河市中晟雅豪印务有限公司印刷

全国各地新华书店经销

*

787×1092 毫米 16 开本 19 印张 462 千字

2019 年 8 月第 1 版　2022 年 6 月第 7 次印刷

定价：65.00 元

全国一级造价工程师职业资格考试
名师讲义及同步强化训练·建设工程造价管理

编 委 会

主　　审　夏立明　孙凌志

本册主编　蒋莉莉

参编人员　陈　辉　赵知启　武立叶　王　颖
（排名不分先后）　张　静　汤　菁　胡倩倩　王宏伟

编者寄语

“建设工程造价管理”属于一级造价工程师职业资格考试的基础科目，具有知识点杂、乱、多，概念较为抽象等特点。

为了帮助广大考生克服备考过程中遇到的各种困难，让大家高效备考，顺利通过考试，环球网校的教研教学团队历经两年多打磨，推出了这套《全国一级造价工程师职业资格考试·名师讲义及同步强化训练》系列辅导用书。

这套书以新版考试大纲为依据，精心设计的教学讲义为蓝本，结合多年教学实践，对相关知识点做了较为系统的阐述。本书以大量图、表的形式梳理杂乱的知识点，帮助考生理清思路；总结归纳“记忆口诀”，帮助考生记忆繁杂的知识点；以“重点提示”的方式区分容易混淆的知识点。可以说，本书具有重点难点突出、讲解深入浅出的特点，能够帮助大家更好地复习备考。

要想通过考试，最为关键的一个环节是做题。本书所配例题多为历年真题，具有较高参考价值。通过做知识点后的历年真题，大家可以及时检测自己的学习效果，还可以把握命题规律和趋势，有针对性地进行复习备考。此外，每章都配有同步训练，它涵盖了本章重要的学习内容，有助于考生更好地掌握相关知识点。通过学练结合的方式，考生可以更有效地复习备考，从而可以胸有成竹地参加考试。

时光如白驹过隙，所幸我们从未虚度。悉数得失，我们心之坦然。至此，我们将从业数年沉淀之所得纳入本书，希望能在大家复习备考的道路上助大家一臂之力！

《孟子·滕文公上》中讲：“出入相友，守望相助。”我愿与大家一同守望、一起努力，在激流勇进中倾力一搏，早日成为合格的造价工程师，迎接更好的明天！

最后，衷心祝愿大家顺利通过一级造价工程师职业资格考试！

本书特点

> **名师执笔，倾心打造精编教辅**

本套丛书由环球网校造价工程师考试研究院组织一线名师执笔编写。在编写过程中，作者以最新考试大纲为依据，融合多年的教学经验，针对近年来的命题趋势，对知识点进行了梳理、归类和整理，逻辑清晰、内容精炼，便于读者备考，提高复习效率。

> **脉络清晰，构建完整知识体系**

在本套丛书中，每章都配有学习提示、知识脉络、考情分析等栏目。“学习提示”旨在为读者提供学习本章的主要思路，让读者迅速把握重点、难点。“知识脉络”旨在为读者提供知识框架及学习要点，有助于读者提纲挈领地掌握本章知识框架，缕清知识脉络，避免走入“只见树木，不见森林”的误区。“考情分析”旨在让读者了解本章知识点在历年考试中所考察的分值，从而把握重点章节，进行有针对性的学习。

> **重点突出，提高复习备考效率**

本套丛书在编写过程中统计了每个知识点在近10年真题的考查情况，列出了考查年份及考查形式。考生能够通过“考分统计”这个栏目，洞悉该知识点的命题规律及命题趋势。

此外，本套丛书用波浪线画出了重要知识点中的关键词、句，采用图表、口诀、对比分等方法，帮助考生强化记忆，便于读者快速抓取关键内容，有针对性地进行学习。

> **学练结合，触类旁通，活学活用**

唯有多做题、巧做题，才能融会贯通、举一反三，提高应试能力。本套丛书为每个知识点都配备了相应的题目，既有历年真题，也有编者精心选择的经典习题，涵盖了具体知识点的不同考查形式。此外，每章都配有章节同步训练，考生可以及时查漏补缺，夯实基础。

> **移动课堂，海量题库，助力通关**

为更好地复习备考，环球网校造价工程师考试研究院统计了考生不易理解的知识点，在这些知识点旁边配有二维码，读者通过微信扫码即可看到老师对该知识点的讲解。此外，读者可以扫描封底二维码兑换精品课程，还可以下载题库APP（包含章节练习、历年真题和模拟试卷三大模块），随时随地进行自测，以提升应试水平。

环球网校祝您顺利通过一级造价工程师职业资格考试！

备考指导

一、考试概览

全国一级造价工程师职业资格考试的考试时间、考试科目、考试时长等信息见表 1。

表 1　全国一级造价工程师职业资格考试相关信息

考试时间		考试科目	考试时长/小时	满分/分	试题类型
每年十月的中、下旬（周六）	上午 9：00—11：30	建设工程造价管理	2.5	100	客观题
	下午 2：00—4：30	建设工程计价	2.5	100	客观题
每年十月的中、下旬（周日）	上午 9：00—11：30	建设工程技术与计量（土木建筑工程、交通运输工程、水利工程、安装工程）	2.5	100	客观题
	下午 2：00—6：00	建设工程造价案例分析（土木建筑工程、交通运输工程、水利工程、安装工程）	4	120	主观题

“建设工程造价管理”是全国一级造价工程师职业资格考试的必考科目。考试时长为 2.5 小时，满分 100 分，合格标准为 60 分。考查形式为客观题，包括单项选择题（60 题，每题 1 分，共 60 分）和多项选择题（20 题，每题 2 分，共 40 分）。

计分规则为：

（1）单选题：4 选 1，错选、多选不得分。

（2）多选题：5 个选项中，正确选项 2～4 个，全部选对得 2 分；错选、多选不得分；少选但选对的，每个选项 0.5 分。

二、备考指导

（一）分值分布

表 2　2018～2021 年真题分值分布统计表　（单位：分）

章节名称	2021 年		2020 年		2019 年		2018 年	
	单选	多选	单选	多选	单选	多选	单选	多选
第一章　工程造价管理及其基本制度	3	4	6	4	5	4	5	4
	7		10		9		9	
第二章　相关法律法规	5	4	6	8	6	6	6	6
	9		14		12		12	
第三章　工程项目管理	16	10	12	8	12	10	12	10
	26		20		22		22	

续表

章节名称	2021 年		2020 年		2019 年		2018 年	
	单选	多选	单选	多选	单选	多选	单选	多选
第四章　工程经济	10	6	12	8	9	6	12	6
	16		20		15		18	
第五章　工程项目投融资	10	6	12	4	12	6	13	6
	16		16		18		19	
第六章　工程建设全过程造价管理	16	10	12	8	10	10	12	8
	26		20		20		20	

（二）命题趋势

建设工程造价管理的试卷共计 80 题，命题趋势具有如下特点：

（1）考点考查范围更广，考点考查更具综合性。

（2）常规考点仍占主流，但考查维度更详细。

（3）理论与实际相结合，注重知识理解应用。

（三）复习方法

通过对真题的研究分析，造价管理考题大致可以分为四类：记忆型题目、计算型题目、理解型题目、综合型题目。

（1）记忆型题目——配合本书中图表、口诀进行理解记忆。

典型例题

[典型例题·单选] 建设单位应当自建设工程竣工验收合格之日起（　　）日内，将建设工程竣工验收报告报建设行政主管部门或者其他有关部门备案。

A. 10　　B. 15

C. 20　　D. 30

[解析] 建设单位应当自建设工程竣工验收合格之日起 15 日内，将建设工程竣工验收报告和规划、公安消防、环保等部门出具的认可文件或者准许使用文件报建设行政主管部门或者其他有关部门备案。

[答案] B

[典型例题·单选] 对于实行项目管理法人责任制的项目，董事会应负责（　　）。

A. 组织编制初步设计文件

B. 控制工程投资、工期和质量

C. 组织工程设计招标

D. 筹措建设资金

[解析] 建设项目董事会的职权有：①负责筹措建设资金；②审核上报项目初步设计和概算文件；③审核上报年度投资计划并落实年度资金；④提出项目开工报告；⑤研究解决建设过程中出现的重大问题；⑥负责提出项目竣工验收申请报告；⑦审定偿还债务计划和生产经营方针，并负责按时偿还债务；⑧聘任或解聘项目总经理，并根据总经理的提名，聘任或解聘其他高级管理人员。

[答案] D

（2）计算型题目——计算数量适中，难度较低，在理解的基础上运用公式，记忆公式。

典型例题

[**典型例题·单选**] 工程项目有3个施工过程，4个施工段，施工过程在施工段上的流水节拍分别为4、2、4，组织成倍节拍流水施工，则流水施工工期为（　　）天。

A. 10　　B. 12

C. 16　　D. 18

[**解析**] 该施工过程流水节拍的最大公约数为2。专业工作队数为：4/2＋2/2＋4/2＝5（个），总工期＝（4＋5－1）×2＝16（天）。

[**答案**] C

[**典型例题·单选**] 某笔借款年利率6%，每季度复利计息一次，则该笔借款的年实际利率为（　　）。

A. 6.03%　　B. 6.05%

C. 6.14%　　D. 6.17%

[**解析**] 该笔借款年实际利率 $i_{eff}=(1+r/m)^m-1=(1+6\%/4)^4-1=6.14\%$。

[**答案**] C

（3）理解型题目——难度较大，容易出偏题、难题。关键要掌握核心知识点，深刻探知其内涵。

典型例题

[**典型例题·单选**] 某产品由5个部件组成，产品的某项功能由其中3个部件共同实现，3个部件共有4个功能，关于该功能成本的说法，正确的是（　　）。

A. 该项功能成本为产品总成本的60%

B. 该项功能成本占全部功能成本比超过50%

C. 该项功能成本为3个部件相应成本之和

D. 该项功能为承担该功能的3个部件成本之和

[**解析**] 当一个零部件只具有一个功能时，该零部件的成本就是其本身的功能成本；当一项功能要由多个零部件共同实现时，该功能的成本就等于这些零部件的功能成本之和。当一个零部件具有多项功能或与多项功能有关时，就需要将零部件成本根据具体情况分摊给各项有关功能。

[**答案**] D

[**典型例题·单选**] 可作为建筑工程一切险保险项目的是（　　）。

A. 施工用设备

B. 公共运输车辆

C. 技术资料

D. 有价证券

[**解析**] 货币、票证、有价证券、文件、账簿、图表、技术资料，领有公共运输执照的车辆、船舶以及其他无法鉴定价值的财产，不能作为建筑工程一切险的保险项目。施工用设备可以作为建筑工程一切险保险项目。

[**答案**] A

（4）综合型题目——难度较大。为了考查考生对知识点灵活运用的程度，通常会将多考点、多知识点综合在一起考查。要求考生在掌握知识点的基础上，能够灵活运用相关内容对考题进行分析，进而做出正确选择。

典型例题

[**典型例题·单选**] 双代号网络计划中，关于关键节点说法正确的是（　　）。

A. 关键工作两端的节点必然是关键节点

B. 关键节点的最早时间与最迟时间必然相等

C. 关键节点组成的线路必然是关键线路

D. 两端为关键节点的工作必然是关键工作

[**解析**] 关键工作两端的节点必为关键节点，但两端为关键节点的工作不一定是关键工作。关键节点的最迟时间与最早时间的差值最小。特别是当网络计划的计划工期等于计算工期时，关键节点的最早时间与最迟时间必然相等。关键节点必然处在关键线路上，但由关键节点组成的线路不一定是关键线路。

[**答案**] A

目　录

第一章　工程造价管理及其基本制度

本章包括5个小节，主要讲述工程造价管理的基本理论和作为造价执业人（造价咨询企业、造价工程师）在执业过程中必须了解和遵从的相关制度，是整个造价工程师考试以及作为造价执业人执业过程中需要把握和了解的理论基础，本章每年考查分值10分左右，属于非重点章节，内容较少，考点相对集中，容易把握重点，易得分。

知识脉络

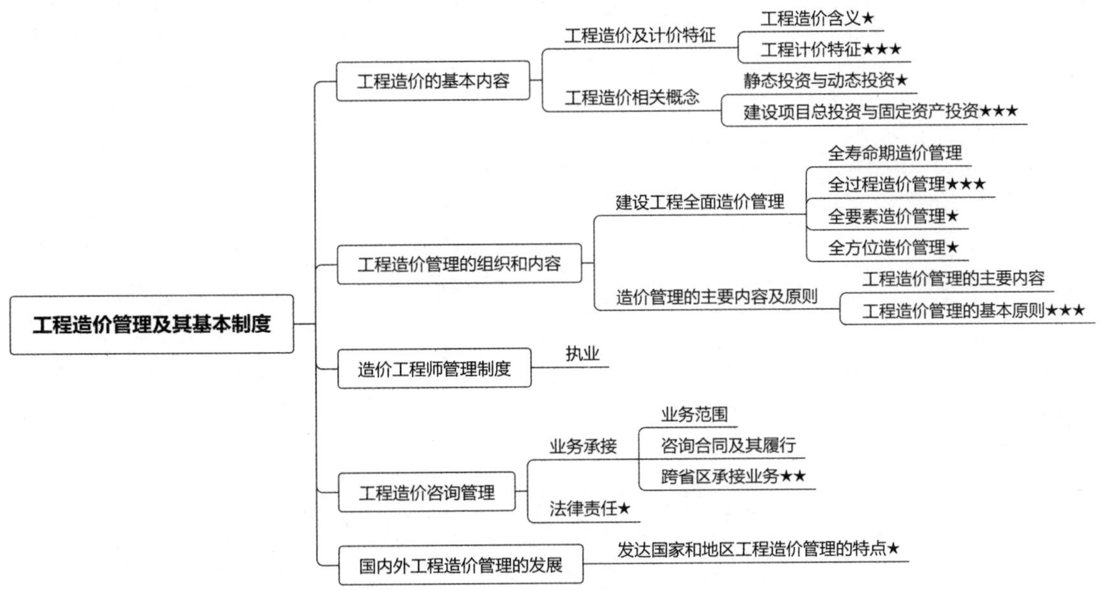

考情分析

近四年真题分值分布统计表

（单位：分）

节序	节名	2021 年		2020 年		2019 年		2018 年	
		单选	多选	单选	多选	单选	多选	单选	多选
第一节	工程造价的基本内容	1	0	2	2	1	0	1	2
第二节	工程造价管理的组织和内容	0	2	2	2	1	2	1	0
第三节	造价工程师管理制度	1	0	0	0	1	0	0	2
第四节	工程造价咨询管理	1	0	2	0	1	2	2	0
第五节	国内外工程造价管理的发展	0	2	0	0	1	0	1	0
小结		3	4	6	4	5	4	5	4
		7		10		9		9	

第一节 工程造价的基本内容

知识点 1 工程造价的内涵

工程造价指工程建设项目在建设期预计或实际支出的建设费用。由于费用形成所处的角度不同，因此，工程造价的内涵也不相同。

(1) 从业主的角度来看，工程造价为全部固定资产投资。

(2) 从市场交易的角度来看，工程造价为建筑安装工程费或建设工程总费用。

(3) 工程承发包价格为建设单位和承包单位都认可的价格。

➤ **考分统计**：统计近 10 年本知识点，在 2014、2020 年各考核一道单选题，考核频次为 20%。

典型例题

[**2020 真题 · 单选**] 从投资者角度，工程造价是建设工程预期开支或者实际开支的全部(　　)费用。

A. 建安工程费

B. 有形资产投资

C. 静态投资

D. 固定资产投资

[**解析**] 从投资者（业主）角度分析工程造价是指建设一项工程预期开支或实际开支的全部固定资产投资费用。

[**答案**] D

知识点 2 工程计价的特点

工程项目的建设特点决定了工程计价具有以下特点。

一、计价的单件性

每个项目均不尽相同，因此每项工程都必须单独计算造价。

二、计价的多次性（多次计价）

整个项目从开始的策划决策阶段到最后的竣工验收阶段，由于每个阶段有不同的需求，因此需要在不同阶段多次进行计价，整个过程逐步深入和细化，不断接近实际造价。计价的多次性见图 1-1-1。

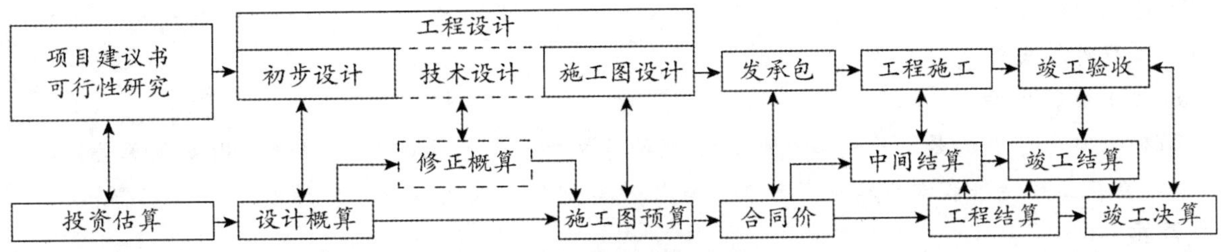

图 1-1-1 计价的多次性

工程结算文件一般由承包单位编制，由发包单位审查，也可委托工程造价咨询机构进行审查。

三、计价的组合性

一个建设项目是一个工程综合体，可按单项工程、单位工程、分部工程、分项工程等不同层次分解为许多有内在联系的组成部分。建设项目的组合性决定了工程计价的逐步组合过程。

四、计价方法的多样性

工程项目要进行多次计价时每次计价的依据各不相同，精确度要求也各不相同，由此决定了计价方法的多样性。

五、计价依据的复杂性

影响工程造价的因素很多，因此工程计价依据具有复杂性。一般主要分为以下7类：

（1）设备和工程量计算依据。包括项目建议书、可行性研究报告、设计文件等。

（2）人工、材料、机械等实物消耗量计算依据。包括投资估算指标、概算定额、预算定额等。

（3）工程单价计算依据。包括人工单价、材料价格、材料运杂费、机械台班费等。

（4）设备单价计算依据。包括设备原价、设备运杂费、进口设备关税等。

（5）措施费、间接费和工程建设其他费用计算依据。主要是相关的费用定额和指标。

（6）政府规定的税、费。

（7）物价指数和工程造价指数。

➤ **考分统计**：统计近10年本知识点，在2012、2015、2016、2018、2020年进行考核，考核频次为50%，其中2012、2015、2016、2020年考核一道单选题，2018年考核一道单选题、一道多选题。

典型例题

［**2020真题·单选**］工程计价是一个逐步组合的过程，正确的造价组合过程是（　　）。

A. 单位工程造价→分部分项工程造价→单项工程造价

B. 单位工程造价→单项工程造价→分部分项工程造价

C. 分部分项工程造价→单位工程造价→单项工程造价

D. 分部分项工程造价→单项工程造价→单位工程造价

［**解析**］建设项目的组合性决定了工程计价的逐步组合过程。工程造价的组合过程是：分部分项工程造价→单位工程造价→单项工程造价→建设项目总造价。

［**答案**］C

［**2018真题·单选**］下列工程计价文件中，由施工承包单位编制的是（　　）。

A. 设计概算文件

B. 施工图预算文件

C. 工程结算文件

D. 竣工决算文件

［**解析**］本题考查的是计价的多次性。工程结算文件一般由承包单位编制，由发包单位审查，也可委托工程造价咨询机构进行审查。竣工决算文件一般由建设单位编制。

［**答案**］C

［**2016 真题·单选**］工程项目的多次计价是一个（　　）的过程。
A. 逐步分解和组合，逐步汇总概算造价
B. 逐步深化和细化，逐步接近实际造价
C. 逐步分析和测算，逐步确定投资估算
D. 逐步确定和控制，逐步积累竣工结算价
［**解析**］本题考查的是计价的多次性。工程项目的计价具有多次性。多次计价是个逐步深化、逐步细化和逐步接近实际造价的过程。
［**答案**］B

［**2015 真题·单选**］建筑产品的单件性特点决定了每项工程造价都必须（　　）。
A. 分布组合　　B. 多层组合
C. 多次计算　　D. 单独计算
［**解析**］本题考查的是计价的单件性。建筑产品的单件性决定了每项工程都必须单独计算造价。
［**答案**］D

［**2018 真题·多选**］工程计价的依据有多种不同类型，其中工程单价的计算依据有（　　）。
A. 材料价格　　B. 投资估算指标
C. 机械台班费　　D. 人工单价
E. 概算定额
［**解析**］本题考查的是计价依据的复杂性。工程单价计算依据包括人工单价、材料价格、材料运杂费、机械台班费等。投资估算指标、概算定额、预算定额等是人工、材料、机械等实物消耗量计算依据。
［**答案**］ACD

知识点 3　工程造价相关概念

一、静态投资与动态投资

（1）静态投资。不考虑物价上涨、建设期贷款利息等影响因素的建设投资。包括（四项＋一）：建筑安装工程费、设备和工器具购置费、工程建设其他费、基本预备费以及因工程量误差而引起的工程造价增减值等。

（2）动态投资。考虑物价上涨、建设期贷款利息等影响因素的建设投资。包括静态投资、建设期贷款利息、涨价预备费等。

二、建设项目总投资与固定资产投资

（一）建设项目总投资

建设项目总投资是指为完成工程项目建设，在建设期（预计或实际）投入的所有费用的总和。建设项目总投资按用途可分为：

（1）生产性建设项目总投资。包括固定资产投资和流动资产投资两部分。

（2）非生产性建设项目总投资。包括固定资产投资。

（二）固定资产投资（建设项目总造价）

固定资产投资是指项目总投资中的固定资产投资总额。

➤ **点拨**：建设项目总投资≥建设项目总造价。见图 1-1-2。

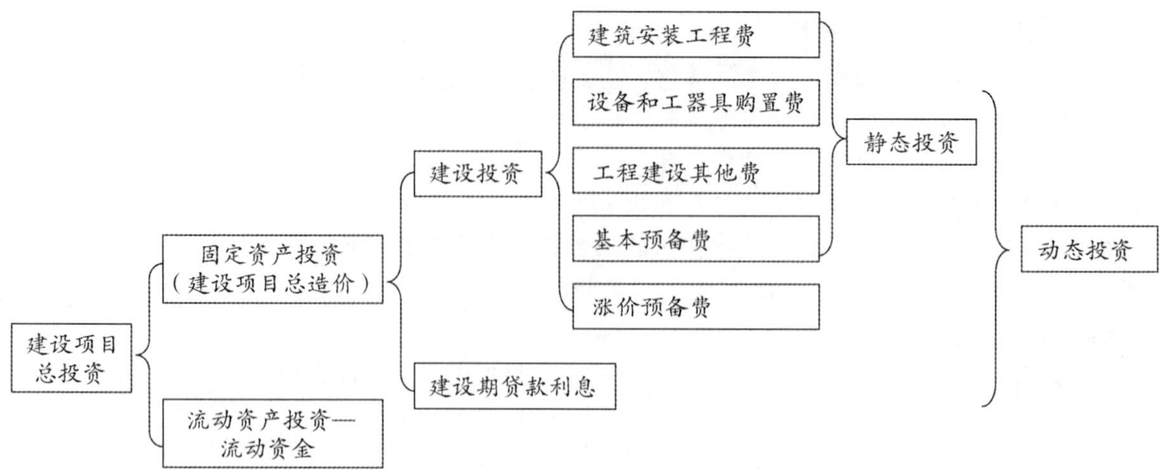

图 1-1-2　建设项目总投资

➤ **考分统计**：统计近 10 年本知识点，在 2011、2013、2015、2017、2019 年分别考核一道单选题，考核频次为 50%。

典型例题

［**2019 真题·单选**］以下属于静态投资的是（　　）。

A. 涨价预备费　　B. 基本预备费

C. 建设期贷款利息　　D. 资金的时间价值

［**解析**］静态投资包括：建筑安装工程费、设备和工器具购置费、工程建设其他费、基本预备费，以及因工程量误差而引起的工程造价增减值等。

［**答案**］B

［**2017 真题·单选**］建设项目的造价是指项目总投资中的（　　）。

A. 固定资产与流动资产投资之和　　B. 建筑安装工程投资

C. 建筑安装工程费和设备费之和　　D. 固定资产投资总额

［**解析**］本题考查的是建设项目总投资与固定资产投资。建设项目总造价是指项目总投资中固定资产投资总额。选项 A，建设项目按用途可分为生产性建设项目和非生产性建设项目。生产性建设项目总投资包括固定资产投资和流动资产投资两部分。选项 B、C 属于固定资产投资部分。

［**答案**］D

［**2015 真题·单选**］生产性建设项目总投资由（　　）两部分组成。

A. 建筑工程投资和安装工程投资

B. 建筑工程投资和设备工器具投资

C. 固定资产投资和流动资产投资

D. 建筑工程投资和工程建设其他投资

［**解析**］本题考查的是建设项目总投资与固定资产投资。建设项目按用途可分为生产性建设项目和非生产性建设项目。生产性建设项目总投资包括固定资产投资和流动资产投资两部分；非生产性建设项目总投资只包括固定资产投资，不含流动资产投资。

［**答案**］C

第二节　工程造价管理的组织和内容

知识点 1　建设工程全面造价管理

全面造价管理是指对专业知识与技术进行有效地利用，筹划和控制资源、成本、盈利和风险。

一、全寿命期造价管理

建设工程全寿命期造价是指建设工程初始建造成本和建成后的日常使用及拆除成本之和。

二、全过程造价管理

全过程造价管理各阶段及工作内容见表 1-2-1。

表 1-2-1　全过程造价管理各阶段及工作内容

阶段	工作内容
策划阶段	项目策划、投资估算、项目经济评价、项目融资方案分析
设计阶段	限额设计、方案比选、概预算编制
招投标阶段	标段划分、发承包模式及合同形式的选择、最高投标限价或标底编制
施工阶段	工程计量与结算、工程变更控制、索赔管理
竣工验收阶段	结算与决算

三、全要素造价管理

（1）实现工程成本、工期、质量、安全、环保的集成管理。

（2）核心：按照优先性原则，协调和平衡工期、质量、安全、环保与成本之间的对立统一关系。

四、全方位造价管理

建设工程的造价管理不仅是建设单位或承包单位的任务，而应是政府建设主管部门、行业协会、建设单位、设计单位、施工单位以及有关咨询机构的共同任务。

➤ **点拨**：注意几个概念的区分。

（1）全寿命期造价管理：项目的全寿命期是指从初始建造直到项目报废为止。

（2）全过程造价管理：项目的全过程是指从初始建造直到项目竣工验收为止。

（3）全要素造价管理：影响造价的因素很多，因此管理造价的时候不能只管钱，还要考虑工期、质量、安全、环保等问题。

（4）全方位造价管理：各方面一起来管理造价。

➤ **考分统计**：统计近 10 年本知识点，在 2011、2012、2013、2015、2016、2017、2019、2020 年进行考核，考核频次为 70%，各年均考核一道单选题。

典型例题

[**2020 真题·单选**] 全面造价管理是指有效地利用专业知识和技术，对（　　）进行筹划和控制。

A. 资源、成本、盈利和风险

B. 工期、质量、成本和风险

C. 质量、安全、成本和盈利

D. 工期成本、质量成本、安全成本、环境成本

[**解析**] 按照国际造价管理联合会（InternationalCostEngineeringCouncil，ICEC）给出的定义，全面造价管理（TotalCostManagement，TCM）是指有效地利用专业知识与技术，对资源、成本、盈利和风险进行筹划和控制。

[**答案**] A

[**2017 真题·单选**] 政府部门、行业协会、建设单位、施工企业及咨询机构通过协调工作，共同完成工程造价控制任务，属于建设工程全面造价管理中的（　　）。

A. 全过程造价管理

B. 全方位造价管理

C. 全寿命期造价管理

D. 全要素造价管理

[**解析**] 本题考查的是建设工程全面造价管理。根据建设工程全方位造价管理的要求，建设工程造价管理不仅仅是建设单位或承包单位的任务，而应是政府建设主管部门、行业协会、建设单位、设计单位、施工单位以及有关咨询机构的共同任务。属于建设工程全面造价管理中的全方位造价管理。要理解四个全面造价管理的含义。

[**答案**] B

[**2016 真题·单选**] 下列工作中，属于工程招投标阶段造价管理内容的是（　　）。

A. 承发包模式选择　　B. 融资方案设计

C. 组织实施模式选择　　D. 索赔方案设计

[**解析**] 本题考查的是建设工程全面造价管理。根据建设工程全过程造价管理的要求，在工程建设全过程各个不同阶段，工程造价管理有着不同的工作内容，其中，招投标阶段造价管理的内容包括标段划分、发承包模式及合同形式的选择、招标控制价或标底编制。

[**答案**] A

[**2013 真题·单选**] 建设工程全要素造价管理是指要实现（　　）的集成管理。

A. 人工费、材料费、施工机具使用费

B. 直接成本、间接成本、规费、利润

C. 工程成本、工期、质量、安全、环保

D. 建筑安装工程费用、设备工器具费用、工程建设其他费用

[**解析**] 本题考查的是建设工程全面造价管理。根据建设工程全要素造价管理的要求，控制建设工程造价不仅仅是控制建设工程本身的建造成本，还应同时考虑工期成本、质量成本、安全与环境成本的控制，从而实现工程成本、工期、质量、安全、环保的集成管理。要理解四个全面造价管理的含义。

[**答案**] C

［**2012真题·单选**］建设工程全寿命期造价是指建设工程的（　　）之和。

A. 初始建造成本与建成后的日常使用及拆除成本

B. 建筑安装成本与报废拆除成本

C. 土地使用成本与建筑安装成本

D. 基本建设投资与更新改造投资

［**解析**］本题考查的是建设工程全面造价管理。根据建设工程全寿命期造价管理的要求，建设工程全寿命期造价是指建设工程初始建造成本与建成后的日常使用及拆除成本之和。

［**答案**］A

知识点 2　工程造价管理的主要内容

工程造价管理的主要内容见表1-2-2。

表1-2-2　工程造价管理在各阶段的工作内容

造价管理的阶段	造价管理的工作内容
工程项目策划阶段	（1）编制和审核投资估算，经有关部门批准，即可作为拟建工程项目的控制造价 （2）进行项目的经济评价，作为工程项目决策的重要依据
工程设计阶段	（1）编制和审核设计概算、施工图预算（在限额设计、优化设计方案的基础上） （2）造价的最高限额：经有关部门批准的设计概算
工程发承包阶段	进行招标策划，编制和审核工程量清单、最高投标限价或标底，确定投标报价及其策略，直至确定承包合同价
工程施工阶段	进行工程计量及工程款支付管理，实施工程费用动态监控，处理工程变更和索赔
工程竣工阶段	编制、审核工程结算；编制竣工决算；处理工程保修费等

➤ **考分统计**：统计近10年本知识点，在2015、2018、2020年各考核一道单选题，考核频次为30%。

典型例题

［**2018真题·单选**］下列工作中，属于工程发承包阶段造价管理工作内容的是（　　）。

A. 处理工程变更

B. 审核设计概算

C. 进行工程计量

D. 编制工程量清单

［**解析**］本题考查的是工程造价管理的主要内容。根据建设工程造价管理的主要内容的要求，工程项目发承包阶段的主要工作内容为：进行招标策划，编制和审核工程量清单、最高投标限价或标底，确定投标报价及其策略，直至确定承包合同价。

［**答案**］D

[2020 真题·多选] 下列工程造价管理工作中，属于工程施工阶段造价管理工作内容的有（　　）。

A. 编制施工图预算　　B. 审核投资估算　　C. 进行工程计量　　D. 处理工程变更

E. 编制工程量清单

[解析] 工程施工阶段：进行工程计量及工程款支付管理，实施工程费用动态监控，处理工程变更和索赔。

[答案] CD

知识点 3 工程造价管理的基本原则

工程造价管理有效实施应遵循以下三项原则：

（1）以设计阶段为重点的全过程造价管理。

工程造价管理的关键：前期决策和设计阶段。

投资决策后，控制工程造价的关键：设计。

（2）主动控制与被动控制相结合。

（3）技术与经济相结合。

1）组织措施。包括明确项目组织结构，明确造价控制人员及其任务，明确管理职能分工。（和人有关）

2）技术措施。包括重视设计多方案选择，对初步设计、技术设计、施工图设计、施工组织设计严格审查，对节约投资的可能性深入研究。（和技术有关）

3）经济措施。包括动态比较造价的计划值与实际值，对各项费用支出严格审核，采取对节约投资有利的奖励措施等。（和钱有关）

➤ **考分统计**：统计近 10 年本知识点，在 2012、2014、2016、2017、2020、2021 年进行考核，考核频次为 60%，其中，2012、2014、2016、2020 年考核一道单选题，2017 年考核一道多选题，2021 年考核一道单选题、一道多选题。

典型例题

[2021 真题·单选] 为了有效控制造价，业主应将工程造价管理重点放在（　　）。

A. 招标和结算　　B. 决策和设计　　C. 设计和施工　　D. 招标和竣工验收

[解析] 工程造价管理的关键在于前期决策和设计阶段，而在项目投资决策后，控制工程造价的关键就在于设计。

[答案] B

[2021 真题·多选] 技术与经济相结合是控制工程造价的最有效手段，下列工程造价控制中，属于技术措施的有（　　）。

A. 明确造价控制人员的任务　　B. 开展设计的多方案比选

C. 审查施工组织设计　　D. 对节约投资给予奖励

E. 通过审查施工图设计研究节约投资的可能性

[解析] 从组织上采取措施，包括明确项目组织结构，明确造价控制人员及其任务，明确管理职能分工；从技术上采取措施，包括重视设计多方案选择，严格审查初步设计、技术设计、施工图设计、施工组织设计，深入研究节约投资的可能性；从经济上采取措施，包括动态比较造价的计划值与实际值，严格审核各项费用支出，采取对节约投资的有力奖励措施等。

[答案] BCE

第三节 造价工程师管理制度

知识点 1 造价工程师职业资格考试、注册、执业

国家对造价工程师职业资格实行执业注册管理制度。取得造价工程师职业资格证书且从事工程造价相关工作的人员，经注册方可以造价工程师名义执业。

造价工程师执业时应持注册证书和执业印章。注册证书、执业印章样式以及注册证书编号规则由住房城乡建设部会同交通运输部、水利部统一制定。执业印章由注册造价工程师按照统一规定自行制作。

造价工程师在工作中，必须遵纪守法，恪守职业道德和从业规范，诚信执业，主动接受有关主管部门的监督检查，加强行业自律。造价工程师不得同时受聘于两个或两个以上单位执业，不得允许他人以本人名义执业，严禁"证书挂靠"。出租出借注册证书的，依据相关法律法规进行处罚；构成犯罪的，依法追究刑事责任。

知识点 2 一级造价工程师执业范围

一级造价工程师的执业范围包括建设项目全过程的工程造价管理与咨询等，具体工作内容包括：

(1) 项目建议书、可行性研究投资估算与审核，项目评价造价分析。

(2) 编制和审核建设工程设计概算、施工（图）预算。

(3) 编制与审核建设工程招标投标文件工程量和造价。

(4) 编制与管理建设工程合同价款、结算价款、竣工决算价款。

(5) 鉴定建设工程审计、仲裁、诉讼、保险中的造价，调解工程造价纠纷。

(6) 编制与管理建设工程计价依据、造价指标。

(7) 与工程造价管理有关的其他事项。

知识点 3 二级造价工程师执业范围

二级造价工程师主要协助一级造价工程师开展相关工作，可独立开展以下具体工作：

(1) 建设工程的工料分析、计划、组织与成本管理，对施工图预算、设计概算进行编制。

(2) 对建设工程量清单、最高投标限价、投标报价进行编制。

(3) 对建设工程合同价款、结算价款和竣工决算价款进行编制。

造价工程师应在本人工程造价咨询成果文件上签章，并承担相应责任。工程造价咨询成果文件应由一级造价工程师审核并加盖执业印章。

➤ **提示：** 造价工程师的职责：①只能审核不能审批；②只能从事造价相关的计算；③只能鉴定，既不能裁定也不能仲裁。

典型例题

[**2021 真题 · 单选**] 关于造价工程师执业的说法，正确的是（ ）。

A. 造价工程师可同时在两家单位执业

B. 取得造价工程师职业资格证后即可以个人名义执业

C. 造价工程师执业应持注册证书和执业印章

D. 造价工程师只可允许本单位从事造价工作的其他人员以本人名义执业

[解析] 选项A错误，造价工程师不得同时受聘于两个或两个以上单位执业。选项B错误，取得造价工程师执业资格证书且从事工程造价相关工作的人员，经注册方可以造价工程师名义执业。选项C正确，造价工程师执业时应持注册证书和执业印章。选项D错误，造价工程师不得允许他人以本人名义执业。

[答案] C

[**2019真题·单选**] 二级造价工程师执业工作的内容是（　　）。

A. 编制项目投资估算　　B. 编制最高投标限价

C. 审查工程量清单　　D. 审核工程结算价款

[解析] 二级造价工程师主要协助一级造价工程师开展相关工作，可独立开展以下具体工作：①建设工程工料分析、计划、组织与成本管理，施工图预算、设计概算的编制；②建设工程量清单、最高投标限价、投标报价的编制；③建设工程合同价款、结算价款和竣工决算价款的编制。

[答案] B

[**2020真题·多选**] 根据造价工程师职业资格制度，下列工作内容中，属于一级造价工程师执业范围的有（　　）。

A. 批准工程投资估算　　B. 审核工程设计概算

C. 审核工程投标报价　　D. 进行工程审计中的造价鉴定

E. 调解工程造价纠纷

[解析] 一级造价工程师执业范围包括建设项目全过程的工程造价管理与咨询等，具体工作内容有：①项目建议书、可行性研究投资估算与审核，项目评价造价分析；②建设工程设计概算、施工（图）预算的编制和审核；③建设工程招标投标文件工程量和造价的编制与审核；④建设工程合同价款、结算价款、竣工决算价款的编制与管理；⑤建设工程审计、仲裁、诉讼、保险中的造价鉴定，工程造价纠纷调解；⑥建设工程计价依据、造价指标的编制与管理；⑦与工程造价管理有关的其他事项。

[答案] BCDE

第四节　工程造价咨询管理

知识点 1　工程造价咨询企业业务承接

一、业务范围

（1）编制和审核建设项目建议书及可行性研究投资估算、项目经济评价报告。

（2）编制与审核建设项目概预算，并配合设计方案比选、优化设计、限额设计等工作对工程造价进行分析与控制。

（3）建设项目合同价款的确定（包括招标工程工程量清单和标底、投标报价的编制和审核）；合同价款的签订与调整（包括工程变更、工程洽商和索赔费用的计算）与工程款支付，工程结算、竣工结算和决算报告的编制与审核等。

（4）工程造价经济纠纷的鉴定和仲裁的咨询。

（5）提供工程造价信息服务等。

同时，工程造价咨询企业可以对建设项目的组织实施进行全过程或者若干阶段的管理和服务。

➤ **点拨**：这里工程造价咨询企业业务范围和注册造价工程师个人的执业业务范围内容一致，只多了第5条。

二、咨询合同及其履行

工程造价咨询企业从事工程造价咨询业务，应按照相关合同或约定出具工程造价成果文件，并应当由工程造价咨询企业加盖有企业名称、资质等级及证书编号的执业印章，由执行咨询业务的注册造价工程师签字、加盖个人执业印章。

三、跨省区承接业务

工程造价咨询企业跨省、自治区、直辖市承接工程造价咨询业务的，应当自承接业务之日起30日内到建设工程所在地省、自治区、直辖市人民政府建设主管部门备案。

➤ **考分统计**：统计近10年本知识点，在2011、2012、2013、2020年进行考核，考核频次为40%，其中2013年考核一道多选题，2012年考核一道多选题、一道单选题，2011年考核一道单选题，2020年考核一道单选题。

典型例题

［**2020真题·单选**］工程造价咨询企业在工程造价成果文件中加盖的工程造价咨询企业执业印章，除企业名称外，还应包含的内容是（　　）。

A. 资质等级、颁证机关　　B. 专业类别、证书编号

C. 专业类别、颁证机关　　D. 资质等级、证书编号

［解析］工程造价成果文件应当由工程造价咨询企业加盖有企业名称、资质等级及证书编号的执业印章，并由执行咨询业务的注册造价工程师签字、加盖个人执业印章。

［答案］D

［**2012真题·多选**］根据《工程造价咨询企业管理办法》，下列关于工程造价咨询企业的说法，正确的有（　　）。

A. 工程造价咨询企业资质的有效期为4年

B. 工程造价咨询企业可鉴定工程造价经济纠纷

C. 工程造价咨询企业可编制工程项目经济评价报告

D. 工程造价咨询企业只能在一定行政区域内从事工程造价咨询活动

E. 工程造价咨询企业应在工程造价成果文件上加盖其执业印章

［解析］本题考查的是工程造价咨询企业业务承接。根据《工程造价咨询企业管理办法》，工程造价咨询业务范围包括：①建设项目建议书及可行性研究投资估算、项目经济评价报告的编制和审核。②建设项目概预算的编制与审核，并配合设计方案比选、优化设计、限额设计等工作进行工程造价分析与控制。③建设项目合同价款的确定（包括招标工程工程量清单和标底、投标报价的编制和审核）；合同价款的签订与调整（包括工程变更、工程洽商和索赔费用的计算）与工程款支付，工程结算及竣工结（决）算报告的编制与审核等。④工程造价经济纠纷的鉴定和仲裁的咨询。⑤提供工程造价信息服务等。工程造价咨询企业依法从事工程造价咨询活动，不受行政区域限制。工程造价成果文件应当由工程造价咨询企业加盖有企业名称、资质等级及证书编号的执业印章，并由执行咨询业务的注册造价工程师签字、加盖执业印章。

［答案］BCE

知识点 2 工程造价咨询企业的法律责任

一、经营违规责任

跨省、自治区、直辖市承接业务不备案的，由县级以上地方人民政府住房城乡建设主管部门或者有关专业部门给予警告，责令限期改正；逾期未改正的，可处5000元以上2万元以下的罚款。

二、其他违规责任

工程造价咨询企业有下列行为之一的，由县级以上地方人民政府住房城乡建设主管部门或者有关专业部门给予警告，责令限期改正，并处1万元以上3万元以下的罚款：

（1）同时接受招标人和投标人或两个以上投标人对同一工程项目的工程造价咨询业务。

（2）以给予回扣、恶意压低收费等方式进行不正当竞争。

（3）转包承接的工程造价咨询业务。

（4）法律、法规禁止的其他行为。

典型例题

［**2021·单选**］下列工程造价咨询企业的行为中，属于违规行为的是（　　）。

A. 向工程造价行业组织提供工程造价企业信用档案信息

B. 在工程造价成果文件上加盖有企业名称、资质等级及证书编号的执业印章并由执行咨询业务的注册造价工程师签字、加盖个人执业印章

C. 跨省承接工程造价业务，并自承接业务之日起30日内到建设工程所在地省级人民政府建设主管部门备案

D. 同时接受招标人和投标人对同一工程项目的工程造价咨询业务

［**解析**］工程造价咨询企业有下列行为之一的，由县级以上地方人民政府住房城乡建设主管部门或者有关专业部门给予警告，责令限期改正，并处1万元以上3万元以下的罚款：①同时接受招标人和投标人或两个以上投标人对同一工程项目的工程造价咨询业务；②以给予回扣、恶意压低收费等方式进行不正当竞争；③转包承接的工程造价咨询业务；④法律、法规禁止的其他行为。

［**答案**］D

［**例题·多选**］根据《工程造价咨询企业管理办法》，工程造价咨询企业可被处以1万元以上3万元以下罚款的情形有（　　）。

A. 跨地区承接业务不备案的

B. 同时接受甲乙双方对同一项目的造价咨询业务

C. 设立分支机构未备案的

D. 转包承接的工程造价咨询业务

E. 恶意压低收费等方式进行不正当竞争

［**解析**］根据相关规定，工程造价咨询企业被处1万元以上3万元以下的罚款的行为有：①同时接受招标人和投标人或两个以上投标人对同一工程项目的工程造价咨询业务；②以给予回扣、恶意压低收费等方式进行不正当竞争；③转包承接的工程造价咨询业务；④法律、法规禁止的其他行为。

［**答案**］BDE

第五节　国内外工程造价管理的发展

知识点 1　发达国家和地区工程造价管理的特点

（1）政府实施间接调控。

（2）计价依据有章可循。

（3）工程造价信息收集渠道广。

在美国，建筑造价指数一般由咨询机构和新闻媒介来编制，这些造价信息来源中，工程新闻记录（Engineering News Record，ENR）造价指数是比较重要的一种。它是一个加权总指数，由构件钢材、波特兰水泥、木材和普通劳动力 4 种个体指数组成。ENR 指数资料来源于 20 个美国城市和 2 个加拿大城市，ENR 在这些城市中派有信息员，专门负责收集价格资料和信息。ENR 总部将这些信息员收集到的价格信息和数据汇总，在每个星期四计算并发布最近的造价指数。

（4）造价工程师可进行动态估价。

美国工程造价估算中的人工费由基本工资和附加工资两部分组成。其中，附加工资包括管理费、保险金、劳动保护金、退休金、税金等。

材料费和机械使用费均以现行的市场行情或市场租赁价作为造价估算的基础，并在人工费、材料费和机械使用费总额的基础上按照一定的比例（一般为 10%左右）再计提管理费和利润。

（5）通用的合同文本。

国际造价管理通用合同文本见表 1-5-1。

表 1-5-1　国际造价管理通用合同文本

国家	合同文本
英国	JCT（合同仲裁委员会）合同体系，主要通用于房屋建筑工程
美国	（1）美国建筑师学会（AIA）的合同条件体系更为庞大，分为 A、B、C、D、E、F、G 系列 1）A 系列是关于业主与施工承包商、CM 承包商、供应商之间，以及总承包商与分包商之间的合同文件 2）B 系列是关于业主与提供专业服务的建筑师之间的合同文件 3）C 系列是关于建筑师与提供专业服务的咨询机构之间的合同文件 4）D 系列是建筑师行业所用的文件 5）E 系列是合同和办公管理中使用的文件 6）F 系列是财务管理表格 7）G 系列是建筑师企业与项目管理中使用的文件 （2）AIA 系列合同条件的核心是“通用条件”，采用不同的计价方式时，只需选用不同的“协议书格式”与“通用条件”结合 （3）AIA 合同条件主要有总价、成本补偿及最高限定价格等计价方式

➢ **考分统计**：统计近 10 年本知识点，在 2011、2012、2013、2014、2016、2017、2018 进行考核，考核频次为 70%，其中 2013、2014、2017、2018 年考核一道单选题，2011、2016 年考核一道多选题，2012 年考核一道单选题、一道多选题。

典型例题

[**2018 真题·单选**] 美国工程造价估算中，材料费和机械使用费估算的基础是（　　）。

A. 现行市场行情或市场租赁价

B. 联邦政府公布的商业信息价

C. 现行材料及设备供应商报价

D. 预计项目实施时的市场价

[**解析**] 本题考查的是发达国家和地区工程造价管理的特点。在美国，工程造价估算中材料费和机械使用费均以现行的市场行情或市场租赁价作为造价估算的基础，并在人工费、材料费和机械使用费总额的基础上按照一定的比例（一般为10%左右）再计提管理费和利润。

[**答案**] A

[**2017 真题·单选**] 美国建筑师学会（AIA）合同条件体系分为A、B、C、D、F、G系列，用于财务管理表格的是（　　）。

A. C系列　　B. D系列

C. F系列　　D. G系列

[**解析**] 本题考查的是发达国家和地区工程造价管理的特点。美国建筑师学会（AIA）的合同条件体系很庞大，分为A、B、C、D、E、F、G系列。其中，F系列是财务管理表格。

[**答案**] C

[**2014 真题·单选**] 在英国建设工程标准合同体系中，主要通用于房屋建筑工程的是（　　）合同体系。

A. ACA　　B. JCT

C. AIA　　D. ICE

[**解析**] 本题考查的是发达国家和地区工程造价管理的特点。JCT合同体系是英国的主要合同体系之一，主要通用于房屋建筑工程。JCT合同体系本身又是一个系统的合同文件体系，它针对房屋建筑中不同的工程规模、性质、建造条件，提供各种不同的文本，供业主在发包、采购时选择。

[**答案**] B

[**2012 真题·单选**] 美国建筑师学会（AIA）合同条件体系中的核心是（　　）。

A. 财务管理表格　　B. 专用条件

C. 合同管理表格　　D. 通用条件

[**解析**] 本题考查的是发达国家和地区工程造价管理的特点。美国建筑师学会（AIA）的合同条件体系很庞大，分为A、B、C、D、E、F、G系列。AIA系列合同条件的核心是“通用条件”。

[**答案**] D

[**例题·单选**] 美国建筑师学会（AIA）标准合同体系中，A系列合同文件是关于（　　）之间的合同文件。

A. 业主与建筑师

B. 建筑师与咨询机构

C. 业主与承包商

D. 建筑师与承包商

[解析] 本题考查的是发达国家和地区工程造价管理的特点。美国建筑师学会（AIA）的合同条件体系很庞大，分为A、B、C、D、E、F、G系列。其中，A系列是关于业主与施工承包商、CM承包商、供应商之间，以及总承包商与分包商之间的合同文件。

[答案] C

[**2016真题·多选**] 为了确定工程造价，美国工程新闻记录（ENR）编制的工程造价指数是由（　　）个体指数加权组成的。

A. 机械工人

B. 波特兰水泥

C. 普通劳动力

D. 构件钢材

E. 木材

[解析] 本题考查的是发达国家和地区工程造价管理的特点。工程新闻记录（ENR）造价指标是一个加权总指数，由构件钢材、波特兰水泥、木材和普通劳动力4种个体指数组成。

[答案] BCDE

[**2012真题·多选**] 编制ENR造价指数的资料来源于（　　）。

A. 10个欧洲城市

B. 20个美国城市

C. 5个亚洲城市

D. 2个加拿大城市

E. 2个澳洲城市

[解析] 本题考查的是发达国家和地区工程造价管理的特点。编制ENR造价指数的资料来源于20个美国城市和2个加拿大城市。ENR在这些城市中派有信息员，专门负责收集价格资料和信息。

[答案] BD

同步强化训练

一、单项选择题（每题的备选项中，只有1个最符合题意）

1. 工程造价有两种含义，从业主和市场交易的角度可以分别理解为（　　）。

A. 建设工程固定资产总投资和建设工程总费用

B. 建设工程总投资和工程承发包价格

C. 建设工程总投资和建设工程固定资产总投资

D. 建设工程动态投资和建设工程静态投资

2. 建设项目工程造价的组合过程是（　　）。

A. 分部分项工程造价→单位工程造价→单项工程造价→建设项目总造价

B. 单位工程造价→分部分项工程造价→单项工程造价→建设项目总造价

C. 分部分项工程造价→单项工程造价→单位工程造价→建设项目总造价

D. 单项工程造价→分部分项工程造价→单位工程造价→建设项目总造价

3. 某项目中建筑安装工程费用为1500万元，设备和工器具购置费为400万元，工程建设其他费用为150万元，基本预备费为120万元，涨价预备费为60万元，建设期贷款利息为60万元，则静态投资为（　　）万元。

A. 2050　　B. 2170

C. 2230　　D. 2290

4.（　　）至今只能作为一种实现建设工程全寿命期造价最小化的指导思想，指导建设工程的投资决策及设计方案的选择。

A. 全寿命期造价管理

B. 全过程造价管理

C. 全要素造价管理

D. 全方位造价管理

5. 按照先进性的原则，协调和平衡工期、质量、安全、环保与成本之间的对立统一关系，反映了（　　）造价管理的思想。

A. 全寿命期

B. 全要素

C. 全过程

D. 全方位

6. 对建设工程前期决策、设计、招投标，乃至施工、竣工验收等各个阶段的造价进行控制，称为建设工程（　　）造价管理。

A. 全寿命期　　B. 全过程

C. 全要素　　D. 全方位

7. 下列工作中，属于工程设计阶段造价管理内容的是（　　）。

A. 承发包模式选择

B. 审核投资估算

C. 编制工程量清单

D. 编制设计概算

8. 建设工程造价的最高限额是按照有关规定编制并经有关部门批准的（　　）。

A. 初步投资估算

B. 施工图预算

C. 施工标底

D. 设计概算

9. 在调查—分析—决策基础之上的偏离—纠偏—再偏离—再纠偏的工程造价控制属于（　　）。

A. 前馈控制

B. 预防控制

C. 被动控制

D. 全过程控制

10. 控制工程造价最有效的手段是（　　）。

A. 管理与经济相结合

B. 技术与经济相结合

C. 管理与组织相结合

D. 技术与组织相结合

11. 美国建筑师学会（AIA）的合同条件体系分为A、B、C、D、E、F、G系列，关于建筑师与提供专业服务的咨询机构之间的合同文件是（　　）。

A. C系列　　B. D系列

C. F系列　　D. G系列

二、多项选择题（每题的备选项中，有2个或2个以上符合题意，至少有1个错项）

1. 下列属于工程造价计价依据中的设备和工程量计算依据的有（　　）。

A. 项目建议书

B. 可行性研究报告

C. 设计文件

D. 人工单价

E. 概算定额

2. 有效控制建设工程造价的技术措施包括（　　）。

A. 重视工程设计多方案的选择

B. 明确工程造价管理职能分工

C. 严格审查施工组织设计

D. 严格审核各项费用支出

E. 严格审查施工图设计

3. 根据《注册造价工程师管理办法》的规定，下列属于二级注册造价工程师业务范围的有（　　）。

A. 建设项目可行性研究的审核

B. 结算价款的编制

C. 最高投标限价的编制

D. 工程保险中造价的鉴定

E. 造价指标的编制和管理

4. 根据《工程造价咨询企业管理办法》的规定，工程造价咨询企业出具的工程造价成果文件应加盖有（　　）的执业印章。

A. 企业名称　　B. 资质等级

C. 资质证书编号　　D. 营业执照编号

E. 备案编号

参考答案及解析

一、单项选择题

1. ［答案］A

［解析］本题考查的是工程造价含义。从投资者（业主）角度分析，工程造价是指建设一项工程预期开支或实际开支的全部固定资产投资费用。从市场交易角度分析，工程造价是指在工程发承包交易活动中形成的建筑安装工程费用或建设工程总费用。

2. ［答案］A

［解析］本题考查的是的计价特征。工程造价的组合过程是：分部分项工程造价→单位工程造价→单项工程造价→建设项目总造价。

3. ［答案］B

［解析］本题考查的是静态投资与动态投资。静态投资包括建安工程费、设备和工器具购

置费、工程建设其他费用、基本预备费、因工程量误差引起的工程造价的增减。即静态投资＝1500＋400＋150＋120＝2170（万元）。

4. ［答案］A

［解析］本题考查的是建设工程全面造价管理。全寿命期造价管理主要是作为一种实现建设工程全寿命期造价最小化的指导思想，指导建设工程投资决策及实施方案的选择。

5. ［答案］B

［解析］本题考查的是建设工程全面造价管理。全要素造价管理的核心是按照优先性的原则，协调和平衡工期、质量、安全、环保与成本之间的对立统一关系。

6. ［答案］B

［解析］本题考查的是建设工程全面造价管理。全过程造价管理是指覆盖建设工程策划决策及建设实施各个阶段的造价管理。包括：①前期决策阶段的项目策划、投资估算、项目经济评价、项目融资方案分析；②设计阶段的限额设计、方案比选、概预算编制；③招投标阶段的标段划分、发承包模式及合同形式的选择、招标控制价或标底编制；④施工阶段的工程计量与结算、工程变更控制、索赔管理；⑤竣工验收阶段的结算与决算等。

7. ［答案］D

［解析］本题考查的是建设工程全面造价管理。全过程造价管理是指覆盖建设工程策划决策及建设实施各阶段的造价管理。包括：①策划决策阶段的项目策划、投资估算、项目经济评价、项目融资方案分析；②设计阶段的限额设计、方案比选、概预算编制；③招投标阶段的标段划分、发承包模式及合同形式的选择、招标控制价或标底编制；④施工阶段的工程计量与结算、工程变更控制、索赔管理；⑤竣工验收阶段的结算与决算等。

8. ［答案］D

［解析］本题考查的是工程造价管理的主要内容。在工程设计阶段，对于政府投资工程而言，经有关部门批准的设计概算，将作为拟建工程项目造价的最高限额。

9. ［答案］C

［解析］本题考查的是工程造价管理的基本原则。立足于调查—分析—决策基础之上的偏离—纠偏—再偏离—再纠偏的控制是一种被动控制，因为这样做只能发现偏离，不能预防可能发生的偏离。

10. ［答案］B

［解析］本题考查的是工程造价管理的基本原则。技术与经济相结合是控制工程造价最有效的手段。

11. ［答案］A

［解析］美国建筑师学会（AIA）的合同条件体系更为庞大，分为A、B、C、D、E、F、G系列。其中，C系列是关于建筑师与提供专业服务的咨询机构之间的合同文件。

二、多项选择题

1. ［答案］ABC

［解析］本题考查的是工程计价特征。设备和工程量计算依据包括项目建议书、可行性研究报告、设计文件等。选项D属于工程单价计算依据；选项E属于人工、材料、机械等实物消耗量计算依据。

2. ［答案］ACE

［解析］本题考查的是工程造价管理的基本原则。技术与经济相结合是控制工程造价最有效的手段。要有效地控制工程造价，应从组织、技术、经济等多方面采取措施。从组织上采取的措施，包括明确项目组织结构、明确造价控制者及其任务、明确管理职能分工；从技术上采取措施，包括重视设计多方案选择，严格审查监督初步设计、技术设计、施工图设计、施工组织设计，深入技术领域研究节约投资的可能性；从经济上采取措施，包括动态地比较造价的计划值和实际值，严格审核各项费用支出，采取对节约投资的有力奖励措施等。

3. ［答案］BC

［解析］二级造价工程师执业范围：二级造价工程师主要协助一级造价工程师开展相关工作，可独立开展以下具体工作：①建设工程工料分析、计划、组织与成本管理，施工图预算、设计概算的编制；②建设工程量清单、最高投标限价、投标报价的编制；③建设工程合同价款、结算价款和竣工决算价款的编制。

4. ［答案］ABC

［解析］本题考查的是工程造价咨询企业业务承接。工程造价咨询企业从事工程造价咨询业务，应当按照有关规定的要求出具工程造价成果文件。工程造价成果文件应当由工程造价咨询企业加盖有企业名称、资质等级及证书编号的执业印章，并由执行咨询业务的注册造价工程师签字、加盖执业印章。

第二章　相关法律法规

法律法规是实施工程造价管理的重要依据。这部分概略介绍了《建筑法》《招标投标法》《政府采购法》《民法典》合同编和《价格法》五部法律及其相关条例的内容，这部分内容略显枯燥，知识点比较琐碎，考察较为细致。侧重考察相关概念、特征、分类、时间规定、判别的原则等，同时近年考情趋势要求考生可以灵活运用相关规定联系实际，因此在学习这部分内容时，注意理解相关概念，通过表格、总结、图表、记忆窍门等一些方法做到理解性记忆相关内容，达到掌握相应知识点的目的。本章考查分值在 14 分左右，属于相对重要章节，记忆内容较多，考点相对集中。

知识脉络

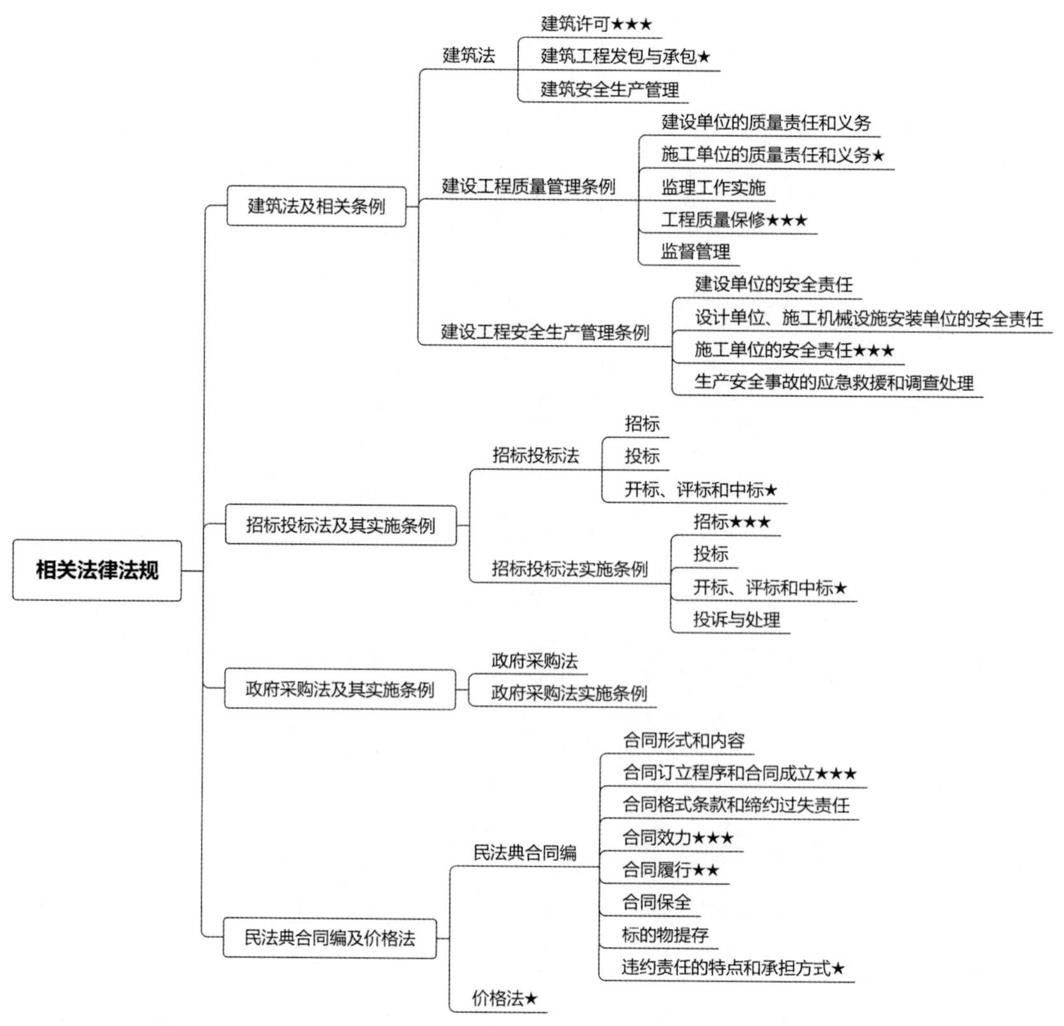

考情分析

近四年真题分值分布统计表

（单位：分）

节序	节名	2021年		2020年		2019年		2018年	
		单选	多选	单选	多选	单选	多选	单选	多选
第一节	建筑法及相关条例	2	0	1	4	2	2	0	2
第二节	招标投标法及其实施条例	0	2	2	0	1	2	2	0
第三节	政府采购法及其实施条例	0	2	1	0	1	0	0	0
第四节	民法典合同编及价格法	3	0	2	4	2	2	4	4
小结		5	4	6	8	6	6	6	6
		9		14		12		12	

第一节　建筑法及相关条例

知识点 1 建筑法——建筑许可

建筑许可包括建筑工程施工许可和从业资格两个方面。

一、建筑工程施工许可

（一）施工许可证的申领

建筑工程开工前，建设单位应按照国家有关规定向工程所在地县级以上人民政府建设行政主管部门申请领取施工许可证。

申请领取施工许可证，应当具备如下条件：

（1）已办理建筑工程用地批准手续。

（2）依法应当办理建设工程规划许可证的，已经取得建设工程规划许可证。

（3）需要拆迁的，其拆迁进度符合施工要求。

（4）已经确定建筑施工单位。

（5）有满足施工需要的资金安排、施工图纸及技术资料。

（6）有保证工程质量和安全的具体措施。

（二）施工许可证的有效期限

建设单位应当自领取施工许可证之日起3个月内开工。因故不能按期开工的，应当向发证机关申请延期；延期以两次为限，每次不超过3个月。既不开工又不申请延期或者超过延期时限的，施工许可证自行废止。

（三）中止施工和恢复施工

在建的建筑工程因故中止施工的，建设单位应当自中止施工之日起1个月内，向发证机关报告，并按照规定做好建设工程的维护管理工作。

建筑工程恢复施工时，应当向发证机关报告；中止施工满1年的工程恢复施工前，建设单位应当报发证机关核验施工许可证。

按照国务院有关规定批准开工报告的建筑工程，因故不能按期开工或者中止施工的，应当及时向批准机关报告情况。因故不能按期开工超过6个月的，应当重新办理开工报告的批准手续。

建筑工程施工许可时间汇总见表2-1-1。

表2-1-1　建筑工程施工许可时间汇总

内容	时间
领取施工许可证后开工	3个月内
施工许可证延期	3个月（可延期两次）
中止施工，提出报告	1个月内
中止施工后需核验施工许可证	1年以上

续表

内容	时间
因故不能开工需办理重新开工报告	超过6个月

二、从业资格

（一）单位资质

从事建筑活动的施工企业、勘察、设计和监理单位，取得相应等级的资质证书后，方可在其资质等级许可的范围内从事建筑活动。

（二）专业技术人员资格

从事建筑活动的专业技术人员，应当依法取得相应的执业资格证书，并在执业资格证书许可的范围内从事建筑活动。

➢ **考分统计：** 统计近10年本知识点，在2012、2014、2015、2016、2017、2018、2020、2021年进行考核，考核频次为80%，其中2012年考核两道单选题，2014、2018年分别考核一道多选题，2015、2016、2017、2020、2021年分别考核一道单选题。

典型例题

[**2021真题·单选**] 建筑装饰工程公司取得施工许可证后，由于建设方原因需要延期8个月再开工，下列关于施工许可证有效期的说法，正确的是（　　）。

A. 许可证被发证机关收回

B. 进行一次核验后，可以持续使用

C. 第三个月申请延期3个月，第6个月再申请延期3个月

D. 直接废止

[解析] 建设单位应当自领取施工许可证之日起3个月内开工。因故不能按期开工的，应当向发证机关申请延期；延期以两次为限，每次不超过3个月。既不开工又不申请延期或者超过延期时限的，施工许可证自行废止。

[答案] C

[**2017真题·单选**] 根据《建筑法》，在建的建筑工程因故中止施工的，建设单位应当自中止施工起（　　）个月内向发证机关报告。

A. 1　　B. 2

C. 3　　D. 6

[解析] 本题考查的是建筑许可。根据《建筑法》的相关规定，在建的建筑工程因故中止施工的，建设单位应当自中止施工之日起1个月内，向发证机关报告，并按照规定做好建设工程的维护管理工作。

[答案] A

[**2018真题·多选**] 根据《建筑法》，申请领取施工许可证应当具备的条件有（　　）。

A. 建设资金已全部到位

B. 已提交建筑工程用地申请

C. 已经确定建筑施工单位

D. 有保证工程和安全的具体措施

E. 已完成施工图技术交底和图纸会审

[解析] 申请领取施工许可证，应当具备如下条件：①已办理建筑工程用地批准手续；②依法应当办理建设工程规划许可证的，已经取得建设工程规划许可证；③需要拆迁的，其拆迁进度符合施工要求；④已经确定建筑施工单位；⑤有满足施工需要的资金安排、施工图纸及技术资料；⑥有保证工程质量和安全的具体措施。

[答案] CD

[**2014 真题 · 多选**]《建筑法》规定的建筑许可内容有（　　）。

A. 建筑工程施工许可

B. 建筑工程监理许可

C. 建筑工程规划许可

D. 从业资格许可

E. 建设投资规模许可

[解析] 本题考查的是建筑许可。根据《建筑法》的相关规定，建筑许可包括建筑工程施工许可和从业资格两个方面。

[答案] AD

知识点 2 建筑法——建筑工程发包与承包

建筑工程发包与承包的具体内容见表 2-1-2。

表 2-1-2　建筑工程发包与承包

项目	内容	
建筑工程发包	禁止行为	禁止将建筑工程肢解发包
建筑工程承包	承包资质	(1) 承包建筑工程的单位应当持有依法取得的资质证书，并在其资质等级许可的业务范围内承揽工程 (2) 禁止建筑施工企业超越资质等级许可的业务范围或用其他施工企业的名义承揽工程 (3) 禁止建筑施工企业允许其他单位或个人使用本企业的资质证书、营业执照，以本企业名义承揽工程
	联合承包	(1) 责任：共同承包各方对承包合同的履行承担连带责任 (2) 资质：按照资质等级低的单位的业务许可范围承揽工程
	工程分包	(1) 范围：总承包单位可以将部分工程（非主体、非关键工作）发包给具有相应资质条件的分包单位。除总承包合同中已约定的分包外，必须经建设单位认可 (2) 合同关系：总承包单位对建设单位负责、分包单位对总承包单位负责，总承包单位和分包单位就分包工程对建设单位承担连带责任
	禁止行为	(1) 禁止将承包的全部建筑工程转包给他人，或全部建筑工程肢解以后以分包的名义分别转包给他人 (2) 禁止总承包单位将工程分包给不具备资质条件的单位 (3) 禁止分包单位将其承包的工程再分包

注： 肢解发包是指建设单位将本应由一个承包单位整体承建完成的建设工程肢解成若干部分，分别发包给不同承包单位的行为。

➤ **考分统计**：统计近 10 年本知识点，在 2014、2016 年进行考核，考核频次为 20%，其中 2014 年考核一道单选题，2016 年考核一道多选题。

典型例题

［**2014 真题·单选**］根据《建筑法》，建筑工程由多个承包单位联合共同承包的，关于承包合同履行责任的说法，正确的是（　　）。

A. 由牵头承包方承担主要责任

B. 由资质等级高的承包方承担主要责任

C. 由承包各方承担连带责任

D. 按承包各方投入比例承担相应责任

［**解析**］本题考查的是建筑工程发包与承包。根据《建筑法》的相关规定，大型建筑工程或结构复杂的建筑工程，可以由两个以上的承包单位联合共同承包。共同承包的各方对承包合同的履行承担连带责任。两个以上不同资质等级的单位实行联合共同承包的，应当按照资质等级低的单位的业务许可范围承揽工程。

［**答案**］C

［**2016 真题·多选**］根据《建筑法》，关于建筑工程承包的说法，正确的有（　　）。

A. 承包单位应在其资质等级许可的业务范围内承揽工程

B. 大型建筑工程可由两个以上的承包单位联合共同承包

C. 除总承包合同约定的分包外，工程分包须经建设单位认可

D. 总承包单位就分包工程对建设单位不承担连带责任

E. 分包单位可将其分包的工程再分包

［**解析**］本题考查的是建筑工程发包与承包。根据《建筑法》的相关规定，总承包单位和分包单位就分包工程对建设单位承担连带责任，故选项 D 错误。禁止分包单位将其承包的工程再分包，故选项 E 错误。

［**答案**］ABC

知识点 3 建筑法——建筑工程安全生产管理

建筑工程安全生产管理必须坚持安全第一、预防为主的方针，建立健全安全生产的责任制度和群防群治制度。

知识点 4 建设工程质量管理条例——建设单位的质量责任和义务

建设单位的质量责任和义务的相关内容见表 2-1-3。

表 2-1-3 建设单位的质量责任和义务

项目	内容
施工图设计文件审查	建设单位应当将施工图设计文件报县级以上人民政府建设主管部门或者其他有关部门审查。施工图设计文件未经审查批准的，不得使用
工程监理	工程监理单位：具有相应资质等级 设计单位：①具有工程监理相应资质等级；②与被监理工程的施工承包单位没有隶属关系或者其他利害关系
工程施工	建设单位在领取施工许可证或开工报告前，应当按照国家有关规定办理工程质量监督手续

续表

项目	内容
工程竣工验收	条件： (1) 完成建设工程设计和合同约定的各项内容 (2) 有完整的技术档案和施工管理资料 (3) 有工程使用的主要建筑材料、建筑构配件和设备的进场试验报告 (4) 有勘察、设计、施工、工程监理等单位分别签署的质量合格文件 (5) 有施工单位签署的工程保修书 建设单位竣工验收后，及时向建设行政主管部门或者其他有关部门移交建设项目档案

➤ **考分统计**：统计近 10 年本知识点，在 2013、2014、2020 年进行考核，考核频次为 30%，其中 2013 年考核一道单选题、一道多选题，2014 年考核一道单选题，2020 年考核一道多选题。

典型例题

[**2014 真题 · 单选**] 根据《建筑工程质量管理条例》，应当按照国家有关规定办理质量监督手续的单位是（　　）。

A. 建设单位　　B. 设计单位　　C. 监理单位　　D. 施工单位

[**解析**] 本题考查的是建设单位的质量责任和义务。根据《建设工程质量管理条例》的相关规定，建设单位在办理施工许可证之前应当到规定的工程质量监督机构办理工程质量监督注册手续。

[**答案**] A

[**2013 真题 · 单选**] 根据《建设工程质量管理条例》，下列关于建设单位的质量责任和义务的说法，正确的是（　　）。

A. 建设单位报审的施工图设计文件未经审批的，不得使用

B. 建设单位不得委托本工程的设计单位进行监理

C. 建设单位使用未经验收合格的工程应有施工单位签署的工程保修书

D. 建设单位在工程竣工验收后，应委托施工单位向有关部门移交项目档案

[**解析**] 本题考查的是建设单位的质量责任和义务。选项 B，建设单位应当委托具有相应资质等级的工程监理单位进行监理，也可以委托具有工程监理相应资质等级并与被监理工程的施工承包单位没有隶属关系或者其他利害关系的该工程的设计单位进行监理。选项 C，建筑工程竣工经验收合格后，方可交付使用；未经验收或验收不合格的，不得交付使用。选项 D，建设单位应当严格按照国家有关档案管理的规定，及时收集、整理建设项目各环节的文件资料，建立、健全建设项目档案，并在建设工程竣工验收后，及时向建设行政主管部门或者其他有关部门移交建设项目档案。

[**答案**] A

[**2020 真题 · 多选**] 根据《建设工程质量管理条例》，建设工程竣工验收应当具备的条件有（　　）。

A. 完成建设工程设计和合同约定的各项内容

B. 有完整的技术档案和施工管理资料

C. 有质量监督机构签署的质量合格文件

D. 有施工单位签署的工程保修书

E. 有建设单位签发的工程移交证书

[**解析**] 建设工程竣工验收应当具备下列条件：①完成建设工程设计和合同约定的各项内容；②有完整的技术档案和施工管理资料；③有工程使用的主要建筑材料、建筑构配件和设备的进场试验报告；④有勘察、设计、施工、工程监理等单位分别签署的质量合格文件；⑤有施工单位签署的工程保修书。

[**答案**] ABD

知识点 5　建设工程质量管理条例——施工单位的质量责任和义务

一、工程承揽

施工单位应当依法取得相应等级的资质证书，并在其资质等级许可的范围内承揽工程。

禁止施工单位超越本单位资质等级许可的业务范围或者以其他施工单位的名义承揽工程；禁止施工单位允许其他单位或者个人以本单位的名义承揽工程；施工单位不得转包或者违法分包工程。

二、工程施工

总承包单位依法将建设工程分包给其他单位的，分包单位应当按照分包合同的约定对其分包工程的质量向总承包单位负责，总承包单位与分包单位对分包工程的质量承担连带责任。

➤ **考分统计**：统计近 10 年本知识点，在 2014 年考核一道多选题，考核频次为 10%。

典型例题

[**2014 真题 · 多选**] 根据《建设工程质量管理条例》，关于施工单位承揽工程的说法，正确的有（　　）。

A. 施工单位应在资质等级许可的范围内承揽工程

B. 施工单位不得以其他施工单位的名义承揽工程

C. 施工单位可允许个人以本单位的名义承揽工程

D. 施工单位不得转包所承揽的工程

E. 施工单位不得分包所承揽的工程

[**解析**] 本题考查的是施工单位的质量责任和义务。根据《建设工程质量管理条例》的相关规定，施工单位应当依法取得相应等级的资质证书，并在其资质等级许可的范围内承揽工程。禁止施工单位超越本单位资质等级许可的业务范围或者以其他施工单位的名义承揽工程；禁止施工单位允许其他单位或者个人以本单位的名义承揽工程；施工单位不得转包或者违法分包工程。

[**答案**] ABD

知识点 6　建设工程质量管理条例——监理工作实施

工程监理单位应当选派具备相应资格的总监理工程师和监理工程师进驻施工现场。监理工程师应当按照工程监理规范的要求，采取旁站、巡视和平行检验等形式，对建设工程实施监理。

未经监理工程师签字，建筑材料、建筑构配件和设备不得在工程上使用或者安装，施工单位不得进行下一道工序的施工。

未经总监理工程师签字，建设单位不拨付工程款，不进行竣工验收。

知识点 7 建设工程质量管理条例——工程质量保修

一、工程质量保修制度

建设工程实行质量保修制度。建设工程的承包单位在向建设单位提交工程竣工验收报告时，应向建设单位出具质量保修书。质量保修书中应明确建设工程的保修责任、保修期限和保修范围等。

建设工程的保修期，自竣工验收合格之日起计算。

二、工程最低保修期限

在正常使用条件下，建设工程最低保修期限见表 2-1-4。

表 2-1-4 建设工程最低保修期限

项目	最低保修期限
地基基础工程和主体结构工程	设计文件规定的该工程的合理使用年限
屋面防水工程、有防水要求的卫生间、房间和外墙面的防渗漏	5 年
供热与供冷系统	2 个采暖期、供冷期
电气管道、给排水管道、设备安装和装修工程	2 年
其他工程的保修期限由发包方与承包方约定	

➤ **考分统计**：统计近 10 年本知识点，在 2015、2016、2017、2018 年进行考核，考核频次为 40%，各年均考核一道单选题。

典型例题

[**2018 真题 · 单选**] 根据《建设工程质量管理条例》，在正常使用条件，给排水管道工程的最低保修期限（　　）年。

A. 1　　B. 2

C. 3　　D. 5

[解析] 本题考查的是工程质量保修。根据《建设工程质量管理条例》，在正常使用条件下，建设工程最低保修期限为：电气管道、给排水管道、设备安装和装修工程，为 2 年。

[答案] B

[**2017 真题 · 单选**] 根据《建设工程质量管理条例》，建设工程的保修期自（　　）之日起计算。

A. 工程交付使用　　B. 竣工审计通过

C. 工程价款结清　　D. 竣工验收合格

[解析] 本题考查的是工程质量保修。根据《建设工程质量管理条例》，建设工程的保修期，自竣工验收合格之日起计算。

[答案] D

[**2016 真题 · 单选**] 根据《建设工程质量管理条例》，在正常使用条件下，供热与供冷系统的最低保修期限是（　　）个采暖期、供冷期。

A. 1　　B. 2

C. 3　　D. 4

[解析] 本题考查的是工程质量保修。根据《建设工程质量管理条例》，在正常使用条件下，建设工程最低保修期限为：①基础设施工程、房屋建筑的地基基础工程和主体结构工程，为设计文件规定的该工程合理使用年限；②屋面防水工程、有防水要求的卫生间、房间和外墙面的防渗漏，为5年；③供热与供冷系统，为2个采暖期、供冷期；④电气管道、给排水管道、设备安装和装修工程，为2年。其他工程的保修期限由发包方与承包方约定。

[答案] B

[2015真题·单选] 根据《建设工程质量管理条例》，在正常使用条件下，设备安装工程的最低保修期限是（　　）年。

A. 1　　B. 2　　C. 3　　D. 4

[解析] 本题考查的是工程质量保修。根据《建设工程质量管理条例》，在正常使用条件下，建设工程最低保修期限为：①基础设施工程、房屋建筑的地基基础工程和主体结构工程，为设计文件规定的该工程合理使用年限；②屋面防水工程、有防水要求的卫生间、房间和外墙面的防渗漏，为5年；③供热与供冷系统，为2个采暖期、供冷期；④电气管道、给排水管道、设备安装和装修工程，为2年。其他工程的保修期限由发包方与承包方约定。

[答案] B

知识点8 建设工程质量管理条例——监督管理

一、工程竣工验收备案

建设单位应当自建设工程竣工验收合格之日起15日内，将建设工程竣工验收报告和规划、公安消防、环保等部门出具的认可文件或者准许使用文件报建设行政主管部门或者其他有关部门备案。

二、工程质量事故报告

建设工程发生质量事故，有关单位应当在24小时内向当地建设行政主管部门和其他有关部门报告。

知识点9 建设工程安全生产管理条例——建设单位的安全责任

建设单位在编制工程概算时，应当确定建设工程安全作业环境及安全施工措施所需费用。

依法批准开工报告的建设工程，建设单位应当自开工报告批准之日起15日内，将保证安全施工的措施报送建设工程所在地的县级以上地方人民政府建设行政主管部门或者其他有关部门备案。

➢ **考分统计**：统计近10年本知识点，在2013、2014、2019年进行考核，考核频次为30%，2013、2014年各考核一道单选题，2019年考核一道多选题。

典型例题

[2014真题·单选] 根据《建设工程安全生产管理条例》，建设工程安全作业环境及安全施工措施所需费用，应当在编制（　　）时确定。

A. 投资估算　　B. 工程概算

C. 施工图预算　　D. 施工组织设计

[解析] 本题考查的是建设单位的安全责任。根据《建设工程安全生产管理条例》的相关规

定，建设单位在编制工程概算时，应当确定建设工程安全作业环境及安全施工措施所需费用；在申请领取施工许可证时，应当提供建设工程有关安全施工措施的资料。

［答案］B

［**2019 真题 · 多选**］根据《建设工程安全生产管理条例》，下列安全生产责任中，属于建设单位安全责任的有（　　）。

A. 确定建设工程安全作业环境及安全施工措施所需费用并纳入工程概算

B. 对采用新结构的建设工程，提出保障施工作业人员安全的措施建议

C. 拆除工程施工前，将拟拆除建筑物的说明、拆除施工组织方案等资料报有关部门备案

D. 建立健全安全生产责任制度，制定安全生产规章制度和操作规程

E. 对达到一定规模的危险性较大的分部分项工程编制专项施工方案，并附具安全验算结果

［解析］采用新结构、新材料、新工艺的建设工程和特殊结构的建设工程，设计单位应当在设计中提出保障施工作业人员安全和预防生产安全事故的措施建议，选项 B 错误。施工单位应当建立健全安全生产责任制度，制定安全生产规章制度和操作规程，保证本单位安全生产条件所需资金的投入，对所承担的建设工程进行定期和专项安全检查，并做好安全检查记录，选项 D 错误。施工单位应当在施工组织设计中编制安全技术措施和施工现场临时用电方案，对达到一定规模的危险性较大的分部分项工程编制专项施工方案，并附具安全验算结果，选项 E 错误。

［答案］AC

知识点 10　建设工程安全生产管理条例——设计单位、施工机械设施安装单位的安全责任

一、设计单位的安全责任

设计单位应当考虑施工安全操作和防护的需要，对涉及施工安全的重点部位和环节在设计文件中注明，并对防范生产安全事故提出指导意见。

二、施工机械设施安装单位的安全责任

在施工现场安装、拆卸施工起重机械和整体提升脚手架、模板等自升式架设设施，必须由具有相应资质的单位承担。

机械和设施的使用达到国家规定的检验检测期限，必须经具有专业资质的检验检测机构检测。检验检测机构应当出具安全合格证明文件，并对检测结果负责。经检测不合格的，不得继续使用。

知识点 11　建设工程安全生产管理条例——施工单位的安全责任

一、安全生产责任制度

施工单位主要负责人依法对本单位的安全生产工作全面负责。

施工单位的项目负责人应当由取得相应执业资格的人员担任，对建设工程项目的安全施工负责。

建设工程实行施工总承包的，由总承包单位对施工现场的安全生产负总责。

总承包单位依法将建设工程分包给其他单位的，分包合同中应当明确各自的安全生产方面的权利、义务。

总承包单位和分包单位对分包工程的安全生产承担连带责任。

➤ **点拨**：根据“一把手”对安全负责的原则，施工单位安全负责人为施工单位负责人；项目安全负责人为项目负责人。

二、安全生产管理费用

施工单位对列入建设工程概算的安全作业环境及安全施工措施所需费用，应当用于施工安全防护用具及设施的采购和更新、安全施工措施的落实、安全生产条件的改善，不得挪作他用。

三、安全生产教育培训

施工单位的主要负责人、项目负责人、专职安全生产管理人员应当经建设行政主管部门或者其他有关部门考核合格后方可任职。施工单位应当建立健全安全生产教育培训制度，应当对管理人员和作业人员每年至少进行一次安全生产教育培训，其教育培训情况记入个人工作档案。安全生产教育培训考核不合格的人员，不得上岗。

四、安全技术措施和专项施工方案

施工单位应当在施工组织设计中编制安全技术措施和施工现场临时用电方案，对下列达到一定规模的危险性较大的分部分项工程编制专项施工方案，并附具安全验算结果，经施工单位技术负责人、总监理工程师签字后实施，由专职安全生产管理人员进行现场监督：①基坑支护与降水工程；②土方开挖工程；③模板工程；④起重吊装工程；⑤脚手架工程；⑥拆除、爆破工程；⑦国务院建设行政主管部门或者其他有关部门规定的其他危险性较大的工程。

上述所列工程中涉及深基坑、地下暗挖工程、高大模板工程的专项施工方案，施工单位还应当组织专家进行论证、审查。

五、施工现场安全防护

施工单位应当向作业人员提供安全防护用具和安全防护服装，并书面告知危险岗位的操作规程和违章操作的危害。

六、施工机具设备安全管理

施工单位应当自施工起重机械和整体提升脚手架、模板等自升式架设设施验收合格之日起30日内，向建设行政主管部门或者其他有关部门登记。登记标志应当置于或者附着于该设备的显著位置。

➤ **考分统计**：统计近10年本知识点，在2013、2015、2016、2017、2018、2020年进行考核，考核频次为60%，其中2013、2016、2017、2018年分别考核一道多选题，2015年考核一道单选题、一道多选题，2020年考核一道单选题。

典型例题

［**2020真题·单选**］根据《建设工程安全生产管理条例》，对于超过一定规模的危险性较大的分部分项工程，专项施工方案的专家论证会应当由（　　）组织召开。

A. 建设单位　　　　B. 施工单位

C. 设计单位　　　　D. 监理单位

［**解析**］超过一定规模的危险性较大的分部分项工程专项施工方案应当由施工单位组织召开专家论证会。实行施工总承包的，由施工总承包单位组织召开专家论证会。

［答案］B

［**2018 真题·多选**］对于列入建设工程概算的安全作业环境及安全施工措施所需的费用，施工单位应当用于（　　）。

A. 安全生产条件改善

B. 专职安全管理人员工资发放

C. 施工安全设施更新

D. 安全事故损失赔付

E. 施工安全防护用具采购

［解析］本题考查的是施工单位的安全责任。根据《建设工程安全生产管理条例》的相关规定，施工单位对列入建设工程概算的安全作业环境及安全施工措施所需费用，应当用于施工安全防护用具及设施的采购和更新、安全施工措施的落实、安全生产条件的改善，不得挪作他用。

［答案］ACE

［**2017 真题·多选**］根据《建设工程安全生产管理条例》，对于列入建设工程概算的安全作业环境及安全施工措施所需费用，应当用于（　　）。

A. 专项施工方案安全验算论证

B. 施工安全防护用具的采购

C. 安全施工措施的落实

D. 安全生产条件的改善

E. 施工安全防护设施的更新

［解析］本题考查的是施工单位的安全责任。根据《建设工程安全生产管理条例》的相关规定，施工单位对列入建设工程概算的安全作业环境及安全施工措施所需费用，应当用于施工安全防护用具及设施的采购和更新、安全施工措施的落实、安全生产条件的改善，不得挪作他用。

［答案］BCDE

［**2016 真题·多选**］根据《建设工程安全生产管理条例》，施工单位应当对达到一定规模的危险性较大的（　　）编制专项施工方案。

A. 土方开挖工程

B. 钢筋工程

C. 模板工程

D. 混凝土工程

E. 脚手架工程

［解析］本题考查的是施工单位的安全责任。根据《建设工程安全生产管理条例》的相关规定，施工单位应当在施工组织设计中编制安全技术措施和施工现场临时用电方案，对下列达到一定规模的危险性较大的分部分项工程编制专项施工方案，并附具安全验算结果，经施工单位技术负责人、总监理工程师签字后实施，由专职安全生产管理人员进行现场监督：①基坑支护与降水工程；②土方开挖工程；③模板工程；④起重吊装工程；⑤脚手架工程；⑥拆除、爆破工程；⑦国务院建设行政主管部门或者其他有关部门规定的其他危险性较大的工程。

［答案］ACE

［**2013 真题·多选**］根据《建设安全生产管理条例》，下列关于建设工程安全生产责任的说法，正确的有（　　）。

A. 设计单位应于设计文件中注明涉及施工安全的重点部位和环节

B. 施工单位对于安全作业费用有其他用途时须经建设单位批准

C. 施工单位应对管理人员的作业人员每年至少进行一次安全生产教育培训

D. 施工单位应向作业人员提供安全防护用具和安全防护服装

E. 施工单位应自施工起重机械验收合格之日起60日内向有关部门登记

[解析] 本题考查的是施工单位的安全责任。根据《建设工程安全生产管理条例》的相关规定，选项A，设计单位应当考虑施工安全操作和防护的需要，对涉及施工安全的重点部位和环节在设计文件中注明，并对防范生产安全事故提出指导意见。选项B，施工单位对列入建设工程概算的安全作业环境及安全施工措施所需费用，应当用于施工安全防护用具及设施的采购和更新、安全施工措施的落实、安全生产条件的改善，不得挪作他用。选项C，施工单位应当建立健全安全生产教育培训制度，应当对管理人员和作业人员每年至少进行一次安全生产教育培训，其教育培训情况记入个人工作档案。选项D，施工单位应当向作业人员提供安全防护用具和安全防护服装，并书面告知危险岗位的操作规程和违章操作的危害。选项E，施工单位应当自施工起重机械和整体提升脚手架、模板等自升式架设设施验收合格之日起30日内，向建设行政主管部门或者其他有关部门登记。

[答案] ACD

知识点12 建设工程安全生产管理条例——生产安全事故的应急救援和调查处理

一、生产安全事故应急救援

县级以上地方人民政府建设行政主管部门应当根据本级人民政府的要求，制定本行政区域内建设工程特大生产安全事故应急救援预案。

实行施工总承包的，由总承包单位统一组织编制建设工程生产安全事故应急救援预案。

二、生产安全事故调查处理

实行施工总承包的建设工程，由总承包单位负责上报事故。

第二节 招标投标法及其实施条例

知识点1 招标投标法——招标

《招标投标法》对招标的相关规定见表2-2-1。

表2-2-1 《招标投标法》对招标的相关规定

项目	内容
招标方式	招标分为公开招标和邀请招标两种方式： (1) 招标人采用公开招标方式的，应当发布招标公告 (2) 招标人采用邀请招标方式的，应当向3个以上具备承担招标项目的能力、资信良好的特定法人或者其他组织发出投标邀请书 招标公告或投标邀请书应当载明招标人的名称和地址、招标项目的性质、数量、实施地点和时间以及获取招标文件的办法等事项。招标人不得以不合理的条件限制或者排斥潜在投标人，不得对潜在投标人实行歧视待遇 (注：以上包含本数)

续表

项目	内容
招标文件	招标人对已发出的招标文件进行必要的澄清或者修改的，应当在招标文件要求提交投标文件截止时间至少15日前，以书面形式通知所有招标文件收受人
其他规定	依法必须进行招标的项目，自招标文件开始发出之日起至投标人提交投标文件截止之日止，最短不得少于20日

➤ **考分统计**：统计近10年本知识点，在2017、2020年考核一道单选题，考核频次为20%。

典型例题

[**2020真题·单选**] 某依法必须进行招标的项目，招标人拟定于2020年11月1日发售招标文件，根据《招标投标法》，要求投标人提交投标文件的截止时间最早可设定在2020年（　　）。

A. 11月11日　　B. 11月16日

C. 11月21日　　D. 12月1日

[**解析**] 依法必须进行招标的项目，自招标文件开始发出之日起至投标人提交投标文件截止之日止，最短不得少于20日。

[**答案**] C

知识点 2 招标投标法——投标

《招标投标法》规定的投标见表2-2-2。

表2-2-2 《招标投标法》规定的投标

项目	内容
投标文件	(1) 内容：根据招标文件载明的项目实际情况，投标人如果准备在中标后将中标项目的部分非主体、非关键工程进行分包的，应当在投标文件中载明。在招标文件要求提交投标文件的截止时间前，投标人可以补充、修改或者撤回已提交的投标文件，并书面通知招标人。补充、修改的内容为投标文件的组成部分 (2) 送达：投标人应当在招标文件要求提交投标文件的截止时间前，将投标文件送达投标地点。招标人收到投标文件后，应当签收保存，不得开启。投标人少于3个的，招标人应当依照《招标投标法》重新招标
联合投标	(1) 组成：两个以上法人或者其他组织可以组成一个联合体，以一个投标人的身份共同投标。联合体各方均应当具备规定的相应资格条件，由同一专业的单位组成的联合体，按照资质等级较低的单位确定资质等级 (2) 投标：联合体各方应当签订共同投标协议，明确约定各方拟承担的工作和责任，并将共同投标协议连同投标文件一并提交给招标人 (3) 中标：联合体各方应当共同与招标人签订合同，就中标项目向招标人承担连带责任

知识点 3 招标投标法——开标、评标和中标

《招标投标法》规定的开标、评标和中标见表2-2-3。

表2-2-3 《招标投标法》规定的开标、评标和中标

项目	内容
开标	开标应当在招标人的主持下，在招标文件确定的提交投标文件截止时间的同一时间、招标文件中预先确定的地点公开进行

续表

项目	内容
评标	评标由招标人依法组建的评标委员会负责 (1) 评标委员会的组成：评标委员会由招标人的代表和有关技术、经济等方面的专家组成，成员人数为5人以上单数。其中，技术、经济等方面的专家不得少于成员总数的2/3。一般招标项目可以采取随机抽取方式，特殊招标项目可以由招标人直接确定 (2) 评标委员会评审：评标委员会经评审，认为所有投标都不符合招标文件要求的，可以否决所有投标。评标委员会完成评标后，应当向招标人提出书面评标报告，并推荐合格的中标候选人。招标人据此确定中标人。招标人也可以授权评标委员会直接确定中标人，评标委员会成员的名单在中标结果确定前应当保密
中标	(1) 招标人和中标人应当自中标通知书发出之日起30日内，按照招标文件和中标人的投标文件订立书面合同 (2) 招标文件要求中标人提交履约保证金的，中标人应当提交。依法必须进行招标的项目，招标人应当自确定中标人之日起15日内，向有关行政监督部门提交招标投标情况的书面报告

➤ **考分统计**：统计近10年本知识点，在2012、2021年进行考核，考核频次为20%，各年均考核一道单选题。

典型例题

[**2021真题·单选**] 根据《招标投标法》，评标委员会名单在（　　）前保密。

A. 开标

B. 合同签订

C. 中标候选人公示

D. 中标结果确定

[**解析**] 评标委员会成员名单一般应于开标前确定，并应在中标结果确定前保密。

[**答案**] D

[**2012真题·单选**] 根据《招标投标法》，下列关于招标投标的说法，正确的是（　　）。

A. 评标委员会成员为7人以上单数

B. 联合体中标的，由联合体牵头单位与招标人签订合同

C. 评标委员会中技术、经济等方面的专家不得少于成员总数的2/3

D. 投标人应在递交投标文件的同时提交履约保函

[**解析**] 本题考查的是招标投标法。选项A错误，选项C正确，依法必须进行招标的项目，其评标委员会由招标人的代表和有关技术、经济等方面的专家组成，成员人数为5人以上单数。其中，技术、经济等方面的专家不得少于成员总数的2/3。选项B错误，联合体各方应当签订共同投标协议，明确约定各方拟承担的工作和责任，并将共同投标协议连同投标文件一并提交给招标人。选项D错误，中标后才需要提交履约保函。

[**答案**] C

知识点 4 招标投标法实施条例——招标

《招标投标法实施条例》规定的招标见表2-2-4。

表 2-2-4 《招标投标法实施条例》规定的招标

项目	内容	
招标范围	可以邀请招标的项目	(1) 技术复杂、有特殊要求或者受自然环境限制，只有少量潜在投标人可供选择 (2) 采用公开招标方式的费用占项目合同金额的比例过大
	可以不进行招标的项目	(1) 需要采用不可替代的专利或者专有技术 (2) 采购人依法能够自行建设、生产或者提供 (3) 已通过招标方式选定的特许经营项目投资人依法能够自行建设、生产或者提供 (4) 需要向原中标人采购工程、货物或者服务，否则将影响施工或者功能配套要求 (5) 国家规定的其他特殊情形
招标文件	(1) 资格预审文件或者招标文件的发售期不得少于5日 (2) 招标人发售资格预审文件、招标文件收取的费用不得以营利为目的 (3) 如潜在投标人或者其他利害关系人对资格预审文件有异议，应在提交资格预审申请文件截止时间2日前提出 (4) 如对招标文件有异议，应在投标截止时间10日前提出。招标人应当自收到异议之日起3日内作出答复	
资格预审	(1) 依法必须进行招标的项目提交资格预审申请文件的时间，自资格预审文件停止发售之日起不得少于5日 (2) 通过资格预审的申请人少于3个的，应当重新招标 (3) 招标人可以对已发出的资格预审文件或者招标文件进行必要的澄清或者修改。如澄清或者修改的内容可能影响资格预审申请文件或者投标文件编制，招标人应当在提交资格预审申请文件截止时间至少3日前，或者投标截止时间至少15日前，以书面形式通知所有获取资格预审文件或者招标文件的潜在投标人 (4) 不足3日或者15日的，招标人应当顺延提交资格预审申请文件或者投标文件的截止时间 (5) 如招标人采用资格后审办法对投标人进行资格审查，应当在开标后由评标委员会按照招标文件规定的标准和方法对投标人的资格进行审查	
招标工作的实施	禁止投标限制	招标人不得以不合理的条件限制、排斥潜在投标人或者投标人。属于以不合理的条件限制、排斥潜在投标人或者投标人的情形： (1) 就同一招标项目向潜在投标人或者投标人提供有差别的项目信息 (2) 设定的资格、技术、商务条件与招标项目的具体特点和实际需要不相适应或者与合同履行无关 (3) 依法必须进行招标的项目以特定行政区域或者特定行业的业绩、奖项作为加分条件或者中标条件 (4) 对潜在投标人或者投标人采取不同的资格审查或者评标标准 (5) 限定或者指定特定的专利、商标、品牌、原产地或者供应商 (6) 依法必须进行招标的项目非法限定潜在投标人或者投标人的所有制形式或者组织形式 (7) 以其他不合理条件限制、排斥潜在投标人或者投标人 招标人不得组织单个或者部分潜在投标人踏勘项目现场

续表

项目		内容
招标工作的实施	两阶段招标	对技术复杂或者无法精确拟定技术规格的项目，招标人可以分两阶段进行招标： (1) 第一阶段：投标人按照招标公告或者投标邀请书的要求提交不带报价的技术建议，招标人根据投标人提交的技术建议确定技术标准和要求，编制招标文件 (2) 第二阶段：招标人向在第一阶段提交技术建议的投标人提供招标文件，投标人按照招标文件的要求提交包括最终技术方案和投标报价的投标文件。如招标人要求投标人提交投标保证金，应当在第二阶段提出
	投标有效期	招标人应当在招标文件中载明投标有效期。投标有效期从提交投标文件的截止之日起算
	投标保证金	(1) 如招标人在招标文件中要求投标人提交投标保证金，投标保证金不得超过招标项目估算价的2% (2) 投标保证金有效期应当与投标有效期一致 (3) 招标人不得挪用投标保证金
	标底及投标限价	如招标人设有最高投标限价，应当在招标文件中明确最高投标限价或者最高投标限价的计算方法。招标人不得规定最低投标限价

注：(1) 招标人设有标底的，标底必须保密。

(2) 依法必须进行招标项目，自招标文件开始发出之日起至投标人提交投标文件截止之日止，最短不得少于20日。

➤ **考分统计**：统计近10年本知识点，在2013、2014、2016、2017、2018、2019、2021年进行考核，考核频次为70%，其中2014、2018、2019年各考核一道单选题，2013、2017、2021年各考核一道多选题，2016年考核一道单选题、一道多选题。

典型例题

[**2019真题·单选**] 某招标项目结算价1000万元，投标截止日为8月30日，投标有效期为9月25日，则该项目投标保证金金额及其有效期应是（　　）。

A. 最高不超过30万元，有效期为9月25日　　B. 最高不超过30万元，有效期为8月30日

C. 最高不超过20万元，有效期为8月30日　　D. 最高不超过20万元，有效期为9月25日

[**解析**] 投标保证金不得超过招标项目估算价的2%。投标保证金有效期应当与投标有效期一致。

[**答案**] D

[**2018真题·单选**] 根据《招标投标法实施条例》，依法必须进行招标的项目可以不进行招标的情形是（　　）。

A. 受自然环境限制只有少量潜在投标人　　B. 需要采用不可替代的专利或者专有技术

C. 招标费用占项目合同金额的比例过大　　D. 因技术复杂只有少量潜在投标人

[**解析**] 本题考查的是招标投标法实施条例。有下列情形之一的，可以不进行招标：①需要采用不可替代的专利或者专有技术；②采购人依法能够自行建设、生产或者提供；③已通过招标方式选定的特许经营项目投资人依法能够自行建设、生产或者提供；④需要向原中标人采购工程、货物或者服务，否则将影响施工或者功能配套要求；⑤国家规定的其他特殊情形。选项A、B、D属于可以邀请招标的项目。

[**答案**] B

[**2016 真题 · 单选**] 根据《招标投标法实施条例》，对于采用两阶段招标的项目，投标人在第一阶段向招标人提交的文件是（　　）。

A. 不带报价的技术建议　　B. 带报价的技术建议

C. 不带报价的技术方案　　D. 带报价的技术方案

[**解析**] 本题考查的是招标投标法实施条例。对技术复杂或者无法精确拟定技术规格的项目，招标人可以分两阶段进行招标：第一阶段，投标人按照招标公告或者投标邀请书的要求提交不带报价的技术建议，招标人根据投标人提交的技术建议确定技术标准和要求，编制招标文件。第二阶段，招标人向在第一阶段提交技术建议的投标人提供招标文件，投标人按照招标文件的要求提交包括最终技术方案和投标报价的投标文件。如招标人要求投标人提供投标保证金，应当在第二阶段提出。

[**答案**] A

[**2021 真题 · 多选**] 根据《招标投标法实施条例》，国有资金占控股或主导地位的依法必须进行招标的项目，可以采用邀请招标的情形有（　　）。

A. 技术复杂或性质特殊，不能确定主要设备的详细规则或具体要求

B. 技术复杂、有特殊要求，只有少量潜在投标人可供选择

C. 项目规模大、投资多，中小企业难以胜任

D. 项目特征独特，需有特定行业的专业度

E. 采用公开招标方式的费用占项目合同金额的比例过大

[**解析**] 国有资金占控股或者主导地位的依法必须进行招标的项目，应当公开招标；但有下列情形之一的，可以邀请招标：①技术复杂、有特殊要求或者受自然环境限制，只有少量潜在投标人可供选择；②采用公开招标方式的费用占项目合同金额的比例过大。

[**答案**] BE

[**2016 真题 · 多选**] 根据《招标投标法实施条例》，属于以不合理条件限制、排斥潜在投标人或投标人的情形有（　　）。

A. 就同一招标项目向投标人提供相同的项目信息　　B. 设定的技术和商务条件与合同履行无关

C. 以特定行业的业绩作为加分条件　　D. 对投标人采用无差别的资格审查标准

E. 对招标项目指定特定的品牌和原产地

[**解析**] 本题考查的是招标投标法实施条例。招标人有下列行为之一的，属于以不合理条件限制、排斥潜在投标人或者投标人：①就同一招标项目向潜在投标人或者投标人提供有差别的项目信息；②设定的资格、技术、商务条件与招标项目的具体特点和实际需要不相适应或者与合同履行无关；③依法必须进行招标的项目以特定行政区域或者特定行业的业绩、奖项作为加分条件或者中标条件；④对潜在投标人或者投标人采取不同的资格审查或者评标标准；⑤限定或者指定特定的专利、商标、品牌、原产地或者供应商；⑥依法必须进行招标的项目非法限定潜在投标人或者投标人的所有制形式或者组织形式；⑦以其他不合理条件限制、排斥潜在投标人或者投标人。

[**答案**] BCE

[**2013 真题 · 多选**] 根据《招标投标法实施条例》，下列关于招标投标的说法，正确的有（　　）。

A. 采购人依法能够自行建设、生产的项目，可以不进行招标

B. 招标费用占合同金额比例过大的项目，可以不进行招标

C. 招标人发售招标文件收取的费用应当限于编制招标文件所投入的成本支出

D. 潜在投标人对招标文件有异议的，应当在投标截止时间 10 日前提出

E. 招标人采用资格后审办法的，应当在开标后 15 日内由评标委员会公布审查结果

［解析］本题考查的是招标投标法实施条例。选项 A，可以不招标的项目其中包括采购人依法能够自行建设、生产或者提供。选项 B，招标费用占合同金额比例过大的项目，可以邀请招标。选项 C，招标人发售资格预审文件、招标文件收取的费用应当限于补偿印刷、邮寄的成本支出，不得以营利为目的。选项 D，潜在投标人如对招标文件有异议，应当在投标截止时间 10 日前提出。选项 E，如招标人采用资格后审办法对投标人进行资格审查，应当在开标后由评标委员会按照招标文件规定的标准和方法对投标人的资格进行审查。

［答案］ACD

知识点 5　招标投标法实施条例——投标

《招标投标法实施条例》规定的投标见表 2-2-5。

表 2-2-5　《招标投标法实施条例》规定的投标

项目		内容
投标规定		(1) 投标人撤回已提交的投标文件，应当在投标截止时间前书面通知招标人 (2) 招标人已收取投标保证金的，应当自收到投标人书面撤回通知之日起 5 日内退还 (3) 投标截止后投标人撤销投标文件的，招标人可以不退还投标保证金 (4) 招标人应当在资格预审公告、招标公告或者投标邀请书中载明是否接受联合体投标。招标人接受联合体投标并进行资格预审的，联合体应当在提交资格预审申请文件前组成。资格预审后联合体增减、更换成员的，其投标无效。如联合体各方在同一招标项目中以自己名义单独投标或者参加其他联合体投标，相关投标均无效
投标人相互串通投标的情形	属于投标人相互串通投标（多人串通在一起）	(1) 投标人之间协商投标报价等投标文件的实质性内容 (2) 投标人之间约定中标人 (3) 投标人之间约定部分投标人放弃投标或者中标 (4) 属于同一集团、协会、商会等组织成员的投标人按照该组织要求协同投标 (5) 投标人之间为谋取中标或者排斥特定投标人而采取的其他联合行动
	视为投标人相互串通投标（一个人的安排）	(1) 不同投标人的投标文件由同一单位或者个人编制 (2) 不同投标人委托同一单位或者个人办理投标事宜 (3) 不同投标人的投标文件载明的项目管理成员为同一人 (4) 不同投标人的投标文件异常一致或者投标报价呈规律性差异 (5) 不同投标人的投标文件相互混装 (6) 不同投标人的投标保证金从同一单位或者个人的账户转出

➤ **考分统计**：统计近 10 年本知识点，在 2015 年考核一道单选题、一道多选题，考核频次为 10%。

典型例题

［**2015 真题·单选**］根据《招标投标法实施条例》，投标人撤回已提交的投标文件，应当在（　　）前书面通知招标人。

A. 投标截止时间　　B. 评标委员会开始评标

C. 评标委员会结束评标　　D. 招标人发出中标通知书

［解析］本题考查的是招标投标法实施条例。根据《招标投标法实施条例》，投标人撤回已提交的投标文件，应当在投标截止时间前书面通知招标人。

［答案］A

［**2015真题·多选**］根据《招标投标法实施条例》，视为投标人相互串通投标的情形有（　　）。

A. 投标人之间协商投标报价

B. 不同投标人委托同一单位办理投标事宜

C. 不同投标人的投标保证金从同一单位的账户转出

D. 不同投标人的投标文件载明的项目管理成员为同一人

E. 投标人之间约定中标人

［**解析**］本题考查的是招标投标法实施条例。有下列情形之一的，视为投标人相互串通投标：①不同投标人的投标文件由同一单位或者个人编制；②不同投标人委托同一单位或者个人办理投标事宜；③不同投标人的投标文件载明的项目管理成员为同一人；④不同投标人的投标文件异常一致或者投标报价呈规律性差异；⑤不同投标人的投标文件相互混装；⑥不同投标人的投标保证金从同一单位或者个人的账户转出。

［**答案**］BCD

知识点 6　招标投标法实施条例——开标、评标和中标

《招标投标法实施条例》规定的开标、评标和中标见表2-2-6。

表2-2-6　《招标投标法实施条例》规定的开标、评标和中标

项目	内容
开标	招标人应当按照招标文件规定的时间、地点开标，如投标人少于3个，不得开标，应当重新招标
评标委员会	（1）评标委员会的专家成员应当从评标专家库内以随机抽取方式确定（一般） （2）对技术复杂、专业性强或者国家有特殊要求，采取随机抽取方式确定的专家难以保证胜任评标工作的招标项目，可以由招标人直接确定技术、经济等方面的评标专家（特殊）
评标	（1）招标人应当根据项目规模和技术复杂程度等因素合理确定评标时间。如超过1/3的评标委员会成员认为评标时间不够，招标人应当适当延长 （2）如招标项目设有标底，招标人应当在开标时公布。标底只能作为评标的参考，不得以投标报价是否接近标底作为中标条件，也不得以投标报价超过标底上下浮动范围作为否决投标的条件
投标否决	评标委员会应当否决其投标的情形： （1）投标文件未经投标单位盖章和单位负责人签字 （2）投标联合体没有提交共同投标协议 （3）投标人不符合国家或者招标文件规定的资格条件 （4）同一投标人提交两个以上不同的投标文件或者投标报价，但招标文件要求提交备选投标的除外 （5）投标报价低于成本或者高于招标文件设定的最高投标限价 （6）投标文件没有对招标文件的实质性要求和条件作出响应 （7）投标人有串通投标、弄虚作假、行贿等违法行为
投标文件澄清	（1）投标文件中有含义不明确的内容、明显文字或者计算错误，评标委员会认为需要投标人作出必要澄清、说明的，应当书面通知该投标人 （2）投标人的澄清、说明应当采用书面形式，并不得超出投标文件的范围或者改变投标文件的实质性内容 （3）评标委员会不得暗示或者诱导投标人作出澄清、说明，不得接受投标人主动提出的澄清、说明

续表

项目	内容
中标	(1) 中标候选人应当不超过3个，并标明排序 (2) 评标报告应当由评标委员会全体成员签字。对评标结果有不同意见的评标委员会成员应当以书面形式说明其不同意见和理由，评标报告应当注明该不同意见。评标委员会成员拒绝在评标报告上签字又不书面说明其不同意见和理由的，视为同意评标结果 (3) 依法必须进行招标的项目，招标人应当自收到评标报告之日起3日内公示中标候选人，公示期不得少于3日。如投标人或者其他利害关系人对依法必须进行招标的项目的评标结果有异议，应当在中标候选人公示期间提出。招标人应当自收到异议之日起3日内作出答复；作出答复前，应当暂停招标投标活动 (4) 国有资金占控股或者主导地位的依法必须进行招标的项目，招标人应当确定排名第一的中标候选人为中标人 (5) 排名第一的中标候选人放弃中标、因不可抗力不能履行合同、不按照招标文件要求提交履约保证金，或者被查实存在影响中标结果的违法行为等情形，不符合中标条件的，招标人可以按照评标委员会提出的中标候选人名单排序依次确定其他中标候选人为中标人，也可以重新招标
签订合同及履约	(1) 招标人最迟应当在书面合同签订后5日内向中标人和未中标的投标人退还投标保证金及银行同期存款利息 (2) 招标文件要求中标人提交履约保证金的，中标人应当按照招标文件的要求提交。履约保证金不得超过中标合同金额的10%

➤ **点拨**：

招标投标的具体流程见图2-2-1。

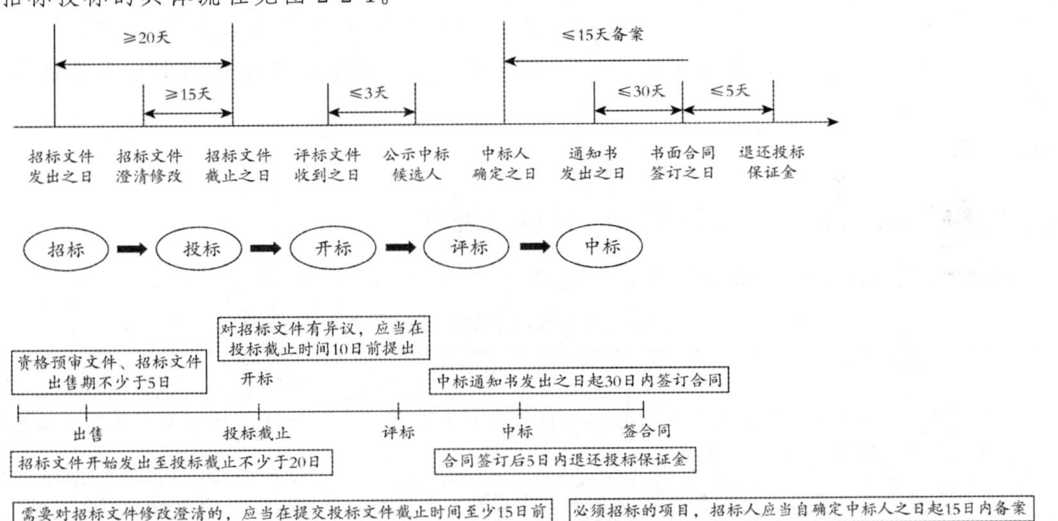

图2-2-1　招标投标的具体流程

➤ **考分统计**：统计近10年本知识点，在2014、2017、2020、2021年进行考核，考核频次为40%，其中2014年考核一道多选题，2017、2020、2021年考核一道单选题。

典型例题

[**2021真题·单选**] 根据《招标投标法实施条例》，下列评标过程中出现的情形，评标委员会可要求投标人作出书面澄清和说明的是（　　）。

A. 投标人报价高于招标文件设定的最高投标限价

B. 不同投标人的投标文件载明的项目管理成员为同一人

C. 投标人提交的投标保证金低于招标文件的规定

D. 在投标文件中发现有含义不明确的文字内容

[解析] 评标委员会可以要求投标单位对投标文件中含义不明确的内容作必要的澄清或者说明，但是澄清或者说明不得超出投标文件的范围或者改变投标文件的实质性内容。

[答案] D

[**2020 真题·单选**] 某工程中标合同金额为 6500 万元，根据《招标投标法实施条例》，中标人应提交的履约保证金不得超过（　　）万元。

A. 130　　B. 650　　C. 325　　D. 975

[解析] 招标文件要求中标人提交履约保证金的，中标人应当按照招标文件的要求提交。履约保证金不得超过中标合同金额的 10%。6500×10%=650（万元）。

[答案] B

[**2014 真题·多选**] 根据《招标投标法实施条例》，评标委员会应当否决投标的情形有（　　）。

A. 投标报价高于工程成本
B. 投标文件未经投标单位负责人签字
C. 投标报价低于招标控制价
D. 投标联合体没有提交共同投标协议
E. 投标人不符合招标文件规定的资格条件

[解析] 本题考查的是招标投标法实施条例。有下列情形之一的，评标委员会应当否决其投标：①投标文件未经投标单位盖章和单位负责人签字；②投标联合体没有提交共同投标协议；③投标人不符合国家或者招标文件规定的资格条件；④同一投标人提交两个以上不同的投标文件或者投标报价，但招标文件要求提交备选投标的除外；⑤投标报价低于成本或者高于招标文件设定的最高投标限价；⑥投标文件没有对招标文件的实质性要求和条件作出响应；⑦投标人有串通投标、弄虚作假、行贿等违法行为。考生需注意选项 B，只有盖章和签字同时不具备才被否决。

[答案] DE

知识点 7　招标投标法实施条例——投诉与处理

《招标投标法实施条例》规定的投诉与处理见表 2-2-7。

表 2-2-7　《招标投标法实施条例》规定的投诉与处理

项目	内容
投诉	如果投标人或者其他利害关系人认为招标投标活动不符合法律、行政法规规定，可以自知道或者应当知道之日起10日内向有关行政监督部门投诉
处理	行政监督部门应当自收到投诉之日起3个工作日内决定是否受理投诉，并自受理投诉之日起30个工作日内作出书面处理决定

➤ **考分统计**：统计近 10 年本知识点，在 2018 年考核一道单选题，考核频次为 10%。

典型例题

[**2018 真题·单选**] 根据《招标投标法实施条例》，投标人认为招投标活动不符合法律法规规定的，可以自知道或应当知道之日起（　　）日内向行政监督部投诉。

A. 10　　B. 15　　C. 20　　D. 30

[解析] 本题考查的是招标投标法实施条例。如果投标人或者其他利害关系人认为招标投标活动不符合法律、行政法规规定，可以自知道或者应当知道之日起 10 日内向有关行政监督部门投诉。

[答案] A

第三节 政府采购法及其实施条例

知识点 1 政府采购法

《政府采购法》中所称政府采购，是指各级国家机关、事业单位和团体组织，使用财政性资金采购依法制定的集中采购目录以内的或采购限额标准以上的货物、工程和服务的行为。政府采购工程进行招标投标的，适用招标投标法。

政府采购实行集中采购和分散采购相结合。集中采购的范围由省级以上人民政府公布的集中采购目录确定。

一、政府采购方式

我国《政府采购法》规定，我国的政府采购方式有：公开招标、邀请招标、竞争性谈判、单一来源采购、询价和国务院政府采购监督管理部门认定的其他采购方式。

公开招标应作为政府采购的主要采购方式。

（1）公开招标。

（2）邀请招标。符合下列情形之一的货物或服务，可采用邀请招标方式采购：①具有特殊性，只能从有限范围的供应商处采购的；②采用公开招标方式的费用占政府采购项目总价值的比例过大的。

（3）竞争性谈判。符合下列情形之一的货物或服务，可采用竞争性谈判方式采购：①招标后没有供应商投标或没有合格标的或重新招标未能成立的；②技术复杂或性质特殊，不能确定详细规格或具体要求的；③采用招标所需时间不能满足用户紧急需要的；④不能事先计算出价格总额的。

（4）单一来源采购。符合下列情形之一的货物或服务，可以采用单一来源方式采购：①只能从唯一供应商处采购的；②发生不可预见的紧急情况，不能从其他供应商处采购的；③必须保证原有采购项目一致性或服务配套的要求，需要继续从原供应商处添购，且添购资金总额不超过原合同采购金额10％的。

（5）询价。

二、政府采购合同

政府采购合同应当采用书面形式。

政府采购合同履行中，采购人需追加与合同标的相同的货物、工程或服务的，在不改变合同其他条款的前提下，可以与供应商协商签订补充合同，但所有补充合同的采购金额不得超过原合同采购金额的10％。

典型例题

［**2020真题·单选**］根据《政府采购法》，实行集中采购的政府采购，集中采购目录应由（　　）确定。

A. 省级以上人民政府　　B. 国务院相关主管部门

C. 省级政府采购主管部门　　D. 国务院采购主管部门

［**解析**］政府采购实行集中采购和分散采购相结合。集中采购的范围由省级以上人民政府公布的集中采购目录确定。

[答案] A

[**2019 真题·单选**] 某通过招投标订立的政府采购合同金额为 200 万元，合同履行过程中需追加与合同标的相同的货物，在其他合同条款不变且追加合同金额最高不超过（　　）万元时，可以签订补充合同采购。

A. 10　　B. 20　　C. 40　　D. 50

[**解析**] 政府采购合同履行中，采购人需追加与合同标的相同的货物、工程或服务的，在不改变合同其他条款的前提下，可以与供应商协商签订补充合同，但所有补充合同的采购金额不得超过原合同采购金额的 10%。200×10%=20（万元）。

[答案] B

[**典型例题·单选**] 下列属于政府采购的主要采购方式的是（　　）。

A. 公开招标　　B. 邀请招标　　C. 竞争性谈判　　D. 单一来源采购

[**解析**] 政府采购可采用的方式有：公开招标、邀请招标、竞争性谈判、单一来源采购、询价，以及国务院政府采购监督管理部门认定的其他采购方式。公开招标应作为政府采购的主要采购方式。

[答案] A

[**2021 真题·多选**] 根据《政府采购法》和《政府采购法实施条例》，下列组织机构中，属于使用财政性资金的政府采购人有（　　）。

A. 国有企业　　B. 集中采购机构　　C. 各级国家机关　　D. 事业单位

E. 团体组织

[**解析**]《政府采购法》所称政府采购，是指各级国家机关、事业单位和团体组织，使用财政性资金采购依法制定的集中采购目录以内的或采购限额标准以上的货物、工程和服务的行为。政府采购工程进行招标投标的，适用招标投标法。

[答案] CDE

知识点 2 《政府采购法实施条例》的相关内容

《政府采购法实施条例》中采购人或者采购代理机构有下列情形之一的，属于以不合理的条件对供应商实行差别待遇或者歧视待遇：

（1）就同一采购项目向供应商提供有差别的项目信息。

（2）设定的资格、技术、商务条件与采购项目的具体特点和实际需要不相适应或者与合同履行无关。

（3）采购需求中的技术、服务等要求指向特定供应商、特定产品。

（4）特定行政区域或者特定行业的业绩、奖项作为加分条件或者中标、成交条件。

（5）对供应商采取不同的资格审查或者评审标准。

（6）限定或者指定特定的专利、商标、品牌或者供应商。

（7）非法限定供应商的所有制形式、组织形式或者所在地。

（8）以其他不合理条件限制或者排斥潜在供应商。

一、政府采购方式

列入集中采购目录的项目，适合实行批量集中采购的，应当实行批量集中采购，但紧急的小额零星货物项目和有特殊要求的服务、工程项目除外。

政府采购工程依法不进行招标的，应当依照政府采购法律法规规定的竞争性谈判或者单一来源采购方式采购。

二、政府采购程序

（一）招标文件

招标文件的提供期限自招标文件开始发出之日起不得少于5个工作日。

采购人或者采购代理机构可以对已发出的招标文件进行必要的澄清或者修改。

澄清或者修改的内容可能影响投标文件编制的，采购人或者采购代理机构应当在投标截止时间至少15日前以书面形式通知所有获取招标文件的潜在投标人。不足15日的，采购人或者采购代理机构应当顺延提交投标文件的截止时间。

（二）投标保证金

招标文件要求投标人提交投标保证金的，投标保证金不得超过采购项目预算金额的2%。

（三）评标程序

政府采购招标评标方法分为最低评标价法和综合评分法。

三、政府采购合同

履约保证金的数额不得超过政府采购合同金额的10%。

典型例题

[**例题1·单选**] 招标文件要求投标人提交投标保证金的，投标保证金不得超过采购项目预算金额的（　　）。

A. 10%　　B. 5%　　C. 3%　　D. 2%

[**解析**] 根据《政府采购法实施条例》相关内容，招标文件要求投标人提交投标保证金的，投标保证金不得超过采购项目预算金额的2%。

[**答案**] D

[**例题2·单选**] 根据《政府采购法实施条例》相关内容，政府采购合同中，中标文件要求中标人提交履约保证金的，履约保证金的数额不得超过政府采购合同金额的（　　）。

A. 10%　　B. 20%　　C. 30%　　D. 40%

[**解析**] 根据《政府采购法实施条例》相关内容，中标文件要求中标人提交履约保证金的，履约保证金的数额不得超过政府采购合同金额的10%。

[**答案**] A

第四节　民法典合同编及价格法

知识点 1 合同形式和内容

一、合同形式

当事人订立合同，有书面形式、口头形式和其他形式。见图2-4-1。

（1）书面形式是指合同书、信件和数据电文（包括电报、电传、传真、电子数据交换和电子邮件）等可以有形地表现所载内容的形式。

建设工程合同应当采用书面形式。

（2）口头形式是指当事人用谈话的方式订立的合同。

（3）其他形式是指除书面形式、口头形式以外的方式来表现合同内容的形式。

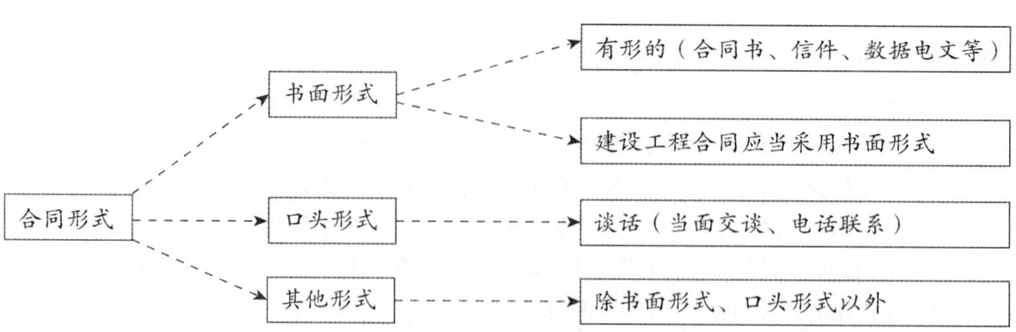

图 2-4-1　合同形式

二、合同内容

《民法典》合同编在分则中对建设工程合同（包括工程勘察、设计、施工合同）内容作了专门规定。

➤ **考分统计**：统计近 10 年本知识点，在 2015 年考核一道多选题，考核频次为 10%。

典型例题

[**2015 真题·多选**] 关于合同形式的说法，正确的有（　　）。

A. 建设工程合同应当采用书面形式

B. 电子数据交换不能直接作为书面合同

C. 合同有书面和口头两种形式

D. 电话不是合同的书面形式

E. 书面形式限制了当事人对合同内容的协商

[**解析**] 本题考查的是合同的形式。选项 A，建设工程合同应当采用书面形式。选项 B，书面形式是指合同书、信件和数据电文（包括电报、电传、传真、电子数据交换和电子邮件）等可以有形地表现所载内容的形式。选项 C，合同有书面形式、口头形式和其他形式。选项 D，书面形式是指合同书、信件和数据电文（包括电报、电传、传真、电子数据交换和电子邮件），不包括电话。选项 E，合同的任何形式都不限制当事人对合同内容的协商。

[**答案**] AD

知识点 2　合同订立程序和合同成立

一、合同订立程序

（1）要约邀请：是希望他人向自己发出要约的意思表示。

（2）要约：是希望与他人订立合同的意思表示。

（3）承诺：是受要约人同意要约的意思表示。

当事人订立合同，可以采用要约、承诺、其他方式。

（一）要约

要约的内容见表 2-4-1。

表 2-4-1　要约

项目	内容
生效	要约到达受要约人时生效
有效的条件	（1）内容具体确定；以缔结合同为目的 （2）表明经受要约人承诺，要约人即受该意思表示约束 （3）必须具备合同的主要条款，有些合同在要约之前还会有要约邀请

续表

项目	内容
撤回和撤销	(1) 要约可以撤回：撤回要约的通知应当在要约到达受要约人之前或者与要约同时到达受要约人 (2) 要约可以撤销：撤销要约的通知应当在受要约人发出承诺通知之前到达受要约人
失效	有下列情形之一的，要约失效： (1) 要约被拒绝 (2) 要约被依法撤销 (3) 承诺期限届满，受要约人未做出承诺 (4) 受要约人对要约的内容作出实质性变更

(二) 承诺

承诺的内容见表 2-4-2。

表 2-4-2 承诺

项目	内容
承诺期限	(1) 要约确定承诺期限的：承诺应当在要约确定的期限内到达要约人 (2) 要约没有确定承诺期限的：①要约以对话方式作出的，应当即时作出承诺；②要约以非对话方式作出的，承诺应当在合理期限内到达
承诺生效	承诺通知到达要约人时生效
承诺撤回	承诺可以撤回，撤回承诺的通知应当在承诺通知到达要约人之前或者与承诺通知同时到达要约人
逾期承诺	受要约人超过承诺期限发出承诺，或者在承诺期限内发出承诺，按照通常情形不能及时到达要约人的，为新要约。但是，要约人及时通知受要约人该承诺有效的除外
要约内容的变更	(1) 承诺的内容应当与要约的内容一致。有关合同标的、数量、质量、价款或者报酬、履行期限、履行地点和方式、违约责任和解决争议方法等的变更，是对要约内容的实质性变更。受要约人对要约的内容作出实质性变更的，为新要约 (2) 承诺对要约的内容作出非实质性变更的，除要约人及时表示反对或者要约表明承诺不得对要约的内容作出任何变更的以外，该承诺有效，合同的内容以承诺的内容为准

二、合同成立

承诺生效时合同成立，但是法律另有规定或者当事人另有约定的除外。

三、特殊合同

(一) 特殊需求合同

国家根据抢险救灾、疫情防控或者其他需要下达国家订货任务、指令性任务的，有关民事主体之间应当依照有关法律、行政法规规定的权利和义务订立合同。

依照法律、行政法规的规定，负有发出要约义务的当事人，应当及时发出合理的要约。负有作出承诺义务的当事人，不得拒绝对方合理的订立合同要求。

(二) 预约合同

当事人约定在将来一定期限内订立合同的认购书、订购书、预订书等，构成预约合同。当事人一方不履行预约合同约定的订立合同义务的，对方可以请求其承担预约合同的违约责任。

➤ **考分统计**：统计近 10 年本知识点，在 2011、2012、2016、2017 年分别考核一道单选题，2020 年考核一道多选题，考核频次为 50%。

典型例题

[**2016 真题·单选**] 合同订立过程中，属于要约失效的情形是（　　）。

A. 承诺通知到达要约人　　B. 受要约人依法撤销承诺

C. 要约人在承诺期限内未作出承诺　　D. 受要约人对要约内容作出实质性变更

[**解析**] 有下列情形之一的，要约失效：①要约被拒绝；②要约被依法撤销；③承诺期限届满，受要约人未作出承诺；④受要约人对要约的内容作出实质性变更。

[**答案**] D

[**2012 真题·单选**] 根据《合同法》，下列关于承诺的说法，正确的是（　　）。

A. 承诺期限自要约发出时开始计算　　B. 承诺通知一经发出不得撤回

C. 承诺可对要约的内容作出实质性变更　　D. 承诺的内容应当与要约的内容一致

[**解析**] 本题考查的是合同订立程序。承诺可以撤回，撤回承诺的通知应当在承诺通知到达要约人之前或者与承诺通知同时到达要约人。承诺的内容应当与要约的内容一致。受要约人对要约的内容作出实质性变更的，为新要约。(《合同法》已变更为《民法典》合同编)

[**答案**] D

[**2011 真题·单选**] 根据《合同法》，下列关于承诺的说法，正确的是（　　）。

A. 发出后的承诺通知不得撤回　　B. 承诺通知到达要约人时生效

C. 超过承诺期限发出的承诺视为新要约　　D. 承诺的内容可以与要约的内容不一致

[**解析**] 本题考查的是合同订立程序。承诺通知可以撤回；承诺通知到达要约人时生效；受要约人超过承诺期限发出承诺的，除要约人及时通知受要约人该承诺有效的以外，为新要约；承诺的内容应当与要约的内容一致。(《合同法》已变更为《民法典》合同编)

[**答案**] B

[**2020 真题·多选**] 根据《合同法》，关于要约和承诺的说法，正确的有（　　）。

A. 要约通知发出时即表明要约生效　　B. 承诺应当在要约确定的期限内到达要约人

C. 要约一旦发出不得撤销　　D. 承诺通知到达要约人时生效

E. 承诺的内容应当与要约的内容一致

[**解析**] 要约到达受要约人时生效，选项 A 错误。要约可以撤回，撤回要约的通知应当在要约到达受要约人之前或者与要约同时到达受要约人，选项 C 错误。(《合同法》已变更为《民法典》合同编)

[**答案**] BDE

知识点 3 合同格式条款和缔约过失责任

一、格式条款

格式条款是当事人为了重复使用而预先拟定，并在订立合同时未与对方协商的条款。

（一）格式条款提供者的义务

提供格式条款的一方应当遵循公平原则确定当事人之间的权利和义务，并采取合理的方式提示对方注意免除或减轻其责任等与对方有重大利害关系的条款，按照对方的要求，对该条款予以说明。

提供格式条款的一方未履行提示或者说明义务，致使对方没有注意或者理解与其有重大利害关系的条款的，对方可以主张该条款不成为合同的内容。

（二）格式条款无效的情形

提供格式条款一方不合理地免除或者减轻其责任、加重对方责任、限制或者排除对方主要权利的，该条款无效。此外，《民法典》合同编规定的无效合同情形，同样适用于格式合同条款。

（三）格式条款争议解决

对格式条款的理解发生争议的，应当按照通常理解予以解释。对格式条款有两种以上解释的，应当作出不利于提供格式条款一方的解释。格式条款和非格式条款不一致的，应当采用非格式条款。

二、缔约过失责任

缔约过失责任发生于合同不成立或者合同无效的缔约过程。

其构成条件有：

一是当事人有过错。若无过错，则不承担责任。

二是有损害后果的发生。若无损失，亦不承担责任。

三是当事人的过错行为与造成的损失有因果关系。

当事人在订立合同过程中有下列情形之一，给对方造成损失的，应当承担损害赔偿责任：

（1）假借订立合同，恶意进行磋商。

（2）故意隐瞒与订立合同有关的重要事实或者提供虚假情况。

（3）有其他违背诚实信用原则的行为。

当事人在订立合同过程中知悉的商业秘密，无论合同是否成立，不得泄露或者不正当地使用。

➤ **考分统计**：统计近 10 年本知识点，在 2013 年考核一道单选题，考核频次为 10%。

典型例题

［**典型例题·单选**］根据《民法典》合同编，下列关于格式合同的说法，正确的是（　　）。

A. 采用格式条款订立合同，有利于保证合同双方的公平权利

B. 《民法典》合同编规定的合同无效的情形适用于格式合同条款

C. 对格式条款的理解发生争议的，应当作出有利于提供格式条款一方的解释

D. 格式条款和非格式条款不一致的，应当采用格式条款

［**解析**］选项 A 错误，采用格式条款订立合同，不利于保证合同双方的公平权利。由于格式条款的提供者在经济地位方面有优势，导致拟定格式条款时会更多考虑自己的利益。选项 C 错误，对格式条款的理解发生争议的，应当按照通常理解予以解释。选项 D 错误，格式条款和非格式条款不一致的，应当采用非格式条例。提供格式条款一方免除自己责任、加重对方责任、排除对方主要权利的，该条款无效。此外，《民法典》合同编规定的合同无效的情形，同样适用于格式合同条款。

［**答案**］B

知识点 4 合同效力

一、合同生效

合同生效与合同成立是不同的两个概念。

合同的成立：是指双方当事人依照有关法律对合同的内容进行协商并达成一致的意见。

合同成立的判断依据：承诺是否生效。

合同生效：是指合同产生法律上的效力，具有法律约束力。

二、无权代理人代订合同

无权代理人以被代理人的名义订立合同，被代理人已经开始履行合同义务或者接受相对人履行的，视为对合同的追认。

法人的法定代表人或者非法人组织的负责人超越权限订立的合同，除相对人知道或者应当知道其超越权限外，该代表行为有效，订立的合同对法人或者非法人组织发生效力。

当事人超越经营范围订立的合同的效力，应当依照法律规定确定，不得仅以超越经营范围确认合同无效。

三、合同中免责条款无效情形

合同有下列情形之一的，合同无效：

（1）造成对方人身损害的。

（2）因故意或者重大过失造成对方财产损失的。

知识点 5 合同履行

一、合同履行原则

合同履行原则包括全面履行和诚信原则。

二、合同履行的一般规则

（1）价款或者报酬不明确：按照订立合同时履行地的市场价格履行。

（2）履行地点不明确：给付货币的，在接受货币一方所在地履行。

（3）交付不动产的：在不动产所在地履行。

（4）其他标的：在履行义务一方所在地履行。

三、合同履行的特殊规则

（一）电子合同履行

通过互联网等信息网络订立的电子合同的标的为交付商品并采用快递物流方式交付的，收货人的签收时间为交付时间。

电子合同的标的为提供服务的，生成的电子凭证或者实物凭证中载明的时间为提供服务时间；前述凭证没有载明时间或者载明时间与实际提供服务时间不一致的，以实际提供服务的时间为准。

电子合同的标的物为采用在线传输方式交付的，合同标的物进入对方当事人指定的特定系统且能够检索识别的时间为交付时间。

（二）价格调整

执行政府定价或政府指导价的，在合同约定的交付期限内政府价格调整时，按照交付时的价格计价。

（1）逾期交付标的物的：

1）价格上涨时，按照原价格执行。

2）价格下降时，按照新价格执行。

（2）逾期提取标的物或者逾期付款的：

1）价格上涨时，按照新价格执行。

2）价格下降时，按照原价格执行。

（三）债务履行

以支付金钱为内容的债，除法律另有规定或者当事人另有约定外，债权人可以请求债务人以实际履行地的法定货币履行。

（四）抗辩权

（1）当事人互负债务，没有先后履行顺序的，应当同时履行。一方在对方履行之前有权拒绝其履行请求。一方在对方履行债务不符合约定时，有权拒绝其相应的履行请求。

（2）当事人互负债务，有先后履行顺序，应当先履行债务一方未履行的，后履行一方有权拒绝其履行请求。先履行一方履行债务不符合约定的，后履行一方有权拒绝其相应的履行请求。

➤ **点拨**：注意在合同履行的特殊规则中判断的原则：惩罚过错方。

知识点 6　合同保全

一、代位权

因债务人怠于行使其债权或者与该债权有关的从权利，影响债权人的到期债权实现的，债权人可以向人民法院请求以自己的名义代位行使债务人对相对人的权利，但是该权利专属于债务人自身的除外。

代位权的行使范围以债权人的到期债权为限。

债权人行使代位权的必要费用，由债务人负担。

相对人对债务人的抗辩，可以向债权人主张。

二、撤销权

债务人以放弃其债权、放弃债权担保、无偿转让财产等方式无偿处分财产权益，或者恶意延长其到期债权的履行期限，影响债权人的债权实现的，债权人可以请求人民法院撤销债务人的行为。

债务人以明显不合理的低价转让财产、以明显不合理的高价受让他人财产或者为他人的债务提供担保，影响债权人的债权实现，债务人的相对人知道或者应当知道该情形的，债权人可以请求人民法院撤销债务人的行为。

撤销权的行使范围以债权人的债权为限。债权人行使撤销权的必要费用，由债务人负担。

撤销权自债权人知道或者应当知道撤销事由之日起一年内行使。

自债务人的行为发生之日起五年内没有行使撤销权的，该撤销权消灭。

➤ **考分统计**：统计近 10 年本知识点，在 2014、2016、2017 年进行考核，考核频次为 30%，其中 2014 年考核两道单选题，2016、2017 年分别考核一道单选题。

典型例题

［**2017 真题 · 单选**］根据《合同法》，执行政府定价或政府指导价的合同时，对于逾期交付标的物的处置方式是（　　）。

A. 遇价格上涨时，按照原价格执行；价格下降时，按照新价格执行

B. 遇价格上涨时，按照新价格执行；价格下降时，按照原价格执行

C. 无论价格上涨或下降，均按照新价格执行

D. 无论价格上涨或下降，均按照原价格执行

[解析] 本题考查的是合同履行。《民法典》合同编规定，执行政府定价或政府指导价的，在合同约定的交付期限内政府价格调整时，按照交付时的价格计价。逾期交付标的物的，遇价格上涨时，按照原价格执行；价格下降时，按照新价格执行。逾期提取标的物或者逾期付款的，遇价格上涨时，按照新价格执行；价格下降时，按照原价格执行。(《合同法》已变更为《民法典》合同编)

[答案] A

[2016真题·单选] 根据《合同法》，合同生效后，当事人就价款约定不明确又未能补充协议的，合同价款应按（　　）执行。

A. 订立合同时履行地市场价格　　B. 订立合同时付款方所在地市场价格

C. 标的物交付时市场价格　　D. 标的物交付时政府指导价

[解析] 本题考查的是合同履行。价款或者报酬不明确的，按照订立合同时履行地的市场价格履行；依法应当执行政府定价或者政府指导价的，按照规定履行。(《合同法》已变更为《民法典》合同编)

[答案] A

[2014真题·单选] 根据《合同法》，在执行政府定价的合同履行中，需要按新价格执行的情形是（　　）。

A. 逾期付款的，遇价格上涨时　　B. 逾期付款的，遇价格下降时

C. 逾期提取标的物的，遇价格下降时　　D. 逾期交付标的物的，遇价格上涨时

[解析] 本题考查的是合同履行。逾期提取标的物或者逾期付款的，遇价格上涨时，按照新价格执行；价格下降时，按照原价格执行。(《合同法》已变更为《民法典》合同编)

[答案] A

知识点 7 标的物提存

提存是指由于债权人的原因致使债务人难以履行债务时，债务人可以将标的物交给有关机关保存，以此消灭合同的制度。

债权人领取提存物的权利，自提存之日起五年内不行使而消灭，提存物扣除提存费用后归国家所有。

➤ **考分统计**：统计近10年本知识点，在2013、2021年各考核一道单选题，考核频次为20%。

典型例题

[2021真题·单选] 根据《民法典》合同编，债权人无正当理由拒绝受领债务的，债务人宜采取的做法是（　　）。

A. 行使代位权　　B. 将标的物提存　　C. 通知解除合同　　D. 行使抗辩权

[解析] 有下列情形之一，难以履行债务的，债务人可以将标的物提存：①债权人无正当理由拒绝受领；②债权人下落不明；③债权人死亡未确定继承人、遗产管理人，或者丧失民事行为能力未确定监护人；④法律规定的其他情形。

[答案] B

[2013真题·单选] 根据《合同法》，债权人领取提存物的权利期限为（　　）年。

A. 1　　B. 2　　C. 3　　D. 5

[解析] 本题考查的是标的物的提存。债权人领取提存物的权利期限为5年，超过该期限，提存物扣除提存费用后归国家所有。

[答案] D

知识点 8 违约责任的特点和承担方式

一、违约责任的主要特点

（1）违约责任以有效合同为前提。

（2）违约责任以违反合同义务为要件。

（3）违约责任可由当事人在法定范围内约定。

（4）违约责任是一种民事赔偿责任。贯彻损益相当的原则。

二、违约责任的承担方式

（1）继续履行。

（2）采取补救措施。

（3）赔偿损失。

（4）支付违约金。

约定的违约金低于造成的损失，当事人可以请求人民法院或者仲裁机构予以增加。

约定的违约金过分高于造成的损失，当事人可以请求人民法院或者仲裁机构予以适当减少。

当事人就迟延履行约定违约金的，违约方支付违约金后，还应当履行债务。

（5）定金。

当事人可以约定一方向对方给付定金作为债权的担保。定金合同自实际交付定金时成立。

债务人履行债务后，定金应当抵作价款或者收回。

给付定金的一方不履行约定的债务的，无权要求返还定金。

收受定金的一方不履行约定的债务的，应当双倍返还定金。

当事人既约定违约金，又约定定金的，一方违约时，对方可以选择适用违约金或者定金条款。定金不足以弥补一方违约造成的损失的，对方可以请求赔偿超过定金数额的损失。

三、违约责任的承担

（1）债务人按照约定履行债务，债权人无正当理由拒绝受领的，债务人可以请求债权人赔偿增加的费用。在债权人受领迟延期间，债务人无须支付利息。

（2）当事人一方因不可抗力不能履行合同的，根据不可抗力的影响，部分或者全部免除责任，但法律另有规定的除外。因不可抗力不能履行合同的，应当及时通知对方，以减轻可能给对方造成的损失，并应当在合理期限内提供证明。

当事人迟延履行后发生不可抗力的，不免除其违约责任。

（3）当事人一方违约后，对方应当采取适当措施防止损失的扩大；没有采取适当措施致使损失扩大的，不得就扩大的损失请求赔偿。当事人因防止损失扩大而支出的合理费用，由违约方负担。

（4）当事人都违反合同的，应当各自承担相应的责任。当事人一方违约造成对方损失，对方对损失的发生有过错的，可以减少相应的损失赔偿额。

（5）当事人一方因第三人的原因造成违约的，应当依法向对方承担违约责任。当事人一方和第三人之间的纠纷，依照法律规定或者按照约定处理。

四、国际货物买卖合同和技术进出口合同争议时效

因国际货物买卖合同和技术进出口合同争议提起诉讼或者申请仲裁的时效期间为四年。

➤ **考分统计**：统计近10年本知识点，在2013、2014、2016、2018年进行考核，考核频次为40%，其中2014、2016年考核一道多选题，2013、2018年考核一道单选题。

典型例题

[**2018真题·单选**] 根据《合同法》，当事人既约定违约金，又约定定金的，一方违约时，对方的正确处理方式是（　　）。

A. 只能选择适用违约金条款　　B. 只能选择适用定金条款

C. 同时适用违约金和定金条款　　D. 可以选择适用违约金或者定金条款

[**解析**] 本题考查的是违约责任。当事人既约定违约金，又约定定金的，一方违约时，对方可以选择适用违约金或者定金条款。（《合同法》已变更为《民法典》合同编）

[**答案**] D

[**2013真题·单选**] 根据《合同法》，下列关于定金的说法，正确的是（　　）。

A. 债务人准备履行债务时，定金应当收回

B. 给付定金的一方如不履行债务，无权要求返还定金

C. 收受定金的一方如不履行债务，应当返还定金

D. 当事人既约定违约金，又约定定金的，违约时适用违约金条款

[**解析**] 本题考查的是违约责任。约定一方向对方给付定金作为债权的担保。债务人履行债务后，定金应当抵作价款或者收回。给付定金的一方不履行约定的债务的，无权要求返还定金；收受定金的一方不履行约定的债务的，应当双倍返还定金。（《合同法》已变更为《民法典》合同编）

[**答案**] B

[**2016真题·多选**] 根据《合同法》，合同当事人违约责任的特点有（　　）。

A. 违约责任以合同成立为前提

B. 违约责任主要是一种赔偿责任

C. 违约责任以违反合同义务为要件

D. 违约责任由当事人按法律规定的范围自行约定

E. 违约责任按损益相当的原则确定

[**解析**] 本题考查的是违约责任。合同当事人违约责任的特点包括：①违约责任以有效合同为前提。②违约责任以违反合同义务为要件。③违约责任可由当事人在法定范围内约定。④违约责任是一种民事赔偿责任。首先，它是由违约方向守约方承担的民事责任，无论是违约金还是赔偿金，均是平等主体之间的支付关系；其次，违约责任的确定，通常应以补偿守约方的损失为标准，贯彻损益相当的原则。（《合同法》已变更为《民法典》合同编）

[**答案**] CDE

知识点 9 价格法

一、经营者的权利

经营者享有如下权利：

（1）自主制定属于市场调节的价格。

（2）在政府指导价规定的幅度内制定价格。

（3）制定属于政府指导价、政府定价产品范围内的新产品的试销价格，特定产品除外。

(4) 检举、控告侵犯其依法自主定价权利的行为。

二、政府定价的商品

对下列商品和服务价格，政府在必要时可以实行政府指导价或政府定价：

(1) 国民经济发展和人民生活关系重大的极少数商品价格。

(2) 资源稀缺的少数商品价格。

(3) 自然垄断经营的商品价格。

(4) 重要的公用事业价格。

(5) 重要的公益性服务价格。

三、定价依据

政府指导价、政府定价的定价权限和具体适用范围，以中央和地方的定价目录为依据。中央定价目录由国务院价格主管部门制定、修订，报国务院批准后公布。地方定价目录由省、自治区、直辖市人民政府价格主管部门按照中央定价目录规定的定价权限和具体适用范围制定，经本级人民政府审核同意，报国务院价格主管部门审定后公布。

政府应当依据有关商品或者服务的社会平均成本和市场供求状况、国民经济与社会发展要求以及社会承受能力，实行合理的购销差价、批零差价、地区差价和季节差价。

制定关系群众切身利益的公用事业价格、公益性服务价格、自然垄断经营的商品价格时，应建立听证会制度，征求消费者、经营者和有关方面的意见。

当重要商品和服务价格显著上涨或者有可能显著上涨，国务院和省、自治区、直辖市人民政府可以对部分价格采取限定差价率或者利润率、规定限价、实行提价申报制度和调价备案制度等干预措施。

➤ **考分统计**：统计近10年本知识点，在2012、2015、2018、2019、2020、2021年进行考核，考核频次为60%，其中2012、2015年分别考核一道多选题，2018、2019、2020、2021年各考核一道单选题。

典型例题

[**2021真题·单选**] 根据《价格法》，当重要商品和服务价格显著上涨时，国务院和省、自治区、直辖市人民政府可采取的干预措施是（　　）。

A. 限定利润率、实行提价申报制度和调价备案制度

B. 限定购销差价、批零差价、地区差价和季节差价

C. 限定利润率、规定限价、实行价格公示制度

D. 成本价公示、规定限价

[**解析**] 根据《价格法》，当重要商品和服务价格显著上涨或者有可能显著上涨，国务院和省、自治区、直辖市人民政府可以对部分价格采取限定差价率或者利润率、规定限价、实行提价申报制度和调价备案制度等干预措施。

[**答案**] A

[**2020真题·单选**] 根据《价格法》，在制定关系群众切身利益的公用事业价格、公益性服务价格、自然垄断经营的商品价格时，应当建立（　　）制定。

A. 风险评估　　B. 公示　　C. 专家咨询　　D. 听证会

[解析] 制定关系群众切身利益的公用事业价格、公益性服务价格、自然垄断经营的商品价格时，应当建立听证会制度，征求消费者、经营者和有关方面的意见。

[答案] D

[**2019 真题·单选**] 根据《价格法》，地方定价商品应经（　　）审定后公布。

A. 地方人民政府价格主管部门
B. 地方人民政府
C. 国务院价格主管部门
D. 国务院

[解析] 地方定价目录由省、自治区、直辖市人民政府价格主管部门按照中央定价目录规定的定价权限和具体适用范围制定，经本级人民政府审核同意，报国务院价格主管部门审定后公布。省、自治区、直辖市人民政府以下各级地方人民政府不得制定定价目录。

[答案] C

[**2015 真题·多选**] 根据《价格法》，经营者有权制定的价格有（　　）。

A. 资源稀缺的少数商品价格
B. 自然垄断经营的商品价格
C. 属于市场调节的价格
D. 属于政府定价产品范围的新产品试销价格
E. 公益性服务价格

[解析] 本题考查的是政府的定价行为。对下列商品和服务价格，政府在必要时可以实行政府指导价或政府定价：①与国民经济发展和人民生活关系重大的极少数商品价格；②资源稀缺的少数商品价格；③自然垄断经营的商品价格；④重要的公用事业价格；⑤重要的公益性服务价格。选项 C、D 不属于实行政府指导价或政府定价范围，经营者有权制定价格。

[答案] CD

[**2012 真题·多选**] 根据《价格法》，政府可依据有关商品或者服务的社会平均成本和市场供求状况、国民经济与社会发展要求以及社会承受能力，实行合理的（　　）。

A. 购销差价
B. 批零差价
C. 利税差价
D. 地区差价
E. 季节差价

[解析] 本题考查的是政府的定价行为。政府应当依据有关商品或者服务的社会平均成本和市场供求状况、国民经济与社会发展要求以及社会承受能力，实行合理的购销差价、批零差价、地区差价和季节差价。制定关系群众切身利益的公用事业价格、公益性服务价格、自然垄断经营的商品价格时，应当建立听证会制度，征求消费者、经营者和有关方面的意见。

[答案] ABDE

同步强化训练

一、单项选择题（每题的备选项中，只有 1 个最符合题意）

1. 根据《建筑法》，下列关于建筑工程承包的说法，正确的是（　　）。
   A. 建筑企业集团公司可以允许其他公司以其名义承揽工程
   B. 建筑企业可以在其资质等级之上承揽工程
   C. 联合体承包的，按照资质等级高的单位的业务许可范围承揽工程
   D. 禁止施工企业将承包的全部建筑工程转包给他人
2. 根据《建筑法》的规定，下列关于建筑安全生产管理的说法，错误的是（　　）。
   A. 建筑安全生产管理必须坚持“安全第一、预防为主”的方针

B. 对专业性较强的工程项目，施工企业应当编制专项安全施工组织设计

C. 实行施工总承包的，施工现场安全由总承包单位负责，分包单位向总承包单位负责

D. 涉及建筑主体的承重结构变化的装修工程，施工单位应当在施工前委托原设计单位提出设计方案

3. 根据《建设工程质量管理条例》，下列关于建设单位在工程施工过程中的质量责任和义务的说法，正确的是（　　）。

A. 建设单位在办理工程质量监督手续前，应当按照国家有关规定领取施工许可证或者开工报告

B. 房屋建筑使用者在装修过程中，经过允许可以变动房屋建筑主体和承重结构

C. 所有装修工程，建设单位应当在施工前委托具有相应资质等级的设计单位提出设计方案

D. 由建设单位采购建筑材料的，建设单位应当保证建筑材料符合设计文件和合同要求

4. 根据《建设工程质量管理条例》，施工人员对涉及结构安全的试块、试件以及有关材料，应当（　　）。

A. 在建设单位监督下现场取样，并送具有相应资质等级的质量检测单位检测

B. 在施工单位技术负责人监督下现场取样，并送具有相应资质等级的质量检测单位检测

C. 在工程监理单位监督下现场取样，并送建设单位指定的质量检测单位检测

D. 在工程监理单位监督下现场取样，并送工程监理单位指定的质量检测单位检测

5. 建设工程发生质量事故，有关单位应当在（　　）小时内向当地建设行政主管部门和其他有关部门报告。

A. 12　　B. 24　　C. 36　　D. 48

6. 下列关于监理工作实施的说法，错误的是（　　）。

A. 监理工程师应当采取旁站、巡视和平行检验等形式，对建设工程实施监理

B. 未经监理工程师签字，施工单位可以先进行下一道工序的施工

C. 未经总监理工程师签字，建设单位不拨付工程款，不进行竣工验收

D. 工程监理单位应当选派具备相应资格的总监理工程师和监理工程师进驻施工现场

7. 2018年1月15日，某住宅工程竣工验收合格，则办理竣工验收备案的截止时间是（　　）。

A. 2018年1月10日　　B. 2018年1月15日

C. 2018年1月30日　　D. 2018年1月25日

8. 根据《招标投标法》，下列关于投标和开标的说法，正确的是（　　）。

A. 投标人如果准备中标后将部分工程分包的，应在中标后通知招标人

B. 联合体投标中标的，应由联合体牵头方代表联合体与招标人签订合同

C. 开标应当在公证机构的主持下，在招标人通知的地点公开进行

D. 开标时，可以由投标人或者其推选的代表检查投标文件的密封情况

9. 《民法典》合同编规定，执行政府定价的，在合同约定的交付期限内政府价格调整时，按照（　　）计价。

A. 交付时的价格　　B. 合同订立时的价格

C. 合同生效时的价格　　D. 合同成立时的价格

10. 根据《建设工程安全生产管理条例》，施工单位应当组织专家进行论证、审查达到一定规模的危险性较大的分部分项工程专项施工方案的是（　　）。

A. 脚手架工程　　B. 模板工程

C. 降水工程　　D. 地下暗挖工程

11. 根据《建设工程安全生产实施条例》的相关规定，施工单位应当对管理人员和作业人员每年至少进行（　　）安全生产教育培训。

A. 一次　　B. 两次

C. 三次　　D. 四次

12. 根据《民法典》合同编，下列关于格式条款合同的说法，正确的是（　　）。

A. 格式条款合同类似于合同示范文本，应由政府主管部门拟定

B. 格式条款有两种以上解释的，应当遵循提供格式条款一方的解释

C. 格式条款和非格式条款不一致的，应采用格式条款

D. 对格式条款的理解发生争议的，应按通常理解予以解释

13. 根据《招标投标法实施条例》，下列关于开标与评标的说法，正确的是（　　）。

A. 投标人少于3个的，招标人可以延长投标时间

B. 超过1/5的评标委员会成员认为评标时间不够的，招标人应当适当延长

C. 标底只能作为评标的参考，不得以投标报价是否接近标底作为中标条件

D. 评标委员会成员在评标过程中可以向招标人征询确定中标人的意向

14. 根据《招标投标法实施条例》，国有资金占控股或者主导地位的依法必须进行招标的项目，可以邀请招标的情形是（　　）。

A. 需要向原中标人采购工程、货物或者服务

B. 受自然环境限制，只有少量潜在投标人可供选择

C. 需要采用不可替代的专利

D. 采购人依法能够自行建设

15. 因违约行为造成损害高于合同约定的违约金，守约方可（　　）。

A. 按合同约定的违约金要求对方赔偿

B. 要求对方按实际损失加上违约金赔偿

C. 在原约定违约金基础上适当减少

D. 请求法院予以增加

16. 对于建设工程合同的纠纷，由（　　）人民法院管辖。

A. 发包人住所地

B. 承包人住所地

C. 施工所在地

D. 被告住所地

17. 根据我国《民法典》合同编的规定，下列情形中，债务人不能将标的物提存的是（　　）。

A. 债权人无正当理由拒绝受领

B. 债权人下落不明

C. 债权人死亡未确定继承人

D. 债权人出国定居

18. 根据《价格法》的规定，政府在必要时可以实行政府指导价或政府定价的商品或服务不包括（　　）。

A. 自然垄断经营的商品

B. 国家级贫困地区的各类农用商品

C. 重要的公用事业价格

D. 重要的公益性服务

二、多项选择题（每题的备选项中，有 2 个或 2 个以上符合题意，至少有 1 个错项）

1. 根据《建筑法》，建筑工程安全生产管理应建立健全安全生产的（　　）制度。

A. 责任　　B. 追溯

C. 保证　　D. 群防群治

E. 监督

2. 根据《建筑法》，下列说法正确的有（　　）。

A. 施工单位应当自领取施工许可证之日起 3 个月内开工

B. 因故不能按期开工超过 1 年的，应当重新办理开工报告的批准手续

C. 因故中止施工的，建设单位应当自中止施工之日起 1 个月内向发证机关报告

D. 对于既不开工又不申请延期的，施工许可证自行废止

E. 建设工程开工之前，必须向相关部门申请领取施工许可证

3. 总承包单位依法将建设工程分包给其他单位施工，若分包工程出现质量问题时，应当由（　　）。

A. 总承包单位单独向建设单位承担责任

B. 分包单位单独向建设单位承担责任

C. 总承包单位与分包单位向建设单位承担连带责任

D. 总承包单位与分包单位分别向建设单位承担责任

E. 分包单位向总承包单位承担责任

4. 《建筑法》规定，申请领取建筑工程施工许可证具备的条件包括（　　）。

A. 已经办理用地批准手续

B. 有满足施工要求的施工图纸

C. 拆迁完毕

D. 建设资金落实

E. 已确定建筑施工企业

5. 根据《建设工程安全生产管理条例》，下列关于施工单位安全生产责任制度的说法，正确的有（　　）。

A. 施工单位专职安全生产管理人员依法对本单位的安全生产工作全面负责

B. 施工单位的项目负责人对建设工程项目的安全施工负责

C. 总承包单位和分包单位对分包工程的安全生产承担连带责任

D. 分包单位应当服从总承包单位的安全生产管理

E. 分包单位不服从管理导致生产安全事故，由总承包单位承担主要责任

6. 根据《建设工程质量管理条例》，下列选项中最低保修期限为 2 年的有（　　）。

A. 防水工程　　B. 电气管道

C. 装修工程　　D. 给排水管道

E. 供冷系统

7. 根据《招标投标法实施条例》，下列关于资格预审的说法，正确的有（　　）。

A. 资格预审应当按照资格预审文件载明的标准和方法进行

B. 通过资格预审的申请人少于 3 个的，可以进行邀请招标

C. 未通过资格预审的申请人不具有投标资格

D. 招标人可以对已发出的资格预审文件进行必要的澄清或者修改

E. 国有资金占控股项目，由建设主管部门组织资格预审

8. 根据我国《民法典》合同编，下列关于要约和承诺的说法，正确的有（　　）。

A. 合同的订立，必须要经过要约和承诺两个阶段

B. 要约到达受要约人时生效，承诺通知发出时生效

C. 要约可以不具备合同的主要条款

D. 要约可以撤回，也可以撤销

E. 承诺可以撤回

9. 下列关于违约责任的说法，正确的有（　　）。

A. 当事人一方违约后，对方没有义务采取措施防止损失的扩大

B. 当事人约定的违约金可以请求公安机关或仲裁机构调整

C. 当事人约定的违约金不能调整

D. 收受定金一方不履行约定债务的，应当双倍返还定金

E. 定金和违约金不能同时使用，只能选择一种

10. 缔约过失责任的构成应具备（　　）等条件。

A. 一方有损失

B. 当事人有过错

C. 合同尚未成立

D. 合同已经成立

E. 当事人未按合同约定履行义务

参考答案及解析

一、单项选择题

1. [答案] D

[解析]《建筑法》第 26 条规定，禁止建筑施工企业以任何方式允许其他单位或个人使用本企业的资质证书、营业执照，以本企业的名义承揽工程，故选项 A 错误。该法第 26 条规定，禁止建筑施工企业超越本企业资质等级许可的业务范围或者以任何形式用其他建筑施工企业的名义承揽工程，故选项 B 错误。该法第 27 条规定，两个以上不同资质等级的单位实行联合共同承包的，应当按照资质等级低的单位的业务许可范围承揽工程，故选项 C 错误。

2. [答案] D

[解析] 涉及建筑主体和承重结构变动的装修工程，建设单位应当在施工前委托原设计单位或者具有相应资质条件的设计单位提出设计方案；没有设计方案的，不得施工。

3. [答案] D

[解析] 建设单位在工程施工过程应承担的质量责任和义务包括：①建设单位在领取施工许可证或者开工报告前，应当按照国家有关规定办理工程质量监督手续。②按照合同约定，由建设单位采购建筑材料、建筑构配件和设备的，建设单位应当保证建筑材料、建筑构配件和设备符合设计文件和合同要求。建设单位不得明示或者暗示施工单位使用不合格的建筑材料、建筑构配件和设备。③涉及建筑主体和承重结构变动的装修工程，建设单位应当在施工前委托原设计单位或者具有相应资质等级的设计单位提出设计方案；没有设计方案的，不得施工。房屋建

筑使用者在装修过程中，不得擅自变动房屋建筑主体和承重结构。

4. [答案] A

[解析] 施工人员对涉及结构安全的试块、试件以及有关材料，应当在建设单位或者工程监理单位监督下现场取样，并送具有相应资质等级的质量检测单位进行检测。

5. [答案] B

[解析] 建设工程发生质量事故，有关单位应当在24小时内向当地建设行政主管部门和其他有关部门报告。

6. [答案] B

[解析] 工程监理单位应当选派具备相应资格的总监理工程师和监理工程师进驻施工现场。监理工程师应当按照工程监理规范的要求，采取旁站、巡视和平行检验等形式，对建设工程实施监理。未经监理工程师签字，建筑材料、建筑构配件和设备不得在工程上使用或者安装，施工单位不得进行下一道工序的施工。未经总监理工程师签字，建设单位不拨付工程款，不进行竣工验收。

7. [答案] C

[解析] 建设单位应当自建设竣工验收合格之日起15日内，将竣工验收报告和规划、公安消防、环保等部门出具的认可文件或者准许使用文件报建设行政主管部门或者其他有关部门备案。

8. [答案] D

[解析] 根据招标文件载明的项目实际情况，投标人如果准备在中标后将中标项目的部分非主体、非关键工程进行分包的，应当在投标文件中载明。联合体中标的，联合体各方应当共同与招标人签订合同，就中标项目向招标人承担连带责任。开标应当在招标人的主持下，在招标文件确定的提交投标文件截止时间的同一时间、招标文件中预先确定的地点公开进行。应邀请所有投标人参加开标。开标时，由投标人或者其推选的代表检查投标文件的密封情况，也可以由招标人委托的公证机构检查并公证。

9. [答案] A

[解析]《民法典》合同编规定，执行政府定价或政府指导价的，在合同约定的交付期限内政府价格调整时，按照交付时的价格计价。

10. [答案] D

[解析] 施工单位应当在施工组织设计中编制安全技术措施和施工现场临时用电方案，对下列达到一定规模的危险性较大的分部分项工程编制专项施工方案，并附具安全验算结果，经施工单位技术负责人、总监理工程师签字后实施，由专职安全生产管理人员进行现场监督：①基坑支护与降水工程；②土方开挖工程；③模板工程；④起重吊装工程；⑤脚手架工程；⑥拆除、爆破工程；⑦国务院建设行政主管部门或者其他有关部门规定的其他危险性较大的工程。上述所列工程中涉及深基坑、地下暗挖工程、高大模板工程的专项施工方案，施工单位还应当组织专家进行论证、审查。

11. [答案] A

[解析] 施工单位应当建立健全安全生产教育培训制度，应当对管理人员和作业人员每年至少进行一次安全生产教育培训，其教育培训情况记入个人工作档案。安全生产教育培训考核不合格的人员，不得上岗。

12. [答案] D

[解析] 对格式条款的理解发生争议的，应当按照通常理解予以解释。对格式条款有两种以上解释的，应当作出不利于提供格式条款一方的解释。格式条款和非格式条款不一致的，应当采用非格式条款。

13. [答案] C

[解析]《招标投标法实施条例》第44条规定，投标人少于3个的，不得开标；招标人应当重新招标。故选项A错误。该条例第48条规定，招标人应当根据项目规模和技术复杂程度等因素合理确定评标时间。超过1/3的评标委员会成员认为评标时间不够的，招标人应当适当延长。故选项B

错误。该条例第71条规定，评标委员会成员有下列行为之一的，由有关行政监督部门责令改正；情节严重的，禁止其在一定期限内参加依法必须进行招标的项目的评标；情节特别严重的，取消其担任评标委员会成员的资格：①应当回避而不回避；②擅离职守；③不按照招标文件规定的评标标准和方法评标；④私下接触投标人；⑤向招标人征询确定中标人的意向或者接受任何单位或者个人明示或者暗示提出的倾向或者排斥特定投标人的要求；⑥对依法应当否决的投标不提出否决意见；⑦暗示或者诱导投标人作出澄清、说明或者接受投标人主动提出的澄清、说明；⑧其他不客观、不公正履行职务的行为。故选项D错误。

14. [答案] B

[解析]《招标投标法实施条例》规定，国有资金占控股或者主导地位的依法必须进行招标的项目，应当公开招标；但有下列情形之一的，可以邀请招标：①技术复杂、有特殊要求或者受自然环境限制，只有少量潜在投标人可供选择；②采用公开招标方式的费用占项目合同金额的比例过大。有下列情形之一的，可以不进行招标：①需要采用不可替代的专利或者专有技术；②采购人依法能够自行建设、生产或者提供；③已通过招标方式选定的特许经营项目投资人依法能够自行建设、生产或者提供；④需要向原中标人采购工程、货物或者服务，否则将影响施工或者功能配套要求。

15. [答案] D

[解析] 约定的违约金低于造成的损失的，当事人可以请求人民法院或者仲裁机构予以增加，约定的违约过分高于造成的损失的，当事人可以请求人民法院或者仲裁机构予以适当减少。

16. [答案] C

[解析] 合同当事人双方可以在签订合同时约定选择诉讼方式解决合同争议，并依法选择有管辖权的人民法院，但不得违反《民事诉讼法》关于级别管辖和专属管辖的规定。对于一般的合同争议，由被告住所地或者合同履行地人民法院管辖。建设工程施工合同纠纷以施工行为地为合同履行地。

17. [答案] D

[解析] 难以履行债务的，债务人可以将标的物提存的情形有：①债权人无正当理由拒绝受领；②债权人下落不明；③债权人死亡未确定继承人或者丧失民事行为能力未确定监护人；④法律规定的其他情形。

18. [答案] B

[解析] 本题考查的是价格法。政府在必要时可以实行政府指导价或政府定价的商品或服务包括：①与国民经济发展和人民生活关系重大的极少数商品价格；②资源稀缺的少数商品价格；③自然垄断经营的商品价格；④重要的公用事业价格；⑤重要的公益性服务价格。

二、多项选择题

1. [答案] AD

[解析] 建筑工程安全生产管理必须坚持“安全第一、预防为主”的方针，建立健全安全生产的责任制度和群防群治制度。

2. [答案] CD

[解析]《建筑法》第9条规定，建设单位应当自领取施工许可证之日起3个月内开工。故选项A错误。该法第11条规定，因故不能按期开工超过6个月的，应当重新办理开工报告的批准手续。故选项B错误。该法第7条规定，建筑工程开工前，建设单位应当按照国家有关规定向工程所在地县级以上人民政府建设行政主管部门申请领取施工许可证。但是，国务院建设行政主管部门确定的限额以下的小型工程除外。故选项E错误。

3. [答案] CE

[解析] 总承包单位与分包单位向建设单位承担连带责任，基于分包合同，分包单位向

总承包单位承担责任。

4. [答案] ABE

[解析] 申请领取施工许可证，应当具备如下条件：①已办理建筑工程用地批准手续；②依法应当办理建设工程规划许可证的，已取得建设工程规划许可证；③ 需要拆迁的，其拆迁进度符合施工要求；④已经确定建筑施工企业；⑤有满足施工需要的资金安排、施工图纸及技术资料；⑥有保证工程质量和安全的具体措施。

5. [答案] BCD

[解析] 施工单位主要负责人依法对本单位的安全生产工作全面负责。施工单位的项目负责人应当由取得相应执业资格的人员担任，对建设工程项目的安全施工负责。建设工程实行施工总承包的，由总承包单位对施工现场的安全生产负总责。总承包单位依法将建设工程分包给其他单位的，分包合同中应当明确各自的安全生产方面的权利、义务。总承包单位和分包单位对分包工程的安全生产承担连带责任。分包单位应当服从总承包单位的安全生产管理，如分包单位不服从管理导致生产安全事故，由分包单位承担主要责任。

6. [答案] BCD

[解析] 本题考查的是建设工程质量管理条例。选项 A 的最低保修期限为 5 年，选项 E 的最低保修期限为 2 个供冷期。

7. [答案] ACD

[解析] 通过资格预审的申请人少于 3 个的，应当重新招标。故选项 B 错误。国有资金占控股或者主导地位的依法必须进行招标的项目，招标人应当组建资格审查委员会审查资格预审申请文件。故选项 E 错误。

8. [答案] ADE

[解析] 当事人订立合同，需要经过要约和承诺两个阶段；要约到达受要约人时生效；承诺通知到达要约人时生效；要约必须具备合同的主要条款。

9. [答案] DE

[解析] 当事人一方违约后，对方应当采取适当措施防止损失的扩大；没有采取适当措施致使损失扩大的，不得就扩大的损失要求赔偿。当事人因防止损失扩大而支出的合理费用，由违约方承担。约定的违约金低于造成的损失的，当事人可以请求人民法院或者仲裁机构予以增加；约定的违约金过分高于造成的损失的，当事人可以请求人民法院或者仲裁机构予以适当减少。收受定金的一方不履行约定的债务的，应当双倍返还定金。当事人既约定违约金，又约定定金的，一方违约时，对方可以选择适用违约金或者定金条款。

10. [答案] ABC

[解析] 缔约过失责任发生于合同不成立或者合同无效的缔约过程。其构成条件包括：①当事人有过错。若无过错，则不承担责任。②有损害后果的发生。若无损失，亦不承担责任。③当事人的过错行为与造成的损失有因果关系。

第三章　工程项目管理

工程项目管理是工程造价管理的重要基础。这部分概略介绍了项目的一些基本内容，比如项目的基本组成和分类、项目组织和实施的模式、各方主体的项目计划、流水施工组织方法、工程项目的网络计划等。这部分内容专业性较强，并且跟案例科目联系密切，是案例科目学习的基础，因此这部分内容非常重要。本章内容除第三节外，其他课节内容考点相对比较集中，比较明确，把握起来不难，尤为重要的第四、五节流水施工、网络图，弄懂了很容易得分，因此这部分内容要求大家必须在理解的基础上去学习，重点掌握。本章考查分值在 20 分左右，属于重点章节。

知识脉络

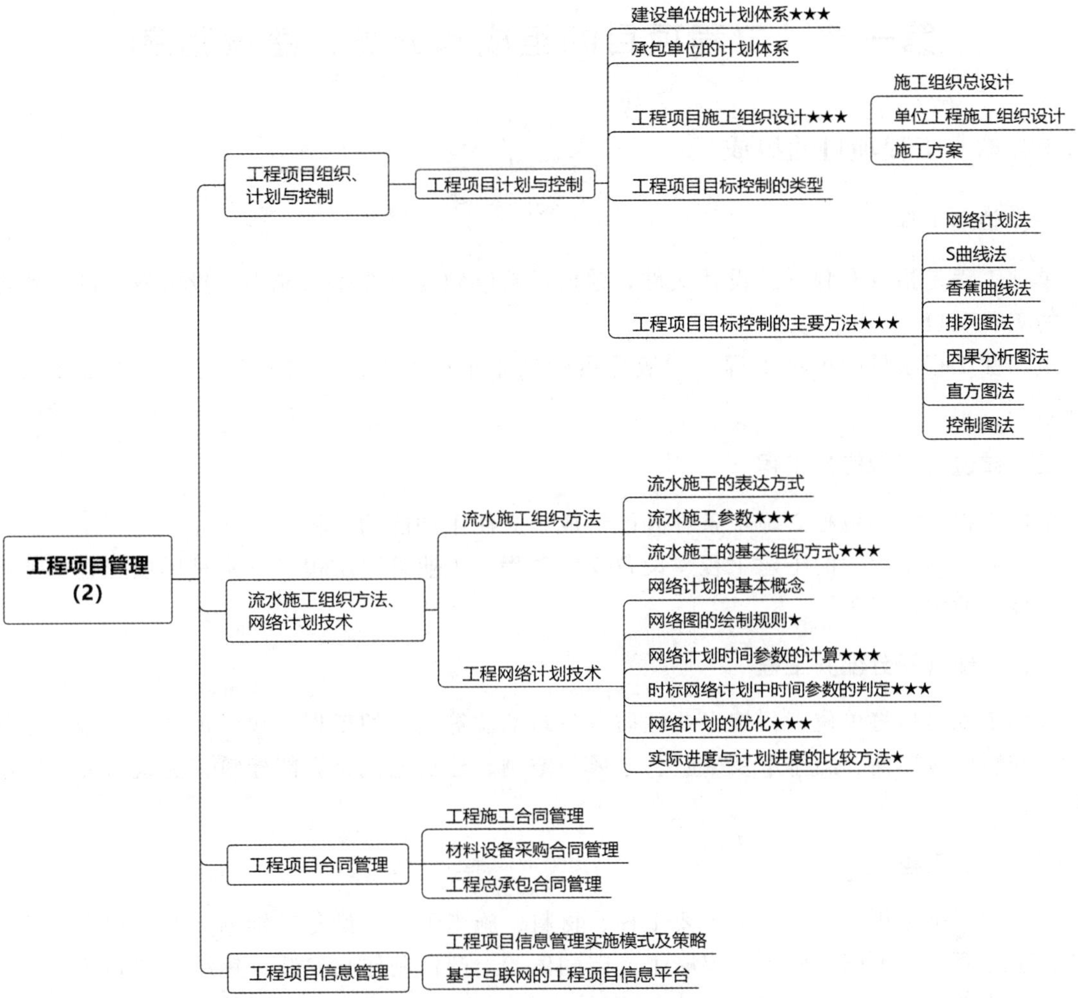

- **工程项目管理（2）**
  - 工程项目组织、计划与控制
    - 工程项目计划与控制
      - 建设单位的计划体系★★★
      - 承包单位的计划体系
      - 工程项目施工组织设计★★★
        - 施工组织总设计
        - 单位工程施工组织设计
        - 施工方案
      - 工程项目目标控制的类型
      - 工程项目目标控制的主要方法★★★
        - 网络计划法
        - S曲线法
        - 香蕉曲线法
        - 排列图法
        - 因果分析图法
        - 直方图法
        - 控制图法
  - 流水施工组织方法、网络计划技术
    - 流水施工组织方法
      - 流水施工的表达方式
      - 流水施工参数★★★
      - 流水施工的基本组织方式★★★
    - 工程网络计划技术
      - 网络计划的基本概念
      - 网络图的绘制规则★
      - 网络计划时间参数的计算★★★
      - 时标网络计划中时间参数的判定★★★
      - 网络计划的优化★★★
      - 实际进度与计划进度的比较方法★
  - 工程项目合同管理
    - 工程施工合同管理
    - 材料设备采购合同管理
    - 工程总承包合同管理
  - 工程项目信息管理
    - 工程项目信息管理实施模式及策略
    - 基于互联网的工程项目信息平台

考情分析

近四年真题分值分布统计表　　（单位：分）

节序	节名	2021年		2020年		2019年		2018年	
		单选	多选	单选	多选	单选	多选	单选	多选
第一节	工程项目的组成和分类、建设程序	1	0	1	0	2	0	1	2
第二节	工程项目管理的类型、任务及相关制度	2	0	2	2	1	0	2	0
第三节	工程项目的组织、计划与控制	5	2	4	6	4	4	4	0
第四节	流水施工组织方法、网络计划技术	5	6	3	0	3	4	5	6
第五节	工程项目合同管理（★新增）	2	2	2	0	1	2	0	0
第六节	工程项目信息管理（★新增）	1	0	0	0	1	0	0	0
小结		16	10	12	8	12	10	12	8
		26		20		22		20	

第一节 工程项目的组成和分类、建设程序

知识点 1 工程项目的组成

一、单项工程

单项工程是指具有独立的设计文件，建成后能够独立发挥生产能力、投资效益的一组配套齐全的工程项目。

生产性工程项目的单项工程，一般是指能独立生产的车间，包括厂房建筑、设备安装等工程。

二、单位（子单位）工程

单位工程是指具备独立施工条件并能形成独立使用功能的工程。

如工业厂房工程中的土建工程、设备安装工程、工业管道工程等分别是单项工程中所包含的不同性质的单位工程。

三、分部（子分部）工程

分部工程是指将单位工程按专业性质、建筑部位等划分的工程。包括地基与基础、主体结构、装饰装修、屋面、给排水及采暖、通风与空调、建筑电气、智能建筑、建筑节能、电梯等分部工程。

四、分项工程

分项工程是指将分部工程按主要工种、材料、施工工艺、设备类别划分的工程。包括土方开挖、土方回填、钢筋、模板、混凝土、砖砌体、木门窗制作与安装、钢结构基础等工程。

➢ **考分统计**：统计近 10 年本知识点，在 2011、2012、2013、2014、2015、2016、2017 年进行考核，考核频次为 70%，其中 2011、2012、2013、2014、2015、2016 年分别考核一道单选题，2017 年考核一道多选题。

典型例题

［**2016 真题·单选**］根据《建筑工程施工质量验收统一标准》，下列工程中，属于分项工程的是（　　）。

A. 计算机机房工程

B. 轻钢结构工程

C. 土方开挖工程

D. 外墙防水工程

［**解析**］本题考查的是工程项目的组成。分项工程是指将分部工程按主要工种、材料、施工工艺、设备类别等划分的工程。例如，土方开挖、土方回填、钢筋、模板、混凝土、砖砌体、木门窗制作与安装、玻璃幕墙等工程。

［**答案**］C

[**2017 真题·多选**] 根据《建筑工程施工质量验收统一标准》，下列工程中，属于分部工程的有（　　）。

A. 砌体结构工程　　B. 智能建筑工程

C. 建筑节能工程　　D. 土方回填工程

E. 装饰装修工程

[**解析**] 本题考查的是工程项目的组成。分部工程是指将单位工程按专业性质、建筑部位等划分的工程。根据《建筑工程施工质量验收统一标准》，建筑工程包括地基与基础、主体结构、装饰装修、屋面、给排水及采暖、通风与空调、建筑电气、智能建筑、建筑节能、电梯等分部工程。

[**答案**] BCE

知识点 2 工程项目的分类

工程项目的分类见图 3-1-1。

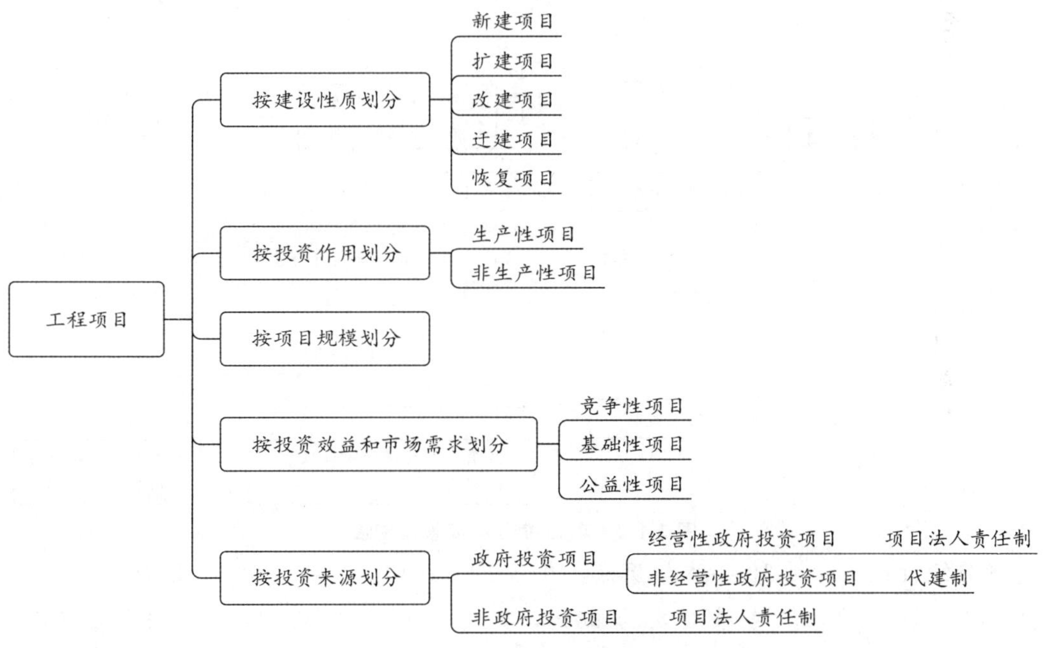

图 3-1-1 工程项目的分类

知识点 3 决策阶段的工作内容

扫码听课

一、编报项目建议书

项目建议书的内容视项目不同而有繁有简，但一般应包括以下几方面内容：

（1）项目提出的必要性和依据。

（2）规划和设计方案、产品方案、拟建规模和建设地点的初步设想。

（3）资源情况、建设条件、协作关系和设备技术引进国别、厂商的初步分析。

（4）投资估算、资金筹措及还贷方案设想。

（5）项目进度安排。

（6）经济效益和社会效益的初步估计。

(7) 环境影响的初步评价。

二、编报可行性研究报告

可行性研究是对工程项目在技术上是否可行和经济上是否合理进行科学的分析和论证。可行性研究应完成以下工作内容：

(1) 进行需求分析与市场研究，以解决项目建设的必要性及建设规模和标准等问题。

(2) 进行设计方案、工艺技术方案研究，以解决项目建设的技术可行性问题。

(3) 进行财务和经济分析，以解决项目建设的经济合理性问题。

三、项目投资决策管理制度

项目投资决策管理制度内容见图 3-1-2。

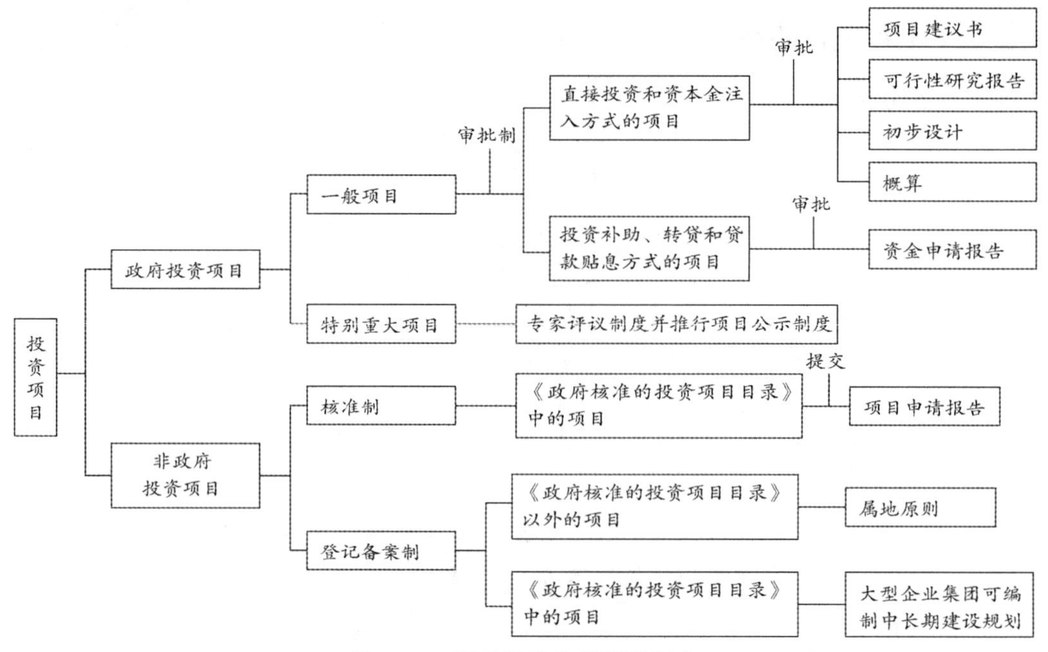

图 3-1-2 项目投资决策管理制度

➢ **考分统计**：统计近 10 年本知识点，在 2012、2013、2014、2015、2016、2017、2018、2020、2021 年进行考核，考核频次为 90%，其中 2012、2013、2014、2015、2016、2017、2020、2021 年分别考核一道单选题，2018 年考核一道单选题、一道多选题。

典型例题

[**2021 真题 · 单选**] 根据《国务院关于投资体制改革的决定》，采用投资补助、转贷和贷款贴息方式的政府投资项目，政府主管部门只审批（　　）。

A. 资金申请报告　　B. 项目申请报告

C. 项目备案表　　D. 开工报告

[**解析**] 对于采用直接投资和资本金注入方式的政府投资项目，政府需要从投资决策的角度审批项目建议书和可行性研究报告，除特殊情况外，不再审批开工报告，同时还要严格审批其初步设计和概算；对于采用投资补助、转贷和贷款贴息方式的政府投资项目，则只审批资金申请报告。

[**答案**] A

[**2020 真题·单选**] 根据《国务院关于投资体制改革的决定》，企业不使用政府资金投资建设需核准的项目时，政府部门在投资决策阶段仅需审批的文件是（　　）。

A. 可行性研究报告　　B. 初步设计文件

C. 资金申请报告　　D. 项目申请报告

[**解析**] 对于企业不使用政府资金投资建设的项目，政府不再进行投资决策性质的审批，区别不同情况实行核准制或登记备案制：①核准制。企业投资建设《政府核准的投资项目目录》中的项目时，仅需向政府提交项目申请报告，不再经过批准项目建议书、可行性研究报告和开工报告的程序。②备案制。对于《政府核准的投资项目目录》以外的企业投资项目，实行备案制。除国家另有规定外，由企业按照属地原则向地方政府投资主管部门备案。

[**答案**] D

[**2018 真题·单选**] 根据《国务院关于投资体制改革的决定》，实行备案制的项目是（　　）。

A. 政府直接投资的项目

B. 采用资金注入方式的政府投资项目

C. 政府核准的投资项目目录外的企业投资项目

D. 政府核准的投资项目目录内的企业投资项目

[**解析**] 本题考查的是决策阶段的工作内容。根据《国务院关于投资体制改革的决定》，政府投资项目实行审批制；非政府投资项目实行核准制或登记备案制。对于《政府核准的投资项目目录》以外的投资项目，实行备案制。除国家另有规定外，由企业按照属地原则向地方政府投资主管部门备案。

[**答案**] C

[**2017 真题·单选**] 根据《国务院关于投资体制改革的决定》，对于采用直接投资和资本金注入方式的政府投资项目，除特殊情况外，政府主管部门不再审批（　　）。

A. 项目建议书　　B. 项目初步设计

C. 项目开工报告　　D. 项目可行性研究报告

[**解析**] 本题考查的是决策阶段的工作内容。对于采用直接投资和资本金注入方式的政府投资项目，政府需要从投资决策的角度审批项目建议书和可行性研究报告，除特殊情况外，不再审批开工报告，同时还要严格审批其初步设计和概算；对于采用投资补助、转贷和贷款贴息方式的政府投资项目，则只审批资金申请报告。

[**答案**] C

[**2012 真题·单选**] 关于《国务院关于投资体制改革的决定》，特别重大的政府投资项目应实行（　　）制度。

A. 网上公示　　B. 咨询论证　　C. 专家评议　　D. 民众听证

[**解析**] 本题考查的是决策阶段的工作内容。根据《国务院关于投资体制改革的决定》，特别重大的政府投资项目应实行专家评议制度。

[**答案**] C

[**2018 真题·多选**] 工程项目决策阶段编制的项目建议书应包括的内容有（　　）。

A. 环境影响的初步评价　　B. 社会评价和风险分析

C. 主要原材料供应方案　　D. 资金筹措方案设想

E. 项目进度安排

[解析] 本题考查的是决策阶段的工作内容。项目建议书的内容视项目不同而有繁有简，但一般应包括以下几方面内容：①项目提出的必要性和依据；②产品方案、拟建规模和建设地点的初步设想；③资源情况、建设条件、协作关系和设备技术引进国别、厂商的初步分析；④投资估算、资金筹措及还贷方案设想；⑤项目进度安排；⑥经济效益和社会效益的初步估计；⑦环境影响的初步评价。

[答案] ADE

知识点 4 建设实施阶段的工作内容

一、工程设计

（一）工程设计的阶段及其内容

（1）初步设计。

如果初步设计提出的总概算超过可行性研究报告总投资的10%以上或其他主要指标需要变更时，应说明原因和计算依据，并重新向原审批单位报批可行性研究报告。

（2）技术设计。

（3）施工图设计。

（二）施工图设计文件的审查

根据《房屋建筑和市政基础设施工程施工图设计文件审查管理办法》（住房城乡建设部令第13号），建设单位应当将施工图送施工图审查机构审查，但审查机构不得与所审查项目的建设单位、勘察设计企业有隶属关系或者其他利害关系。

施工图审查机构对施工图审查的内容包括：

（1）是否符合工程建设强制性标准。

（2）地基基础和主体结构的安全性。

（3）消防安全性。

（4）人防工程（不含人防指挥工程）防护安全性。

（5）是否符合民用建筑节能强制性标准，对执行绿色建筑标准的项目，还应当审查是否符合绿色建筑标准。

（6）勘察设计企业和注册执业人员以及相关人员是否按规定在施工图上加盖相应的图章和签字。

（7）法律、法规、规章规定必须审查的其他内容。

二、建设准备

（1）工程质量监督手续的办理。建设单位在办理施工许可证之前应当到规定的工程质量监督机构办理工程质量监督注册手续。办理质量监督注册手续时需提供下列资料：①施工图设计文件审查报告和批准书；②中标通知书和施工、监理合同；③建设单位、施工单位和监理单位工程项目的负责人和机构组成；④施工组织设计和监理规划（监理实施细则）；⑤其他需要的文件资料。

（2）施工许可证的办理。建设单位在开工前应当向工程所在地的县级以上人民政府建设行政主管部门申请领取施工许可证。必须申请领取施工许可证的建筑工程未取得施工许可证的，一律不得开工。

➤ **考分统计**：统计近10年本知识点，在2011、2012、2013、2014、2016年进行考核，考核频次为50%，其中2011、2013年分别考核一道单选题，2012、2014、2016年分别考核一道多选题。

典型例题

[2013 真题·单选] 下列项目开工建设准备工作中，在办理工程质量监督手续之后才能进行的工作是（　　）。

A. 办理施工许可证　　B. 编制施工组织设计

C. 编制监理规划　　D. 审查施工图设计文件

[解析] 本题考查的是建设实施阶段的工作内容。根据题目给出的条件，选项 B、C、D 是办理质量监督手续过程进行的工作，办理施工许可证也是开工前建设单位的准备工作。

[答案] A

[2016 真题·多选] 建设单位在办理工程质量监督注册手续时需提供的资料有（　　）。

A. 中标通知书　　B. 施工进度计划　　C. 施工方案　　D. 施工组织设计

E. 监理规划

[解析] 本题考查的是建设实施阶段的工作内容。办理质量监督注册手续时需提供下列资料：①施工图设计文件审查报告和批准书；②中标通知书和施工、监理合同；③建设单位、施工单位和监理单位工程项目的负责人和机构组成；④施工组织设计和监理规划（监理实施细则）；⑤其他需要的文件资料。

[答案] ADE

[2014 真题·多选] 根据《房屋建筑和市政基础设施工程施工图设计文件审查管理办法》，施工图审查机构对施工图审查的内容有（　　）。

A. 是否按限额设计标准进行施工图设计　　B. 是否符合工程建设强制性标准

C. 施工图预算是否超过批准的工程概算　　D. 地基基础和主体结构的安全性

E. 危险性较大的工程是否有专项施工方案

[解析] 本题考查的是建设实施阶段的工作内容。根据《房屋建筑和市政基础设施工程施工图设计文件审查管理办法》，建设单位应当将施工图送施工图审查机构审查。施工图审查机构按照有关法律、法规，对施工图涉及公共利益、公众安全和工程建设强制性标准的内容进行审查。审查的主要内容包括：①是否符合工程建设强制性标准；②地基基础和主体结构的安全性；③勘察设计企业和注册执业人员以及相关人员是否按规定在施工图上加盖相应的图章和签字；④其他法律、法规、规章规定必须审查的内容。任何单位或者个人不得擅自修改审查合格的施工图。确需修改的，凡涉及上述审查内容的，建设单位应当将修改后的施工图送原审查机构审查。

[答案] BD

[2012 真题·多选] 建设单位在办理工程质量监督注册手续时需提供的资料有（　　）。

A. 施工组织设计　　B. 监理规划　　C. 中标通知书　　D. 施工图预算

E. 专项施工方案

[解析] 本题考查的是建设实施阶段的工作内容。办理质量监督注册手续时需提供下列资料：①施工图设计文件审查报告和批准书；②中标通知书和施工、监理合同；③建设单位、施工单位和监理单位工程项目的负责人和机构组成；④施工组织设计和监理规划（监理实施细则）；⑤其他需要的文件资料。

[答案] ABC

知识点 5 项目后评价

项目后评价是工程项目实施阶段管理的延伸。工程项目竣工验收或通过销售交付使用，只是工程建设完成的标志，而不是工程项目管理的终结。

项目后评价的基本方法是对比法。就是将工程项目建成投产后所取得的实际效果、经济效益和社会效益、环境保护等情况与前期决策阶段的预测情况相对比，与项目建设前的情况相对比，从中发现问题，总结经验和教训。

➤ **考分统计**：统计近 10 年本知识点，在 2011 年考核一道多选题，2020 年考核一道单选题，考核频次为 20%。

典型例题

［**2020 真题·单选**］建设工程项目后评价采用的基本方法是（　　）。

A. 对比分析法　　B. 效应判断法

C. 影响评价法　　D. 效果梳理法

［**解析**］项目后评价的基本方法是对比法。

［**答案**］A

［**2011 真题·多选**］关于工程项目后评价的说法，正确的有（　　）。

A. 项目后评价应在竣工验收阶段进行

B. 项目后评价的基本方法是对比法

C. 项目效益后评价主要是经济效益后评价

D. 过程后评价是项目后评价的重要内容

E. 项目后评价全部采用实际运营数据

［**解析**］本题考查的是项目后评价。项目后评价是投入运营一段时间后进行的；项目后评价的基本方法是对比法；项目效益后评价是项目后评价的重要组成部分，具体包括经济效益后评价、环境效益和社会效益后评价、项目可持续性后评价及项目综合效益后评价；项目后评价包括项目效益后评价和过程后评价；项目效益后评价是以项目投产后实际取得的效益（经济、社会、环境等）及其隐含在其中的技术影响为基础，重新测算项目的各项经济数据，得到相关的投资效果指标，然后将这些指标与项目前期评估时预测的有关数据对比。

［**答案**］BD

第二节　工程项目管理的类型、任务及相关制度

知识点 1 工程项目管理的类型和任务

一、工程项目管理及其类型

（一）工程项目管理的核心任务

控制项目基本目标（造价、质量、进度），同时兼顾安全、环保、节能等社会目标，最终实现项目的功能以满足使用者的需求。

（二）工程项目管理的类型

在工程项目的策划决策和实施过程中，由于各阶段的任务及实施主体不同，从而构成了不

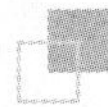

同类型的项目管理，包括业主方的项目管理、工程总承包方的项目管理、设计方的项目管理、施工方的项目管理、供货方的项目管理等。

二、工程项目管理的任务

（1）合同管理。

（2）组织协调。

（3）目标控制。

（4）风险管理。

（5）信息管理。

（6）环保与节能。

在工程建设中，应强化环保意识，对于环保方面有要求的工程项目，在进行可行性研究时，必须提出环境影响评价报告；在项目实施阶段，必须做到“三同时”，即主体工程与环保措施工程同时设计、同时施工、同时投入运行。

三、工程项目管理的发展趋势

（1）集成化趋势。

（2）国际化趋势。

（3）信息化趋势。

建筑信息建模技术在工程项目管理中的应用日益广泛。

1）构建可视化模型。

2）优化工程设计方案。

3）模拟施工。BIM 技术：3D 建筑模型＋施工进度→4D 模型→确定合理的施工方案；3D 建筑模型＋施工进度＋费用数据→5D 模型→模拟计算工程造价。

4）强化造价管理：①提高工程量计算的准确性；②合理安排资源计划；③控制工程设计变更；④有效支持多算对比；⑤积累和共享历史数据。

➤ **考分统计**：统计近 10 年本知识点，在 2017、2018、2019、2021 年分别考核一道单选题，2020 年考核一道多选题，考核频次为 50%。

典型例题

［**2021 真题·单选**］在工程建设中，环保要求“三同时”是指主体工程与环保措施工程应（　　）。

A. 同时立项、同时设计、同时施工　　B. 同时立项、同时施工、同时竣工

C. 同时设计、同时施工、同时竣工　　D. 同时设计、同时施工、同时投入运行

［**解析**］在项目实施阶段，必须做到“三同时”，即主体工程与环保措施工程同时设计、同时施工、同时投入运行。

［**答案**］D

［**2019 真题·单选**］推行“全过程工程咨询”，是一种（　　）的重要体现。

A. 将传统项目管理转变为技术经济分析

B. 将传统“碎片化”的咨询转变为“集成化”咨询

C. 将实施咨询转变为投资决策咨询

D. 将造价专项咨询转变为整体项目管理

［**解析**］近年来推行的“全过程工程咨询”，就是将传统“碎片化”咨询转变为“集成化”咨询的重要体现。

[答案] B

[2020 真题 · 多选] 在工程建设实施过程中，为了做好环境保护，主体工程与环保措施工程必须同时进行的工作有（　　）。

A. 招标　　B. 设计

C. 施工　　D. 竣工结算

E. 投入运行

[解析] 在项目实施阶段，必须做到“三同时”，即主体工程与环保措施工程同时设计、同时施工、同时投入运行。

[答案] BCE

知识点 2 工程项目管理的相关制度

一、项目法人责任制

项目法人责任制的核心内容是明确由项目法人承担投资风险，项目法人要对工程项目的建设及建成后的生产经营实行一条龙管理和全面负责。

项目法人责任制的相关内容见表 3-2-1。

表 3-2-1　项目法人责任制

项目	内容
项目董事会的职权（重大事件、重大决策，项目以外）	（1）负责筹措建设资金 （2）审核、上报项目初步设计和概算文件 （3）审核、上报年度投资计划并落实年度资金 （4）提出项目开工报告；研究解决建设过程中出现的重大问题 （5）负责提出项目竣工验收申请报告 （6）审定偿还债务计划和生产经营方针，并负责按时偿还债务 （7）聘任或解聘项目总经理，并根据总经理的提名，聘任或解聘其他高级管理人员
项目总经理的职权（项目内的具体实施、操作）	（1）组织编制项目初步设计文件，对项目工艺流程、设备选型、建设标准、总图布置提出意见，提交董事会审查 （2）组织工程设计、施工监理、施工队伍和设备材料采购的招标工作，编制和确定招标方案、标底和评标标准，评选和确定投标、中标单位。实行国际招标的项目，按现行规定办理 （3）编制并组织实施项目年度投资计划、用款计划、建设进度计划 （4）编制项目财务预算、决算 （5）组织实施归还贷款和其他债务计划 （6）组织工程建设实施，负责控制工程投资、工期和质量 （7）在项目建设过程中，在批准的概算范围内对单项工程的设计进行局部调整（凡引起生产性质、能力、产品品种和标准变化的设计调整以及概算调整，需经董事会决定并报原审批单位批准） （8）根据董事会授权处理项目实施中的重大紧急事件，并及时向董事会报告 （9）负责生产准备工作和培训有关人员 （10）负责组织项目试生产和单项工程预验收 （11）拟订生产经营计划、企业内部机构设置、劳动定员定额方案及工资福利方案 （12）组织项目后评价，提出项目后评价报告 （13）按时向有关部门报送项目建设、生产信息和统计资料 （14）提请董事会聘任或解聘项目高级管理人员

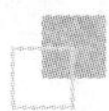

二、招标投标制

《招标投标法》及《招标投标法实施条例》对招标、投标、开标、评标、中标等环节进行了明确规定。国家发展和改革委员会相关文件明确了必须招标的工程范围。

（一）必须招标的工程项目

根据《必须招标的工程项目规定》（国家发展改革委令第 16 号），下列工程必须招标：

1. 全部或者部分使用国有资金、国家融资的项目

（1）使用预算资金（公共预算资金、政府性基金预算资金、国有资本经营预算资金、社会保险基金预算资金）200 万元人民币以上，且该资金占投资额 10%以上的项目。

（2）使用国有企业事业单位资金，且该资金占控股（出资或持股占 50%以上，或虽出资或持股不足 50%，但所享有的表决权足以对决议产生重大影响）或者主导地位的项目。

2. 使用国际组织或者外国政府贷款、援助资金的项目

（1）使用世界银行、亚洲开发银行等国际组织贷款、援助资金项目。

（2）使用外国政府及其机构贷款、援助资金的项目。

（二）必须招标的基础设施和公用事业项目

根据《必须招标基础设施和公用事业项目范围规定》（发改法规〔2018〕843 号），不属于《必须招标的工程项目规定》（国家发展改革委令第 16 号）情形的大型基础设施、公用事业等关系社会公共利益、公众安全的项目，必须招标的具体范围包括：

（1）煤炭、石油、天然气、电力、新能源等能源基础设施项目。

（2）铁路、公路、管道、水运，以及公共航空和 A1 级通用机场等交通运输基础设施项目。

（3）电信枢纽、通信信息网络等通信基础设施项目。

（4）防洪、灌溉、排涝、引（供）水等水利基础设施项目。

（5）城市轨道交通等城建项目。

（三）必须招标的单项合同估算价标准

根据《必须招标的工程项目规定》（国家发展改革委令第 16 号），对于上述规定范围内的项目，其勘察、设计、施工、监理以及与工程建设有关的重要设备、材料等的采购达到下列标准之一的，必须进行招标：

（1）施工单项合同估算价在 400 万元人民币以上。

（2）重要设备、材料等货物的采购，单项合同估算价在 200 万元人民币以上。

（3）勘察、设计、监理等服务的采购，单项合同估算价在 100 万元人民币以上。

同一项目中可以合并进行的勘察、设计、施工、监理以及与工程建设有关的重要设备、材料等的采购，合同估算价合计达到上述规定标准的，必须进行招标。

（四）必须招标的工程总承包项目

发包人依法对工程以及与工程建设有关的货物、服务全部或者部分实行总承包发包的，总承包中施工、货物、服务等各部分的估算价中，只要有一项达到相应标准，即：施工部分估算价达到 400 万元人民币以上，或者货物部分达到 200 万元人民币以上，或者服务部分达到 100 万元人民币以上，则整个总承包发包应当招标。

➢ **考分统计**：统计近 10 年本知识点，在 2011、2012、2014、2015、2018 年进行考核，考核频次为 50%，其中 2011、2012、2014、2018 年分别考核一道单选题，2015 年考核一道多选题。

典型例题

[**2018 真题·单选**] 根据《关于实行建设项目法人责任制的暂行规定》，项目总经理的基本职责是（　　）。

A. 筹措工程建设投资　　B. 组织工程建设实施

C. 提出项目开工报告　　D. 审定债券偿还计划

[**解析**] 本题考查的是工程项目管理的相关制度。项目总经理的职权有：①组织编制项目初步设计文件，对项目工艺流程、设备选型、建设标准、总图布置提出意见，提交董事会审查。②组织工程设计、施工监理、施工队伍和设备材料采购的招标工作，编制和确定招标方案、标底和评标标准，评选和确定投、中标单位。实行国际招标的项目，按现行规定办理。③编制并组织实施项目年度投资计划、用款计划、建设进度计划。④编制项目财务预、决算。⑤编制并组织实施归还贷款和其他债务计划。⑥组织工程建设实施，负责控制工程投资、工期和质量。⑦在项目建设过程中，在批准的概算范围内对单项工程的设计进行局部调整（凡引起生产性质、能力、产品品种和标准变化的设计调整以及概算调整，需经董事会决定并报原审批单位批准）。⑧根据董事会授权处理项目实施中的重大紧急事件，并及时向董事会报告。⑨负责生产准备工作和培训有关人员。⑩负责组织项目试生产和单项工程预验收。⑪拟订生产经营计划、企业内部机构设置、劳动定员定额方案及工资福利方案。⑫组织项目后评价，提出项目后评价报告。⑬按时向有关部门报送项目建设、生产信息和统计资料。⑭提请董事会聘任或解聘项目高级管理人员。

[**答案**] B

[**2014 真题·单选**] 实行建设项目法人责任制的项目，项目董事会需要负责的工作是（　　）。

A. 筹措建设资金并按时偿还债务　　B. 组织编制并上报项目初步设计文件

C. 编制和确定工程招标方案　　D. 组织工程建设实施并控制项目目标

[**解析**] 本题考查的是工程项目管理的相关制度。建设项目董事会的职权有：①负责筹措建设资金；②审核、上报项目初步设计和概算文件；③审核、上报年度投资计划并落实年度资金；④提出项目开工报告；⑤研究解决建设过程中出现的重大问题；⑥负责提出项目竣工验收申请报告；⑦审定偿还债务计划和生产经营方针，并负责按时偿还债务；⑧聘任或解聘项目总经理，并根据总经理的提名，聘任或解聘其他高级管理人员。

[**答案**] A

[**2012 真题·单选**] 根据《关于实行建设项目法人责任制的暂行规定》，建设项目董事会的基本职责是（　　）。

A. 组织编制初步设计文件　　B. 负责筹措建设资金

C. 负责控制建设投资、工期和质量　　D. 组织单项工程竣工验收

[**解析**] 本题考查的是工程项目管理的相关制度。建设项目董事会的职权有：①负责筹措建设资金；②审核、上报项目初步设计和概算文件；③审核、上报年度投资计划并落实年度资金；④提出项目开工报告；⑤研究解决建设过程中出现的重大问题；⑥负责提出项目竣工验收申请报告；⑦审定偿还债务计划和生产经营方针，并负责按时偿还债务；⑧聘任或解聘项目总经理，并根据总经理的提名，聘任或解聘其他高级管理人员。

[**答案**] B

[**2015 真题 · 多选**] 实行法人责任制的建设项目，项目总经理的职责有（　　）。

A. 负责筹措建设资金

B. 负责提出项目竣工验收申请报告

C. 组织编制项目初步设计文件

D. 组织工程设计招标工作

E. 组织生产准备工作和培训有关人员

[**解析**] 本题考查的是工程项目管理的相关制度。项目总经理的职权有：①组织编制项目初步设计文件，对项目工艺流程、设备选型、建设标准、总图布置提出意见，提交董事会审查。②组织工程设计、施工监理、施工队伍和设备材料采购的招标工作，编制和确定招标方案、标底和评标标准，评选和确定投、中标单位。实行国际招标的项目，按现行规定办理。③编制并组织实施项目年度投资计划、用款计划、建设进度计划。④编制项目财务预、决算。⑤编制并组织实施归还贷款和其他债务计划。⑥组织工程建设实施，负责控制工程投资、工期和质量。⑦在项目建设过程中，在批准的概算范围内对单项工程的设计进行局部调整（凡引起生产性质、能力、产品品种和标准变化的设计调整以及概算调整，需经董事会决定并报原审批单位批准）。⑧根据董事会授权处理项目实施中的重大紧急事件，并及时向董事会报告。⑨负责生产准备工作和培训有关人员。⑩负责组织项目试生产和单项工程预验收。⑪拟订生产经营计划、企业内部机构设置、劳动定员定额方案及工资福利方案。⑫组织项目后评价，提出项目后评价报告。⑬按时向有关部门报送项目建设、生产信息和统计资料。⑭提请董事会聘任或解聘项目高级管理人员。选项 A、B 属于董事会的职责。

[**答案**] CDE

[**典型例题 · 多选**] 根据《招标投标法》的相关规定，在中华人民共和国境内，必须进行招标的工程建设项目有（　　）。

A. 采购人依法能够自行建设、生产的项目

B. 使用国有企业事业单位资金，且该资金占控股的项目

C. 建设项目的勘察、设计，采用特定专利或者专有技术的项目

D. 建筑艺术造型有特殊要求的项目

E. 使用国际组织或者外国政府贷款、援助资金的项目

[**解析**] 必须招标项目的范围和规模标准：①全部或者部分使用国有资金投资或者国家融资的项目包括：使用预算资金 200 万元人民币以上，并且该资金占投资额 10%以上的项目；使用国有企业事业单位资金，并且该资金占控股或者主导地位的项目。②使用国际组织或者外国政府贷款、援助资金的项目包括：使用世界银行、亚洲开发银行等国际组织贷款、援助资金的项目；使用外国政府及其机构贷款、援助资金的项目。③不属于以上①、②规定情形的大型基础设施、公用事业等关系社会公共利益、公众安全的项目，必须招标的具体范围由国务院发展改革部门会同国务院有关部门按照确有必要、严格限定的原则制定，报国务院批准。

[**答案**] BE

第三节　工程项目的组织、计划与控制

知识点 1　工程项目发承包模式

工程项目发承包模式的相关内容见表 3-3-1。

表 3-3-1　工程项目发承包模式

名称	特点	合同结构
总分包模式	(1) 有利于工程项目的组织管理（合同数量少） (2) 有利于控制工程造价。价格早确定建设单位风险小 (3) 有利于控制工程质量（分包自控，总包监督管理，总包和分包就工程质量承担连带责任） (4) 有利于缩短建设工期（设计与施工相互搭接进行） (5) 对建设单位而言，选择总包的范围小，合同金额较高（有能力做总包的单位少，总包合同金额高） (6) 对总承包单位而言，责任重、风险大，需要具有较高的管理水平和丰富的实践经验。获得利润高	总分包合同结构见图 3-3-1： 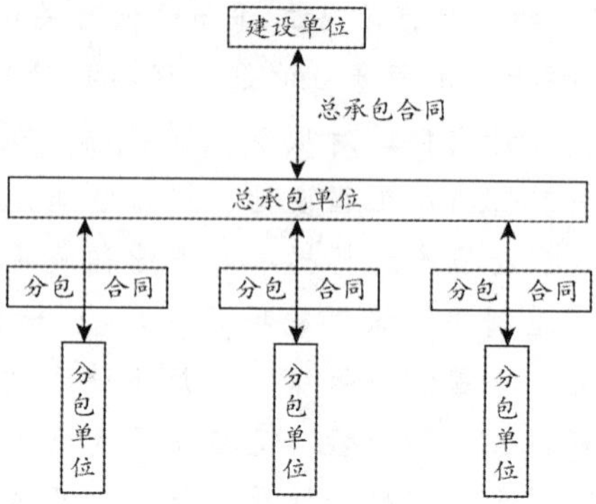 建设单位 总承包合同 总承包单位 分包　合同 分包单位 图 3-3-1　总分包合同结构
平行承包模式	(1) 有利于建设单位择优选择承包单位 (2) 有利于控制工程质量 (3) 有利于缩短建设工期 (4) 组织管理和协调工作量大 (5) 工程造价控制难度大。一是由于总合同价不易短期确定，从而影响工程造价控制的实施；二是由于工程招标任务量大，需控制多项合同价格，从而增加工程造价控制的难度 (6) 相对于总分包模式而言，平行承包模式不利于发挥那些技术水平高、综合管理能力强的承包单位的综合优势	平行承包合同结构见图 3-3-2： 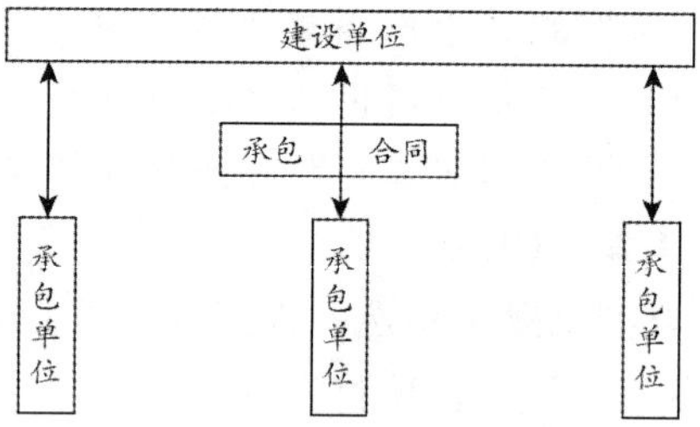 建设单位 承包　合同 承包单位 图 3-3-2　平行承包合同结构
联合体承包模式	(1) 建设单位：协调量小，有利于控制造价和工期 (2) 联合体：集中优势，增强抗风险能力 （与信任的人组成联合体共同投标，自己没办法完成的大项目，共同承担责任）	联合体承包合同结构见图 3-3-3： 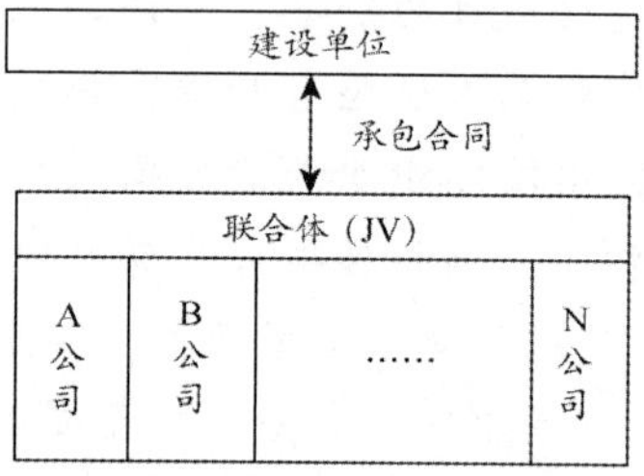 建设单位 承包合同 联合体（JV） A公司　B公司　……　N公司 图 3-3-3　联合体承包合同结构
合作体承包模式	(1) 建设单位的组织协调工作量小，但风险较大 (2) 各承包单位之间既有合作的愿望，又不愿意组成联合体，相当于内部独立承包 （与不信任的人组成联合体共同投标，自己没办法完成的大项目，不共同承担责任）	合作体承包合同结构见图 3-3-4： 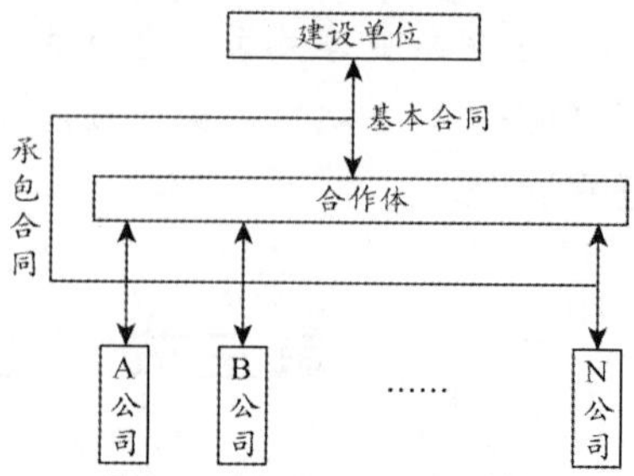 建设单位 基本合同 承包合同 合作体 A公司　B公司　……　N公司 图 3-3-4　合作体承包合同结构

续表

名称	特点	合同结构
CM 承包模式	(1) 采用快速路径法施工（设计和施工搭接，交叉进行），采用成本加酬金合同形式 (2) 代理型的 CM 单位不负责工程分包的发包，与分包单位的合同由建设单位直接签订。采用简单的成本加酬金方式 (3) 非代理型的 CM 单位直接与分包单位签订分包合同。采用保证最大工程费用（GMP）加酬金的合同形式 (4) 适用：实施周期长、工期要求紧迫的大型复杂工程 (5) 在工程造价控制方面的价值体现在以下几个方面： 1) 与施工总承包模式相比，采用 CM 承包模式时的合同价更具合理性 2) CM 单位不赚取总包与分包之间的差价 3) 应用价值工程方法挖掘节约投资的潜力 4) GMP 可大大减少建设单位在工程造价控制方面的风险	CM 承包合同结构见图 3-3-5： (a)　(b) 图 3-3-5　CM 承包合同结构 (a) 代理型 CM 承包合同结构； (b) 非代理型 CM 承包合同结构
Partnering 模式	(1) 出于自愿 (2) 高层管理的参与 (3) Partnering 协议不是法律意义上的合同 (4) 信息的开放性。值得指出的是，Partnering 模式不是一种独立存在的模式，它通常需要与工程项目其他组织模式中的某一种结合使用，如总分包模式、平行承包模式、CM 承包模式等	—

➤ **考分统计**：统计近 10 年本知识点，在 2011、2012、2013、2014、2015、2016、2017、2020 年进行考核，考核频次为 90%，其中 2011、2013、2016、2017 年分别考核一道单选题，2020 年考核一道多选题，2012、2014、2015 年分别考核一道单选题、一道多选题。

典型例题

[**2016 真题 · 单选**] CM（Construction Management）承包模式的特点是（　　）。

A. 建设单位与分包单位直接签订合同　　B. 采用流水施工法施工

C. CM 单位可赚取总分包之间的差价　　D. 采用快速路径法施工

[**解析**] 本题考查的是工程项目发承包模式。选项 A，CM 单位有代理型（Agency）和非代理型（Non-Agency）两种。代理型的 CM 单位不负责工程分包的发包，与分包单位的合同由建设单位直接签订。而非代理型的 CM 单位直接与分包单位签订分包合同。选项 B，CM 承包模式组织快速路径的生产方式，使工程项目实现有条件的“边设计、边施工”。选项 C，CM 单位不赚取总包与分包之间的差价。

[**答案**] D

[**2014 真题 · 单选**] 工程项目承包模式中，建设单位组织协调工作量小，但风险较大的是（　　）。

A. 总分包模式　　B. 合作体承包模式

C. 平行承包模式　　D. 联合体承包模式

[**解析**] 本题考查的是工程项目发承包模式。采用合作体承包模式的特点包括：①建设单位的组织协调工作量小，但风险较大；②各承包单位之间既有合作的愿望，又不愿意组成联合体。

[**答案**] B

［2011 真题·单选］关于 Partnering 模式的说法，正确的是（　　）。
A. Partnering 协议是业主与承包商之间的协议
B. Partnering 模式是一种独立存在的承发包模式
C. Partnering 模式特别强调工程参建各方基层人员的参与
D. Partnering 协议不是法律意义上的合同
［解析］本题考查的是工程项目发承包模式。Partnering 模式的主要特征包括：①出于自愿；②高层管理的参与；③Partnering 协议不是法律意义上的合同；④信息的开放性。
［答案］D
［2020 真题·多选］与 EPC 总承包模式相比，平行承包模式的特点有（　　）。
A. 建设单位可在更大范围内选择承包单位
B. 建设单位组织协调工作量大
C. 建设单位合同管理工作量大
D. 有利于建设单位较早确定工程造价
E. 有利于建设单位向承包单位转移风险
［解析］平行承包模式的特点：①有利于建设单位择优选择承包单位；②有利于控制工程质量；③有利于缩短建设工期；④组织管理和协调工作量大；⑤工程造价控制难度大；⑥相对于总分包模式而言，平行承包模式不利于发挥那些技术水平高、综合管理能力强的承包单位的综合优势。
［答案］ABC
［2012 真题·多选］建设工程总分包模式的特点有（　　）。
A. 总承包商的责任重，获利潜力大
B. 业主合同结构简单，组织协调工作量小
C. 业主选择总承包商的范围大，合同总价较低
D. 总包合同价格可以较早确定，业主的风险小
E. 承包商内部增加了控制环节，有利于控制工程质量
［解析］本题考查的是工程项目发承包模式。采用总分包模式的特点包括：①有利于项目的组织管理。由于业主只与总承包商签订合同，合同结构简单。同时，由于合同数量少，使得业主的组织管理和协调工作量小，可发挥总承包商多层次协调的积极性。②有利于控制工程造价。由于总包合同价格可以较早确定，业主可以承担较少风险。③有利于控制工程质量。由于总承包商与分包商之间通过分包合同建立了责、权、利关系，在承包商内部，工程质量既有分包商的自控，又有总承包商的监督管理，从而增加了工程质量监控环节。④有利于缩短建设工期。总承包商具有控制的积极性，分包商之间也有相互制约作用。此外，在工程设计与施工总承包的情况下，由于设计与施工由一个单位统筹安排，使两个阶段能够有机地融合，一般均能做到设计阶段与施工阶段的相互搭接。⑤对业主而言，选择总承包商的范围小，一般合同金额较高。⑥对总承包商而言，责任重、风险大，需要具有较高的管理水平和丰富的实践经验。当然，获得高额利润的潜力也比较大。
［答案］ABDE

知识点 2 工程项目管理组织机构形式

一、直线制

项目经理直接进行单线垂直领导，但无法专业化管理。

(1) 优点：结构简单、权力集中、易于统一指挥、隶属关系明确、职责分明、决策迅速。

(2) 缺点：①未设职能部门，没有参谋和助手，领导者为“全能式”人才；②无法实现管理工作专业化，不利于项目管理水平的提高。

直线制组织机构示意见图 3-3-6。

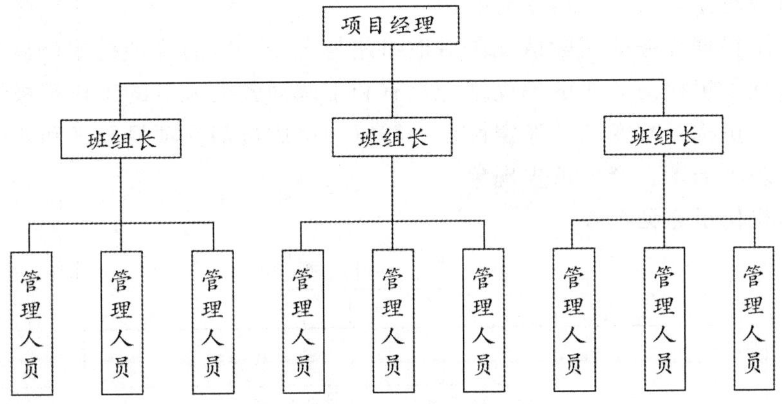

图 3-3-6　直线制组织机构示意图

二、职能制

管理专门化，但容易多头领导。

(1) 优点：①强调管理业务的专门化；②管理人员工作单一，易于提高工作质量，同时可以减轻领导者的负担。

(2) 缺点：多头领导，容易造成职责不清。

职能制组织机构示意见图 3-3-7。

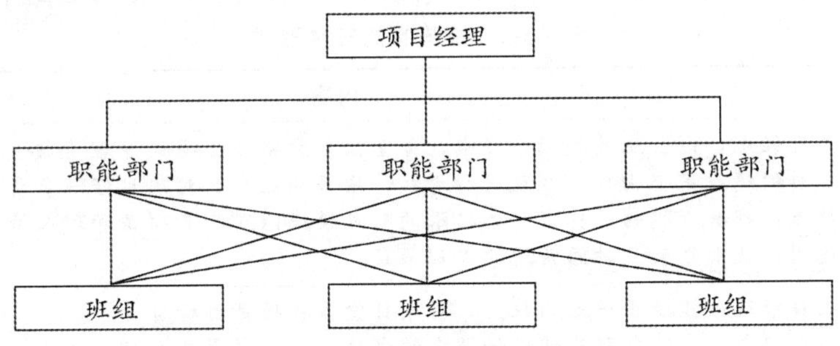

图 3-3-7　职能制组织机构示意图

三、直线职能制

直线制和职能制的结合。

(1) 优点：集中领导、职责清楚，有利于提高管理效率。

(2) 缺点：各职能部门之间的横向联系差，信息传递路线长，职能部门与指挥部门之间容易产生矛盾。

直线职能制组织机构示意见图 3-3-8。

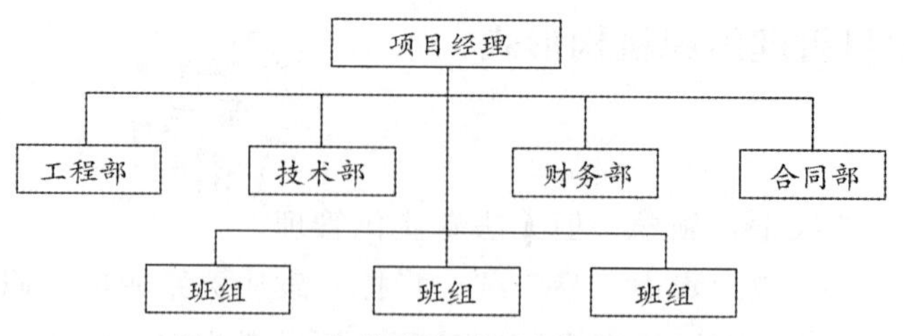

图 3-3-8　直线职能制组织机构示意图

四、矩阵制

以工程项目为对象，管理人员临时抽调。

（1）优点：①根据任务的实际情况灵活地组建与之相适应的管理机构，具有较大的机动性和灵活性；②实现了集权与分权的最优结合，有利于调动各类人员的工作积极性。

（2）缺点：①机构经常变动，稳定性差；②每一个成员都受项目经理和职能部门经理的双重领导，如果处理不当，会产生扯皮现象。

矩阵制组织机构示意见图 3-3-9。

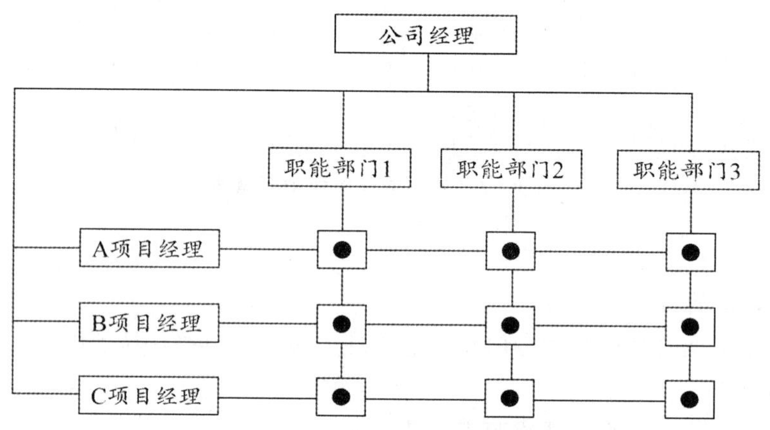

图 3-3-9　矩阵制组织机构示意图

矩阵制按照项目经理的权限不同，分为三种形式，具体内容见表 3-3-2。

表 3-3-2　矩阵制的三种形式

组织形式	内容
强矩阵制组织形式	（1）项目经理：由企业最高领导任命，并全权负责项目。项目经理直接向最高领导负责，项目组成员的绩效完全由项目经理进行考核，项目组成员只对项目经理负责 （2）特点：拥有专职的、具有较大权限的项目经理以及专职项目管理人员 （3）适用：技术复杂且时间紧迫的工程项目
中矩阵制组织形式	（1）项目经理：被授予一定的权力，对项目整体及项目目标负责 （2）项目组成员：从各职能部门借调来的成员，并在成员中指定一人担任专案主持人。一旦专案结束，专案主持人的头衔随之消失 （3）特点：需要精心建立管理程序和配备训练有素的协调人员 （4）适用：中等技术复杂程度且建设周期较长的工程项目
弱矩阵制组织形式	（1）项目经理：是一个项目协调者或监督者，而不是一个管理者 （2）特点：项目管理者的权限很小 （3）适用：技术简单的工程项目

➢ **考分统计**：统计近 10 年本知识点，在 2012、2013、2014、2015、2016、2017、2018、2020、2021 年进行考核，考核频次为 90%，其中 2012、2014、2015、2016、2017、2018、

2020、2021年分别考核一道单选题，2013年考核一道多选题。

典型例题

[2021真题·单选] 某公司为完成某大型复杂的工程项目，要求在项目管理组织机构内设置职能部门以发挥各类专家作用。同时从公司临时抽调专业人员到项目管理组织机构，要求所有成员只对项目经理负责，项目经理全权负责该项目。该项目管理组织机构宜采用的组织形式是（ ）。

A. 直线制
B. 强矩阵制
C. 职能制
D. 弱矩阵制

[解析] 在强矩阵制组织形式中，项目经理由企业最高领导任命，并全权负责项目。项目经理直接向最高领导负责，项目组成员的绩效完全由项目经理进行考核，项目组成员只对项目经理负责。

[答案] B

[2020真题·单选] 关于工程项目管理组织机构特点的说法，正确的是（ ）。

A. 矩阵制组织中项目成员受双重领导
B. 职能制组织中指令统一且职责清晰
C. 直线制组织中可实现专业化管理
D. 强矩阵制组织中项目成员仅对职能经理负责

[解析] 矩阵制组织中每一个成员都受项目经理和职能部门经理的双重领导，选项A正确，选项D错误。职能制组织形成多头领导，使下级执行者接受对方指令，容易造成职责不清，选项B错误。直线制组织无法实现管理工作专业化，不利于项目管理水平的提高，选项C错误。

[答案] A

[2018真题·单选] 对于技术复杂、各职能部门之间的技术界面比较繁杂的大型工程项目，宜采用的项目组织形式是（ ）组织形式。

A. 直线制
B. 弱矩阵制
C. 中矩阵制
D. 强矩阵制

[解析] 本题考查的是工程项目管理组织机构形式。由于对于技术复杂的工程项目，各职能部门之间的技术界面比较繁杂，采用强矩阵制组织形式有利于加强各职能部门之间的协调配合。

[答案] D

[2017真题·单选] 直线职能制组织结构的特点是（ ）。

A. 信息传递路径较短
B. 容易形成多头领导
C. 各职能部门间横向联系强
D. 各职能部门职责清楚

[解析] 本题考查的是工程项目管理组织机构形式。直线职能制组织结构既保持了直线制统一指挥的特点，又满足了职能制对管理工作专业化分工的要求。其主要优点是集中领导、职责清楚，有利于提高管理效率。但这种组织机构中各职能部门之间的横向联系差，信息传递路线长，职能部门与指挥部门之间容易产生矛盾。

[答案] D

[**2016 真题·单选**] 下列项目管理组织机构形式中，未明确项目经理角色的是（　　）组织机构。

A. 职能制

B. 弱矩阵制

C. 平衡矩阵制

D. 强矩阵制

[**解析**] 本题考查的是工程项目管理组织机构形式。弱矩阵制组织中，并未明确对项目目标负责的项目经理。即使有项目负责人，其角色也只是一个项目协调者或监督者，而不是一个管理者。

[**答案**] B

[**2015 真题·单选**] 某施工组织机构见图 3-3-10，该组织机构属于（　　）组织形式。

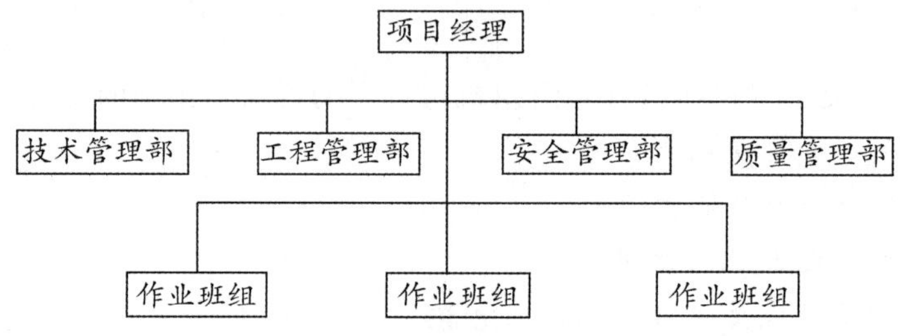

图 3-3-10　某施工组织机构示意图

A. 直线制

B. 职能制

C. 直线职能制

D. 矩阵制

[**解析**] 本题考查的是工程项目管理组织机构形式。本书介绍了四种组织机构形式，该图是直线职能制组织机构示意图。

[**答案**] C

知识点 3　建设单位的计划体系

建设单位编制（也可委托工程项目管理单位或工程监理单位编制）的计划体系包括工程项目前期工作计划、工程项目建设总进度计划和工程项目年度计划。

一、工程项目建设总进度计划

工程项目建设总进度计划的主要内容包括文字和表格两部分。

（1）文字部分。

（2）表格部分。包括工程项目一览表、工程项目总进度计划、投资计划年度分配表和工程项目进度平衡表。

二、工程项目年度计划

工程项目年度计划是依据工程项目建设总进度计划和批准的设计文件进行编制的。

（1）文字部分。

（2）表格部分。包括年度计划项目表、年度竣工投产交付使用计划表、年度建设资金平衡表和年度设备平衡表。

1）年度计划项目表。用来确定年度施工项目的投资额和年末形象进度，并阐明建设条件（图纸、设备、材料、施工力量）的落实情况。

2）年度竣工投产交付使用计划表。用来阐明各单位工程的建设规模、投资额、新增固定资产、新增生产能力等建设总规模及本年计划完成情况，并阐明其竣工日期。

➢ **考分统计**：统计近10年本知识点，在2012、2014、2017、2020、2021年进行考核，考核频次为50%。其中，2012、2017、2020、2021年分别考核一道单选题，2014年考核一道多选题。

典型例题

［**2021真题·单选**］工程项目建设总进度计划表格部分的主要内容有（　　）。

A. 工程项目一览表、工程项目总进度计划、投资计划年度分配表、工程项目进度平衡表

B. 工程项目一览表、年度计划项目表、年度竣工投产交付使用计划表、年度建设资金平衡表

C. 工程概况表、施工总进度计划表、主要资源配置计划表、工程项目进度平衡表

D. 工程概况表、工程项目前期工作进度计划、工程项目总进度计划、工程项目年度计划

［**解析**］工程项目建设总进度计划表格部分包括工程项目一览表、工程项目总进度计划、投资计划年度分配表和工程项目进度平衡表。

［**答案**］A

［**2020真题·单选**］工程项目计划体系中，用来阐明各单位工程的建设规模、投资额、新增固定资产、新增生产能力等建设总规模及本年计划完成情况的是（　　）。

A. 年度计划项目表

B. 年度竣工投产交付使用计划表

C. 年度建设资金平衡表

D. 年度设备平衡表

［**解析**］年度竣工投产交付使用计划表用来阐明各单位工程的建设规模、投资额、新增固定资产、新增生产能力等建设总规模及本年计划完成情况，并阐明其竣工日期。

［**答案**］B

［**2017真题·单选**］下列计划表中，属于建设单位计划体系中工程项目建设总进度计划的是（　　）。

A. 年度计划项目表

B. 年度建设资金平衡表

C. 投资计划年度分配表

D. 年度设备平衡表

［**解析**］本题考查的是建设单位的计划体系。工程项目建设总进度计划的主要内容包括：①文字部分。②表格部分。包括工程项目一览表、工程项目总进度计划、投资计划年度分配表和工程项目进度平衡表。

［**答案**］C

［2011 真题·单选］下列进度计划表中，用来确定年度施工项目的投资额和年末形象进度，并说明建设条件落实情况的是（　　）。

A. 投资计划年度分配表　　B. 年度建设资金平衡表

C. 年度计划项目表　　D. 工程项目进度平衡表

［解析］本题考查的是建设单位的计划体系。年度计划项目表：用来确定年度施工项目的投资额和年末形象进度，并阐明建设条件（图纸、设备、材料、施工力量）的落实情况。

［答案］C

［2014 真题·多选］建设单位编制的工程项目建设总进度计划包括的内容有（　　）。

A. 竣工投产交付使用计划表

B. 工程项目一览表

C. 年度建设资金平衡表

D. 工程项目进度平衡表

E. 投资计划年度分配表

［解析］本题考查的是建设单位的计划体系。工程项目建设总进度计划的主要内容包括文字和表格两部分。其中，表格部分包括工程项目一览表、工程项目总进度计划、投资计划年度分配表和工程项目进度平衡表。

［答案］BDE

知识点 4　承包单位的计划体系

承包单位的计划体系见表 3-3-3。

表 3-3-3　承包单位的计划体系

文件名称	编制人	编制时间	文件性质
项目管理规划大纲	企业管理层	投标时	战略性、全局性、宏观性的指导文件
项目管理实施规划	项目经理	开工前	企业管理层审批的工程项目管理文件

➤ 考分统计：统计近 10 年本知识点，在 2018 年考核一道单选题，考核频次为 10%。

典型例题

［2018 真题·单选］施工承包单位的项目管理实施规划应由（　　）组织编制。

A. 施工企业经营负责人

B. 施工项目经理

C. 施工项目技术负责人

D. 施工企业技术负责人

［解析］本题考查的是承包单位的计划体系。项目管理实施规划是在开工之前由施工项目经理组织编制，并报企业管理层审批的工程项目管理文件。

［答案］B

知识点 5　工程项目施工组织设计

按编制对象不同，施工组织设计包括三个层次，即施工组织总设计、单位工程施工组织设计和施工方案，具体内容见表 3-3-4。

表 3-3-4　工程项目施工组织设计

文件名称	编制对象	主持编制	审批	主要内容
施工组织总设计	若干单位工程组成的群体工程或特大型工程项目	施工项目负责人	总承包单位技术负责人	工程概况、总体施工部署、施工总进度计划、总体施工准备与主要资源配置计划、主要施工方法、施工总平面布置
单位工程施工组织设计	单位（子单位）工程	施工项目负责人	施工单位技术负责人或其授权的技术人员	工程概况、施工部署、施工进度计划、施工准备与资源配置计划、主要施工方案、施工现场平面布置
施工方案	分部（分项）或专项工程	—	项目技术负责人	工程概况、施工安排、施工进度计划、施工准备与资源配置计划、施工方法及工艺要求

➤ **考分统计**：统计近 10 年本知识点，在 2013、2014、2015、2016、2017、2018 年进行考核，考核频次为 60%，其中 2013、2014、2015、2017、2018 年分别考核一道单选题，2016 年考核一道多选题、一道多选题。

典型例题

[**2018 真题·单选**] 下列组成内容中，属于单位工程施工组织设计纲领性内容的是（　　）。

A. 施工进度计划　　B. 施工方法

C. 施工现场平面布置　　D. 施工部署

[**解析**] 本题考查的是工程项目施工组织设计。施工部署是施工组织设计的纲领性内容，施工进度计划、施工准备与资源配置计划、施工方法、施工现场平面布置等均应围绕施工部署进行编制和确定。

[**答案**] D

[**2017 真题·单选**] 编制单位工程施工进度计划时，确定工作项目持续时间需要考虑每班工人数量。限定每班工人数量上限的因素是（　　）。

A. 工作项目工程量　　B. 最小劳动组合

C. 人工产量定额　　D. 最小工作面

[**解析**] 本题考查的是工程项目施工组织设计。在安排每班工人数和机械台数时，应综合考虑以下问题：①要保证各个工作项目上工人班组中每一个工人拥有足够的工作面（不能少于最小工作面），以发挥高效率并保证施工安全；②要使各个工作项目上的工人数量不低于正常施工时所必需的最低限度（不能小于最小劳动组合），以达到最高的劳动生产率。由此可见，最小工作面限定了每班安排人数的上限，而最小劳动组合限定了每班安排人数的下限。对于施工机械台数的确定也是如此。

[**答案**] D

[**2016 真题·单选**] 根据《建筑施工组织设计规范》，施工组织设计有三个层次是指（　　）。

A. 施工组织总设计、单位工程施工组织设计和施工方案

B. 施工组织总设计、单项工程施工组织设计和施工进度计划

C. 施工组织设计、施工进度计划和施工方案

D. 指导性施工组织设计、实施性施工组织设计和施工方案

［解析］本题考查的是工程项目施工组织设计。按编制对象不同，施工组织设计包括三个层次，即施工组织总设计、单位工程施工组织设计和施工方案。

［答案］A

［2015 真题·单选］根据《建筑施工组织设计规范》，施工组织总设计应由（　　）主持编制。

A. 总承包单位技术负责人

B. 施工项目负责人

C. 总承包单位法定代表人

D. 施工项目技术负责人

［解析］施工组织总设计应由施工项目负责人主持编制，应由总承包单位技术负责人负责审批。

［答案］B

［2013 真题·单选］根据《建设施工组织设计规范》，单位工程施工组织设计应由（　　）主持编制。

A. 建设单位项目负责人　　B. 施工项目负责人

C. 施工单位技术负责人　　D. 施工项目技术负责人

［解析］本题考查的是工程项目施工组织设计。单位工程施工组织设计应由施工项目负责人主持编制，应由施工单位技术负责人或其授权的技术人员负责审批。

［答案］B

知识点 6 工程项目目标控制的类型

控制可分为两大类，即主动控制和被动控制。

一、主动控制

主动控制就是预先分析目标偏离的可能性，并拟订和采取各项预防性措施，以使计划目标得以实现。

二、被动控制

被动控制是指当系统按计划运行时，管理人员对计划的实施进行跟踪，将系统输出的信息进行加工、整理，再传递给控制部门，使控制人员从中发现问题，找出偏差，寻求并确定解决问题和纠正偏差的方案，然后再回送给计划实施系统付诸实施，使得计划目标一旦出现偏离就能得以纠正。被动控制是一种反馈控制。

被动控制可以采取的措施有：

（1）应用现代化管理方法和手段跟踪、测试、检查工程实施过程，发现异常情况，及时采取纠偏措施。

（2）明确项目管理组织中过程控制人员的职责，发现情况及时采取措施进行处理。

（3）建立有效的信息反馈系统，及时反馈偏离计划目标值的情况，以便及时采取措施予以纠正。

➢ **考分统计**：统计近 10 年本知识点，在 2015 年考核一道单选题，考核频次为 10%。

典型例题

[2015 真题·单选] 下列控制措施中，属于工程项目目标被动控制措施的是（　　）。

A. 制定实施计划时，考虑影响目标实现和计划实施的不利因素

B. 说明和揭示影响目标实现和计划实施的潜在风险因素

C. 制定必要的备用方案，以应对可能出现的影响目标实现的情况

D. 跟踪目标实施情况，发现目标偏离时及时采取纠偏措施

[解析] 本题考查的是目标控制的类型。被动控制的措施包括：①应用现代化管理方法和手段跟踪、测试、检查工程实施过程，发现异常情况，及时采取纠偏措施；②明确项目管理组织中过程控制人员的职责，发现情况及时采取措施进行处理；③建立有效的信息反馈系统，及时反馈偏离计划目标值的情况，以便及时采取措施予以纠正。选项 A、B、C 属于主动控制的措施。

[答案] D

知识点 7　工程项目目标控制的主要方法

一、网络计划法

用途：工程进度控制、成本控制和资源的优化配置。

二、S 曲线法

用途：控制工程造价和工程进度。

S 曲线见图 3-3-11。

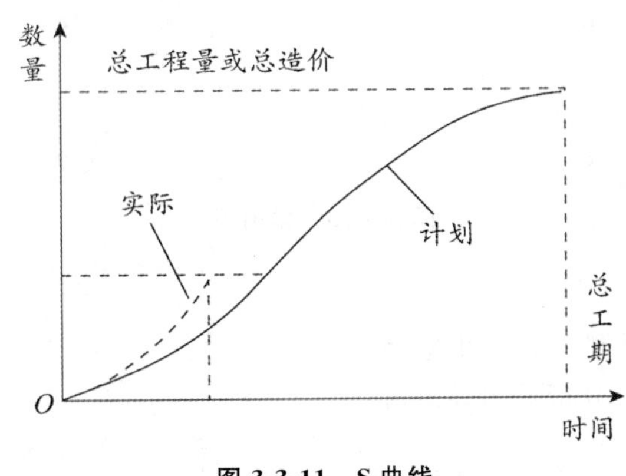

图 3-3-11　S 曲线

三、香蕉曲线法

用途：控制工程造价和工程进度。

与 S 曲线法的原理基本相同，其主要区别在于：香蕉曲线是以工程网络计划为基础绘制的。在工程网络计划中，工作的开始时间有最早开始时间和最迟开始时间两种。按照工程网络计划中每项工作的最早开始时间绘制整个工程项目的计划累计完成工程量或造价，即可得到一条 S 曲线（*ES* 曲线）；按照工程网络计划中每项工作的最迟开始时间绘制整个工程项目的计划累计完成工程量或造价，即可得到一条 S 曲线（*LS* 曲线）。

两条 S 曲线组合在一起，即成为香蕉曲线。

香蕉曲线见图 3-3-12。

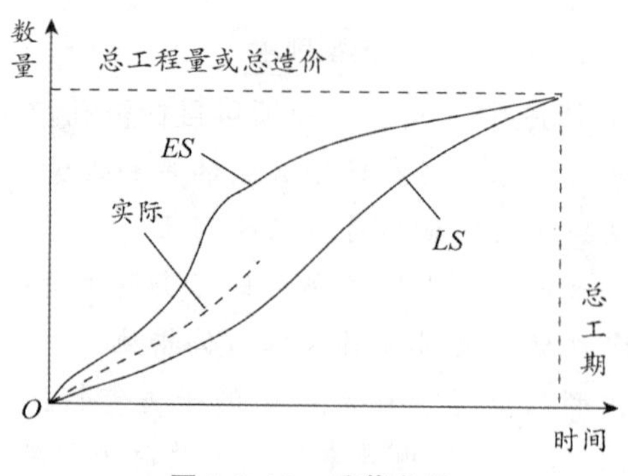

图 3-3-12　香蕉曲线

四、排列图法（主次因素分析图）

用途：寻找影响工程（产品）质量主要因素。

影响质量的因素分为三类，累计频率在 0～80％范围的因素，称为 A 类因素，是主要因素；在 80％～90％范围内的为 B 类因素，是次要因素；在 90％～100％范围内的为 C 类因素，是一般因素。

排列图见图 3-3-13。

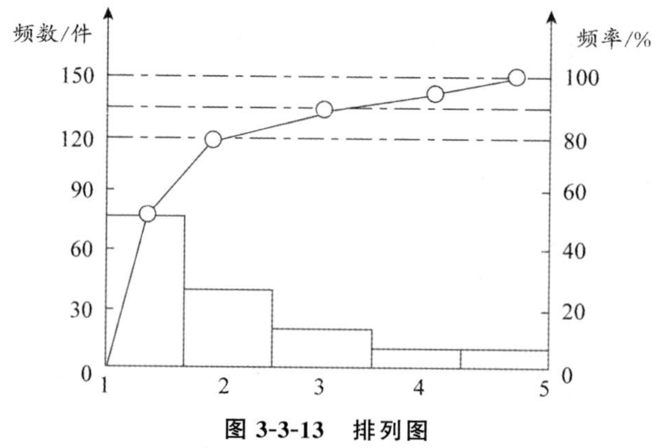

图 3-3-13　排列图

五、因果分析图法

用途：用来寻找某种质量问题产生原因。

混凝土强度不足的因果分析见图 3-3-14。

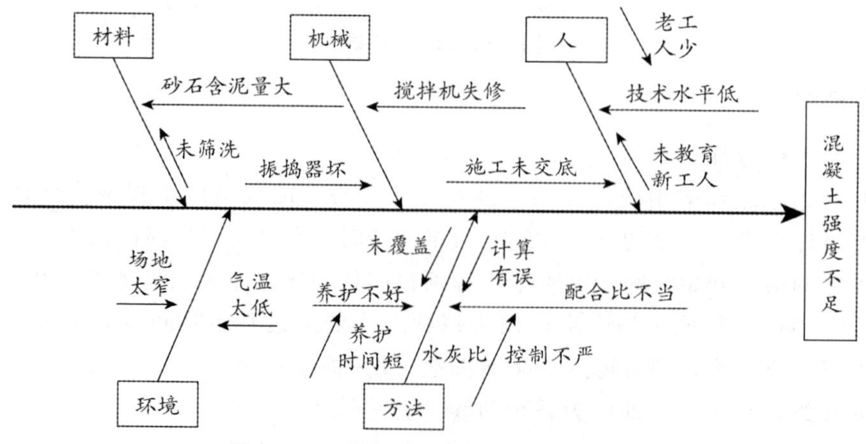

图 3-3-14　混凝土强度不足的因果分析

六、直方图法（频数分布直方图）

用途：掌握产品质量的波动情况，了解质量特征的分布规律，以便对质量状况进行分析判断。

（1）生产条件正常：直方图应该是中间高，两侧低，左右接近对称，见图 3-3-15。

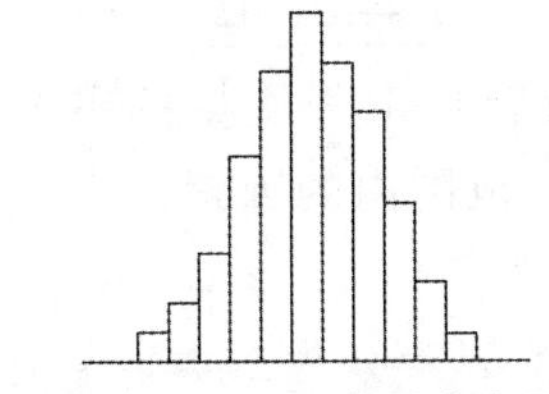

图 3-3-15　正常型直方图

（2）折齿型分布：多数由于作表时分组不当或组距确定不当所致，见图 3-3-16。

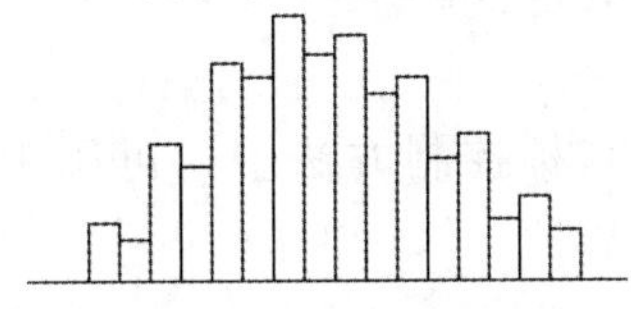

图 3-3-16　折齿型直方图

（3）绝壁型分布：直方图的分布中心偏向一侧，通常因操作者的主观因素所造成，见图 3-3-17。

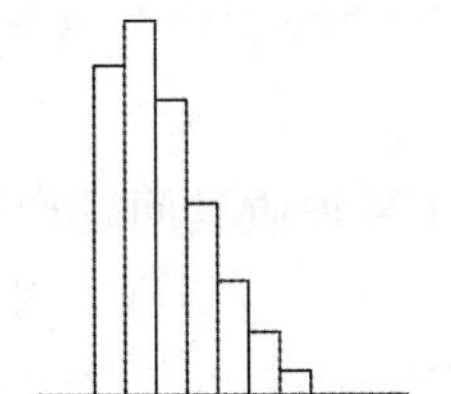

图 3-3-17　绝壁型直方图

（4）孤岛型分布：因少量材料不合格，或短时间内工人操作不熟练所造成，见图 3-3-18。

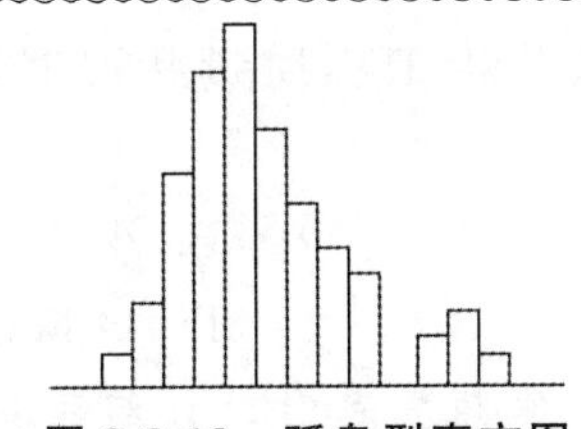

图 3-3-18　孤岛型直方图

（5）双峰型分布：由于数据分类工作不够好，使两个分布混淆在一起所造成，见图 3-3-19。

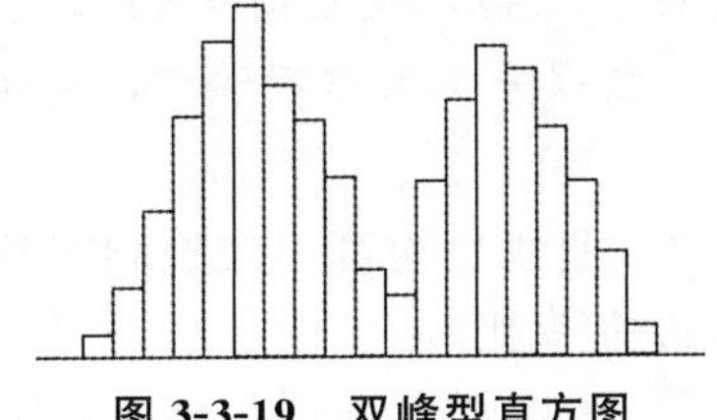

图 3-3-19　双峰型直方图

七、控制图法（动态质量的分析方法）

（1）静态分析方法：反映的是质量在某一段时间里的静止状态，如排列图法、直方图法。

（2）动态分析方法：可以随时了解生产过程中质量的变化情况，及时采取措施，使生产处于稳定状态，起到预防出现废品的作用，如控制图法。

➢ **考分统计**：统计近10年本知识点，在2012、2013、2014、2015、2016、2017、2018、2019、2020、2021年进行考核，考核频次为100%，其中，2013、2014、2017、2018、2019年分别考核一道单选题，2015年考核一道多选题，2012、2016、2020、2021年分别考核一道单选题、一道多选题。

典型例题

［**2021真题·单选**］采用排列图分析影响工程质量的主要因素时，可将影响因素分为三类，其中A类因素是指累计频率（　　）范围内的因素。

A. 0～70%　　B. 0～80%　　C. 80～90%　　D. 90～100%

［**解析**］在一般情况下，将影响质量的因素分为三类，累计频率在0～80%范围内的因素，称为A类因素，是主要因素；在80%～90%范围内的为B类因素，是次要因素；在90%～100%范围内的为C类因素，是一般因素。

［**答案**］B

［**2019真题·单选**］下列工程项目目标控制方法中，可用来随时了解生产过程中质量变化情况的方法是（　　）。

A. 控制图法　　B. 排列图法　　C. 直方图法　　D. 鱼刺图法

［**解析**］采用动态分析方法，可以随时了解生产过程中的质量变化情况。控制图法就是一种典型的动态分析方法。

［**答案**］A

［**2018真题·单选**］适用于分析和描述某种质量问题产生原因的统计分析工具是（　　）。

A. 直方图　　B. 控制图　　C. 因果分析图　　D. 主次因素分析图

［**解析**］本题考查的是目标控制的主要方法。因果分析图又叫树枝图或鱼刺图，是用来寻找某种质量问题产生原因的有效工具。

［**答案**］C

［**2017真题·单选**］应用直方图法分析工程质量状况时，直方图出现折齿型分布的原因是（　　）。

A. 数据分组不当或组距确定不当　　B. 少量材料不合格

C. 短时间内工人操作不熟练　　D. 数据分类不当

［**解析**］折齿型分布：这多数是由于作频数表时，分组不当或组距确定不当所致。绝壁型分布：直方图的分布中心偏向一侧，通常是因操作者的主观因素所造成。孤岛型分布：出现孤立的小直方图，这是由于少量材料不合格，或短时间内工人操作不熟练所造成。双峰型分布：一般是由于在抽样检查以前，数据分类工作不够好，使两个分布混淆在一起所造成。

［**答案**］A

［**2016真题·单选**］香蕉曲线法和S曲线法均可用来控制工程造价和工程进度。二者的主要区别是：香蕉曲线以（　　）为基础绘制。

A. 施工横道计划　　B. 流水施工计划

C. 工程网络计划　　D. 挣值分析计划

［**解析**］本题考查的是工程项目目标控制的主要方法。香蕉曲线法的原理与S曲线法的原理基本相同，其主要区别在于：香蕉曲线是以工程网络计划为基础绘制的。

［**答案**］C

［**2014 真题·单选**］下列工程项目目标控制方法中，可用来掌握产品质量波动情况及质量特征的分布规律，以便对质量状况进行分析判断的是（　　）。

A. 直方图法　　B. 鱼刺图法

C. 控制图法　　D. S 曲线法

［**解析**］直方图又叫频数分布直方图，它以直方图形的高度表示一定范围内数值所发生的频数，据此可掌握产品质量的波动情况，了解质量特征的分布规律，以便对质量状况进行分析判断。

［**答案**］A

［**2020 真题·多选**］下列工程项目目标控制方法中，可用来综合控制工程造价和工程进度的方法有（　　）。

A. 控制图法　　B. 因果分析法

C. S 曲线法　　D. 香蕉曲线法

E. 直方图法

［**解析**］S 曲线可用于控制工程造价和工程进度。与 S 曲线法相同，香蕉曲线同样可用来控制工程造价和工程进度。

［**答案**］CD

第四节　流水施工组织方法、网络计划技术

知识点 1　流水施工的表达方式

流水施工的表达方式除网络图外，主要还有横道图和垂直图两种。

一、流水施工的横道图表示法

横道图表示法（见图 3-4-1）的优点是：绘图简单，施工过程及其先后顺序表达清楚，时间和空间状况形象直观，使用方便，因而被广泛用来表达施工进度计划。

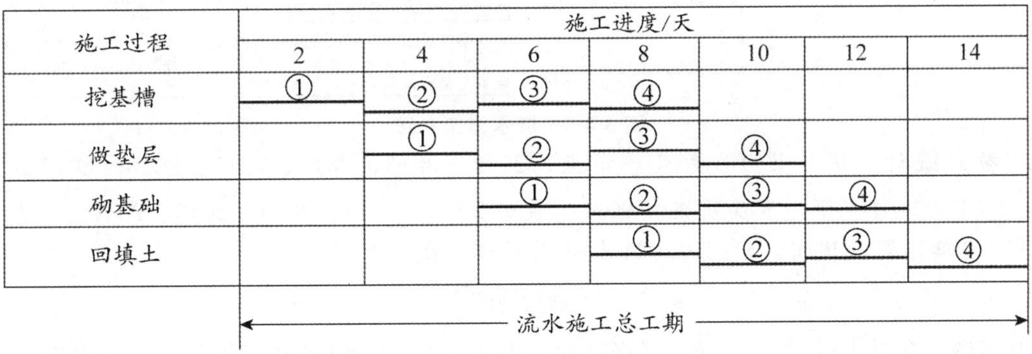

施工过程	施工进度/天						
	2	4	6	8	10	12	14
挖基槽	①	②	③	④			
做垫层		①	②	③	④		
砌基础			①	②	③	④	
回填土				①	②	③	④

←—— 流水施工总工期 ——→

图 3-4-1　流水施工的横道图表示法

二、流水施工的垂直图表示法

垂直图表示法（见图 3-4-2）的优点是：施工过程及其先后顺序表达清楚，时间和空间状况形象直观，斜向进度线的斜率可以直观地表示出各施工过程的进展速度。

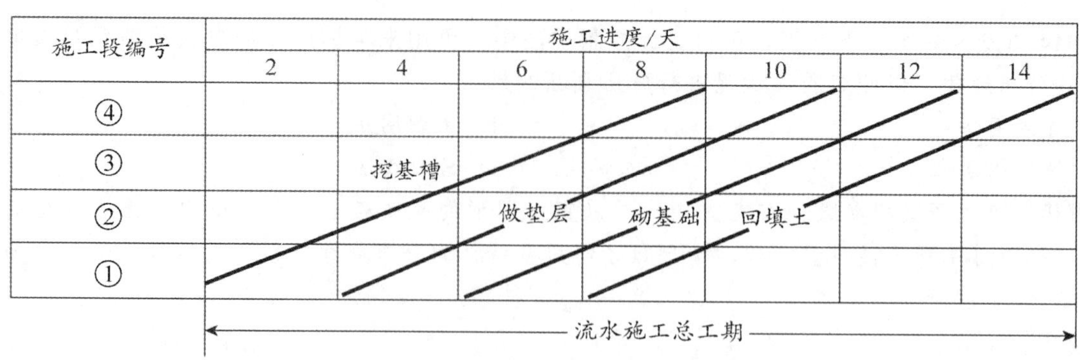

图 3-4-2　流水施工的垂直图表示法

➤ **点拨**：该知识点为非重要考点，注意把握横道图和垂直图特点的区别。

知识点 2　流水施工参数

扫码听课

流水施工参数的具体内容见图 3-4-3：

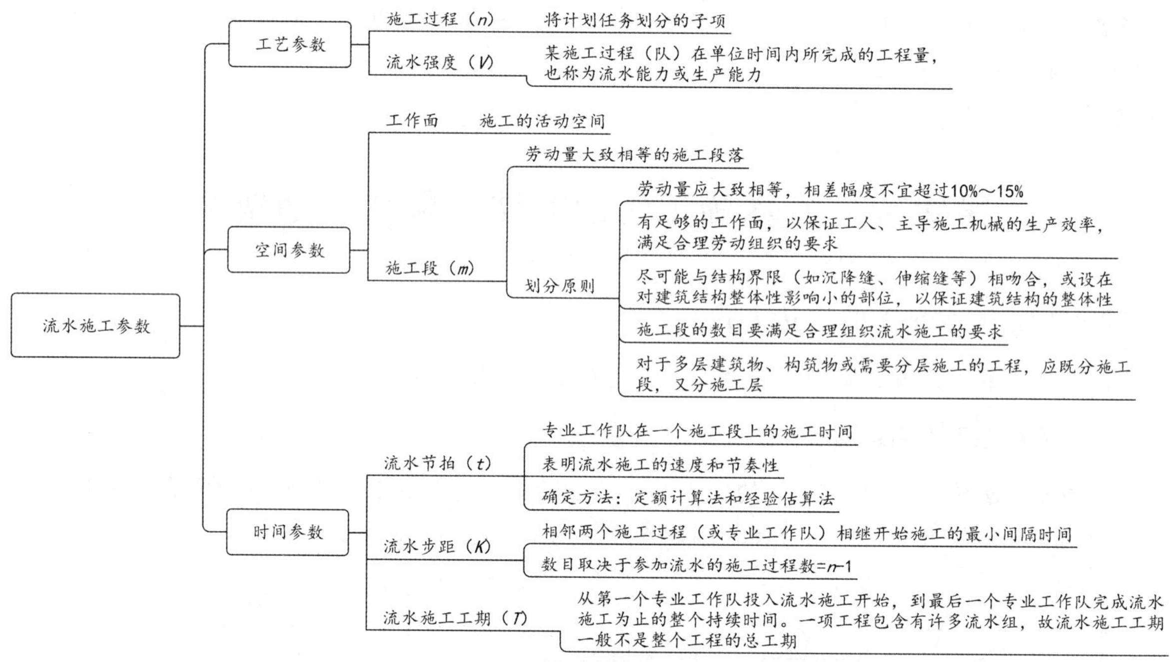

图 3-4-3　流水施工参数

➤ **考分统计**：统计近 10 年本知识点，2012、2013、2014、2015、2016、2017、2018、2020、2021 年进行考核，考核频次为 90%，其中 2012、2013、2014、2015、2017、2020 年分别考核一道单选题，2016、2018、2021 年分别考核一道多选题。

典型例题

［**2020 真题 · 单选**］建设工程组织流水施工时，用来表达流水施工在施工工艺方面进展状态的参数是（　　）。

A. 流水强度和施工过程

B. 流水节拍和施工段

C. 工作面和施工过程

D. 流水步距和施工段

[解析] 工艺参数主要是指在组织流水施工时，用以表达流水施工在施工工艺方面进展状态的参数，通常包括施工过程和流水强度两个参数。

[答案] A

[2017 真题·单选] 下列流水施工参数中，属于时间参数的是（　　）。

A. 施工过程和流水步距　　B. 流水步距和流水节拍

C. 施工段和流水强度　　D. 流水强度和工作面

[解析] 本题考查的是流水施工参数。时间参数是指在组织流水施工时，用以表达流水施工在时间安排上所处状态的参数，主要包括流水节拍、流水步距和流水施工工期等。

[答案] B

[2021 真题·多选] 下列流水施工参数中，属于空间参数的有（　　）。

A. 流水步距　　B. 工作面　　C. 流水强度　　D. 施工过程

E. 施工段

[解析] 空间参数是指在组织流水施工时，用以表达流水施工在空间布置上开展状态的参数。通常包括工作面和施工段。

[答案] BE

[2018 真题·多选] 建设工程组织流水施工时，确定流水节拍的方法有（　　）。

A. 定额计算法　　B. 经验估计法

C. 价值工程法　　D. ABC 分析法

E. 风险概率法

[解析] 本题考查的是流水施工参数。流水节拍可分别按下列方法确定：①定额计算法；②经验估算法。

[答案] AB

[典型例题·多选] 组织建设工程流水施工时，划分施工段的原则有（　　）。

A. 同一专业工作队在各个施工段上的劳动量应大致相等

B. 施工段的数量应尽可能多

C. 每个施工段内要有足够的工作面

D. 施工段的界限应尽可能与结构界限相吻合

E. 多层建筑物应既分施工段又分施工层

[解析] 本题考查的是流水施工参数。为使施工段划分得合理，一般应遵循下列原则：①同一专业工作队在各个施工段上的劳动量应大致相等，相差幅度不宜超过10%～15%。②每个施工段内要有足够的工作面，以保证相应数量的工人、主导施工机械的生产效率，满足合理劳动组织的要求。③施工段的界限应尽可能与结构界限（如沉降缝、伸缩缝等）相吻合，或设在对建筑结构整体性影响小的部位，以保证建筑结构的整体性。④施工段的数目要满足合理组织流水施工的要求。施工段数目过多，会降低施工速度，延长工期；施工段过少，不利于充分利用工作面，可能造成窝工。⑤对于多层建筑物、构筑物或需要分层施工的工程，应既分施工段，又分施工层，各专业工作队依次完成第一施工层中各施工段任务后，再转入第二施工层的施工段上作业，依此类推。以确保相应专业队在施工段与施工层之间组织连续、均衡、有节奏地流水施工。

[答案] ACDE

知识点 3 流水施工的基本组织方式

流水施工的基本组织方式见表 3-4-1。

表 3-4-1 流水施工的基本组织方式

<table>
<tr><th rowspan="2" colspan="3">特点
组织方式</th><th colspan="2">流水节拍</th><th rowspan="2">相邻施工过程之间流水步距</th><th rowspan="2">施工过程数和专业队数</th><th rowspan="2">各施工段间空闲时间</th><th rowspan="2">工期计算</th></tr>
<tr><th>各施工段上</th><th>不同施工过程之间</th></tr>
<tr><td rowspan="3">有节奏流水施工</td><td colspan="2">等节奏（全等）</td><td colspan="2">相等</td><td>相等</td><td>相等</td><td>无空闲时间</td><td>$T=(m+n-1)t+\sum Z+\sum G-\sum C$</td></tr>
<tr><td rowspan="2">异节奏流水施工</td><td>异步距异节奏</td><td>相等</td><td>不尽相等</td><td>不尽相等</td><td>相等</td><td>可能有空闲时间</td><td>—</td></tr>
<tr><td>等步距异节奏（成倍）</td><td>相等</td><td>不等，但呈倍数关系</td><td>相等且等于流水节拍最大公约数</td><td>专业工作队数大于施工过程数</td><td>无空闲时间</td><td>$T=(m+n'-1)K+\sum G+\sum Z-\sum C$</td></tr>
<tr><td colspan="3">非节奏流水施工（最常见）</td><td colspan="2">不全相等</td><td>不尽相等</td><td>相等</td><td>施工段上：连续作业
施工段间：可能有空闲</td><td>$T=\sum K+\sum t+\sum Z+\sum G-\sum C$
大差法求流水步距：累加数列，错位相减，取大差</td></tr>
</table>

➤ **考分统计**：统计近 10 年本知识点，2012、2013、2014、2015、2016、2017、2018、2021 年进行考核，考核频次为 80%，其中，2012、2016、2018 年分别考核两道单选题，2013、2014、2015、2017、2021 年分别考核一道单选题、一道多选题。

典型例题

［**2021 真题·单选**］某工程施工参数见表 3-4-2，则钢筋绑扎与混凝土浇筑之间的流水步距为（　　）。

表 3-4-2 施工参数

	模板	钢筋绑扎	混凝土浇筑
第一区	5	4	2
第二区	4	5	3
第三区	4	6	2

A. 2　　B. 5　　C. 8　　D. 10

［**解析**］(1) 求各施工过程流水节拍的累加数：

钢筋绑扎：4，9，15

混凝土浇筑：2，5，7

(2) 错位相减求得差数列：

钢筋绑扎与混凝土浇筑：4，　9，　15

　　　　　　　　　−）　　2，　5，　7

　　　　　　　　　———————————

　　　　　　　　　4，　7，　10，−7

(3) 在差数列中取最大值求得流水步距：

施工过程钢筋绑扎与混凝土浇筑之间的流水步距：$K=\max[4, 7, 10, -7]=10$（天）。

[**答案**] D

[**2018 真题·单选**] 某分部工程流水施工计划见图 3-4-4，该流水施工的组织形式是（　　）。

施工过程编号	施工进度/天												
	1	2	3	4	5	6	7	8	9	10	11	12	13
Ⅰ	①		②		③		④						
Ⅱ			①		②		③		④				
Ⅲ						①		②		③		④	

图 3-4-4 某分部工程流水施工计划

A. 异步距异节奏流水施工　　B. 等步距异节奏流水施工

C. 有提前插入时间的固定节拍流水施工　　D. 有间歇时间的固定节拍流水施工

[**解析**] 本题考查的是流水施工的基本组织方式。由图可以看出，各个施工过程的流水节拍都是 2 天，流水步距等于流水节拍。施工过程Ⅲ和施工Ⅱ之间有间歇 1 天的时间。因此为有间歇的固定节拍流水施工。

[**答案**] D

[**2018 真题·单选**] 某工程有 3 个施工过程，分为 3 个施工段组织流水施工。3 个施工过程的流水节拍依次为 3、3、4 天，5、2、1 天和 4、1、5 天，则流水施工工期为（　　）天。

A. 6　　B. 17　　C. 18　　D. 19

[**解析**] (1) 求各施工过程流水节拍的累加数列：

施工过程Ⅰ：3，6，10

施工过程Ⅱ：5，7，8

施工过程Ⅲ：4，5，10

(2) 错位相减求得差数列：

Ⅰ与Ⅱ：3，　6，　10

　　—）　　5，　7，　8

　　3，　1，　3，　−8

Ⅱ与Ⅲ：5，　7，　8

　　—）　　4，　5，　10

　　5，　3，　3，　−10

(3) 在差数列中取最大值求得流水步距：

施工过程Ⅰ与Ⅱ之间的流水步距：$K_{1,2}=3$（天）。

施工过程Ⅱ与Ⅲ之间的流水步距：$K_{2,3}=5$（天）。

流水施工工期可按公式计算：

$T=\sum K+\sum t_n+\sum Z+\sum G-\sum C=3+5+10=18$（天）。

[**答案**] C

［**2016 真题·单选**］工程项目组织非节奏流水施工的特点是（　　）。

A. 相邻施工过程的流水步距相等

B. 各施工段上的流水节拍相等

C. 施工段之间没有空闲时间

D. 专业工作队数等于施工过程数

［**解析**］本题考查的是流水施工的基本组织方式。非节奏流水施工的特点包括：①各施工过程在各施工段的流水节拍不全相等；②相邻施工过程的流水步距不尽相等；③专业工作队数等于施工过程数；④各专业工作队能够在施工段上连续作业，但有的施工段之间可能有空闲时间。

［**答案**］D

［**2015 真题·单选**］某工程划分为 3 个施工过程、4 个施工段组织固定节拍流水施工，流水节拍为 5 天，累积间歇时间为 2 天，累计提前插入时间为 3 天，该工程流水施工工期为（　　）天。

A. 29　　B. 30

C. 34　　D. 35

［**解析**］本题考查的是流水施工的基本组织方式。$T=(m+n-1)t+\sum G+\sum Z-\sum C=(4+3-1)\times5+2-3=29$（天）。

［**答案**］A

［**2017 真题·多选**］建设工程组织加快的成倍节拍流水施工的特点有（　　）。

A. 同一施工过程的各施工段上的流水节拍成倍数关系

B. 相邻施工过程的流水步距相等

C. 专业工作队数等于施工过程数

D. 各专业工作队在施工段上可连续作业

E. 施工段之间可能有空闲时间

［**解析**］本题考查的是流水施工的基本组织方式。成倍节拍流水施工的特点如下：①同一施工过程在其各个施工段上的流水节拍均相等；不同施工过程的流水节拍不等，但其值为倍数关系。②相邻施工过程的流水步距相等，且等于流水节拍的最大公约数（K）。③专业工作队数大于施工过程数，即有的施工过程只成立一个专业工作队，而对于流水节拍大的施工过程，可按其倍数增加相应专业工作队数目。④各个专业工作队在施工段上能够连续作业，施工段之间没有空闲时间。

［**答案**］BD

知识点 4　网络计划的基本概念

一、网络图和工作

网络图是由箭线和节点组成，用来表示工作流程的有向、有序网状图形。一个网络图表示一项计划任务。

网络图有双代号网络图和单代号网络图两种。

双代号网络图又称箭线式网络图，它是以箭线及其两端节点的编号表示工作，同时，节点表示工作的开始或结束以及工作之间的连接状态。

单代号网络图又称节点式网络图，它是以节点及其编号表示工作，箭线表示工作之间的逻辑关系。

在双代号网络图中，虚箭线不代表实际工作，为虚工作（既不消耗时间，也不消耗资源，只表示逻辑关系）。

二、工艺关系和组织关系

工艺关系和组织关系是工作之间先后顺序关系——逻辑关系的组成部分。

三、紧前工作、紧后工作和平行工作

某混凝土工程双代号网络计划见图 3-4-5。

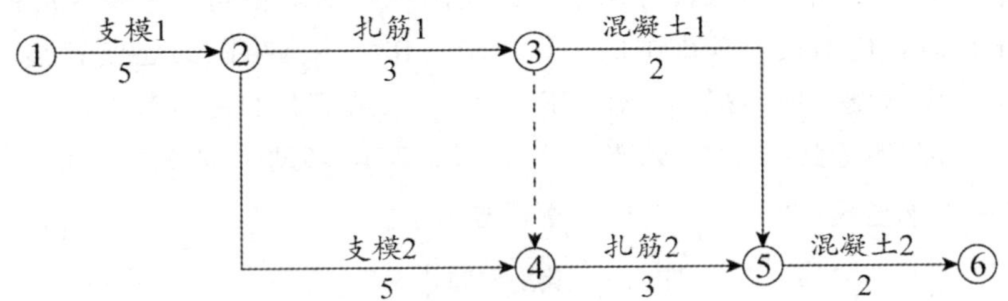

图 3-4-5　某混凝土工程双代号网络计划

（1）紧前工作：在网络图中，相对于某一工作而言，紧排在该工作之前的工作称为该工作的紧前工作。在双代号网络图中，工作与其紧前工作之间可能有虚工作存在。见图 3-4-5，支模 1 是支模 2 在组织关系上的紧前工作；支模 1 同时也是扎筋 1 在工艺关系上的紧前工作。（逆箭线查找）

（2）紧后工作：在网络图中，相对于某一工作而言，紧排在该工作之后的工作称为该工作的紧后工作。在双代号网络图中，工作与其紧后工作之间也可能有虚工作存在。见图 3-4-5，扎筋 2 是扎筋 1 在组织关系上的紧后工作；同时扎筋 2 也是支模 2 的紧后工作；混凝土 1 也是扎筋 1 在工艺关系上的紧后工作。（顺箭线查找）

（3）平行工作：在网络图中，相对于某工作而言，可以与该工作同时进行的工作即为该工作的平行工作。见图 3-4-5，扎筋 1 和支模 2 互为平行工作。

四、线路、关键线路和关键工作

（1）线路：网络图中从起点节点开始，沿箭头方向顺序通过一系列箭线与节点，最后到达终点节点的通路。

（2）关键线路：持续时间最长的线路。关键线路可能不止一条，而且关键线路会发生转移。

（3）关键工作：关键线路上的工作。

（4）总工期：关键线路的长度。关键工作的实际进度提前或拖后，均会对总工期产生影响。

知识点 5　网络图的绘制规则

一、双代号网络图的绘制规则

（1）网络图必须按照已定的逻辑关系绘制。

（2）网络图中严禁出现从一个节点出发，顺箭头方向又回到原出发点的循环回路。

（3）箭线应保持自左向右的方向，不应出现箭头指向左方的水平箭线和箭头偏向左方的斜向箭线。（不能逆行）

（4）严禁出现双向箭头和无箭头的连线。

（5）严禁出现没有箭尾节点的箭线和没有箭头节点的箭线。

（6）严禁在箭线上引入或引出箭线。（箭线只能从节点引出）

（7）应尽量避免网络图中工作箭线的交叉。（可以交叉，但尽量不交叉）

（8）网络图中应只有一个起点节点和一个终点节点。

二、单代号网络图的绘制规则

单代号网络图的绘图规则与双代号网络图的绘图规则基本相同，主要区别在于：当网络图中有多项开始工作时，应增设一项虚拟的工作（S)，作为该网络图的起点节点；当网络图中有多项结束工作时，应增设一项虚拟的工作（F)，作为该网络图的终点节点。

➤ **考分统计**：统计近 10 年本知识点，在 2017、2018 年进行考核，考核频次为 20%，其中 2017 年考核一道单选题，2018 年考核一道多选题。

典型例题

［**2017 真题 · 单选**］某工程双代号网络图见图 3-4-6，存在的绘图错误是（　　）。

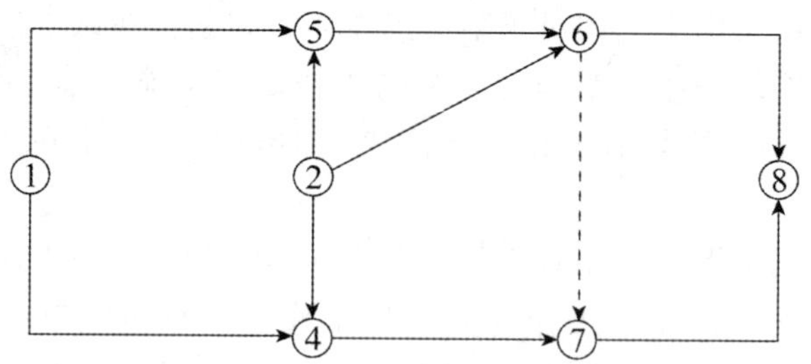

图 3-4-6　某工程双代号网络图

A. 多个起点节点

B. 多个终点节点

C. 节点编号有误

D. 存在循环回路

［**解析**］本题考查的是网络图的绘制规则。节点①和节点②都为起点节点。网络图中应只有一个起点节点和一个终点节点。

［**答案**］A

［**2018 真题 · 多选**］某工作双代号网络计划见图 3-4-7，存在的绘图错误有（　　）。

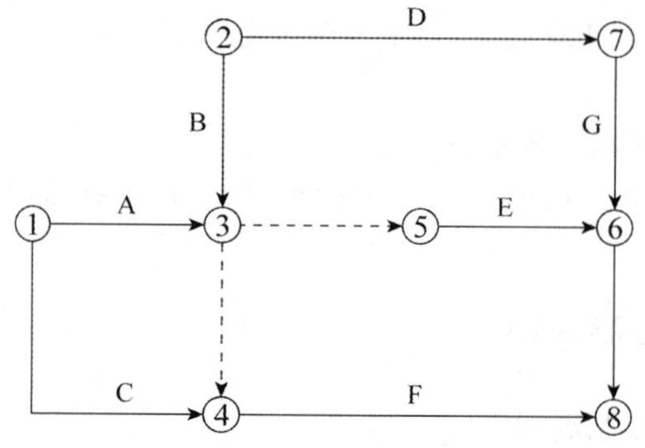

图 3-4-7　某工作双代号网络计划

A. 多个起点节点

B. 多个终点节点

C. 存在循环回路　　D. 节点编号有误

E. 有多余虚工作

[解析] 本题考查的是网络图的绘制规则。节点 1、2 均只有向外箭线，所以节点 1、2 都是起点。工作③—⑤属于多余虚工作。网络图中的节点都必须有编号，其编号严禁重复，并应使每一条箭线上箭尾节点编号小于箭头节点编号，而图中是节点 7 指向 6，所以节点编号有误。

[答案] ADE

知识点 6 网络计划时间参数的计算

工作的 6 个时间参数见表 3-4-3。

表 3-4-3　工作的 6 个时间参数

名称	公式	图例
最早开始时间	$ES=EF-D$	ES | EF | TF LS | LF | FF
最早完成时间	$EF=ES+D$	
最迟开始时间	$LS=LF-D$	
最迟完成时间	$LF=LS+D$	
总时差	不影响总工期的前提下，本工作可以利用的机动时间。拖延超过总时差，会影响总工期。$TF=LF-EF=LS-ES$	
自由时差	不影响其紧后工作最早开始时间的前提下，本工作可以利用的机动时间。拖延超过自由时差，紧后工作无法按最早开始时间开工。$FF=ES-EF$	

一、按工作计算法

（一）最早开始时间（ES）和最早完成时间（EF）

计算规则：①从左向右，从网络计划的起点节点开始，顺着箭线方向依次进行；②其他工作的最早开始时间应等于其紧前工作最早完成时间的最大值；③网络计划的计算工期应等于以网络计划终点节点为完成节点的工作的最早完成时间的最大值。

（二）工作的最迟完成时间（LF）和最迟开始时间（LS）

计算规则：①从右向左，从网络计划的终点节点开始，逆着箭线方向依次进行；②以网络计划终点节点为完成节点的工作，其最迟完成时间等于网络计划的计划工期；③其他工作的最迟完成时间应等于其紧后工作最迟开始时间的最小值。

（三）工作的总时差

工作的总时差见下式：

工作的总时差＝最迟完成时间－最早完成时间＝最迟开始时间－最早开始时间

（四）工作的自由时差

1. 对于有紧后工作的工作

有紧后工作的工作的自由时差见下式：

自由时差＝min｛紧后工作最早开始时间－本工作最早完成时间｝

2. 对于无紧后工作的工作

即以网络计划终点节点为完成节点的工作，其自由时差的计算见下式：

自由时差＝计划工期－本工作最早完成时间

➢ **点拨**：(1) 对于网络计划中以终点节点为完成节点的工作，其自由时差与总时差相等。

(2) 工作的自由时差是其总时差的构成部分，当工作的总时差为零时，其自由时差必然为零。总时差与自由时差的关系见图 3-4-8。

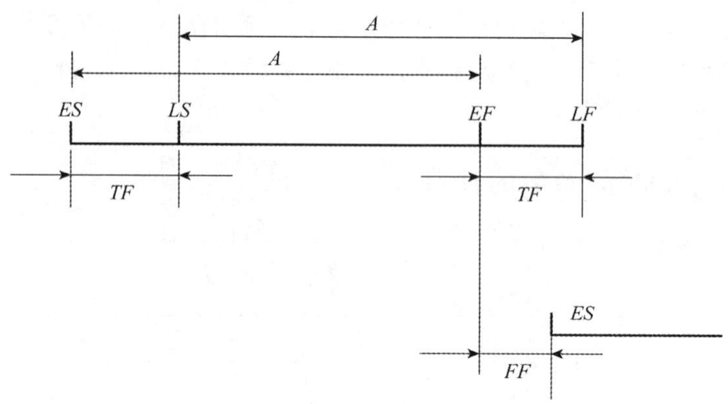

图 3-4-8　总时差与自由时差的关系

(五) 确定关键工作和关键线路

1. 关键工作

总时差最小的工作为关键工作。

$T_p = T_c$ 时，总时差为零的工作就是关键工作。

2. 关键线路

(1) 双代号网络计划确定关键线路：找出关键工作之后，将这些关键工作首尾相连，便构成从起点节点到终点节点的通路，位于该通路上各项工作的持续时间总和最大，这条通路就是关键线路。在关键线路上可能有虚工作存在。

(2) 单代号网络计划确定关键线路。

1) 利用关键工作确定关键线路。总时差最小的工作为关键工作。将这些关键工作相连，并保证相邻两项关键工作之间的时间间隔为零而构成的线路就是关键线路。

2) 利用相邻两项工作之间的时间间隔确定关键线路。从网络计划的终点节点开始，逆着箭线方向依次找出相邻两项工作之间时间间隔为零的线路就是关键线路。

二、按节点计算法

关键节点：在双代号网络计划中，关键线路上的节点。

(1) 关键工作两端的节点必为关键节点，但两端为关键节点的工作不一定是关键工作。

(2) 关键节点必然处在关键线路上，但由关键节点组成的线路不一定是关键线路。

三、标号法

标号法是一种快速寻求网络计划计算工期和关键线路的方法。

它利用按节点计算法的基本原理，对网络计划中的每一个节点进行标号，然后利用标号值确定网络计划的计算工期和关键线路。

➢ **考分统计**：统计近 10 年本知识点，在 2012、2013、2014、2015、2016、2017、2018、2020、2021 年进行考核，考核频次为 90%，其中 2014、2016、2018 年分别考核两道单选题，2017 年分别考核一道单选题、一道多选题，2012、2013 年分别考核两道单选题、一道多选题，2015 年考核三道单选题，2020 年考核一道单选题，2021 年考核两道单选题。

典型例题

[**2021 真题·单选**] 已知某工作最早开始时间为 15，最早完成时间为 19，最迟完成时间为 22，紧后工作的最早开始时间为 20，则该工作最迟开始时间和自由时差分别为（　　）。

A. 18；1　　B. 18；3　　C. 19；1　　D. 19；3

[**解析**] 该工作的持续时间＝19－15＝4，因此，最迟开始时间＝22－4＝18，自由时差＝20－19＝1。

[**答案**] A

[**2020 真题·单选**] 某工程网络计划执行过程中，工作 M 的实际进度拖后的时间已超过其自由时差，但未超过总时差，则工作 M 实际进度拖后产生的影响是（　　）。

A. 既不影响后续工作的正常进行，也不影响总工期

B. 影响紧后工作的最早开始时间，但不影响总工期

C. 影响紧后工作的最迟开始时间，同时影响总工期

D. 影响紧后工作的最迟开始时间，但不影响总工期

[**解析**] 工作的自由时差是指在不影响其紧后工作最早开始时间的前提下，本工作可以利用的机动时间。工作的总时差是指在不影响总工期的前提下，本工作可以利用的机动时间。

[**答案**] B

[**2018 真题·单选**] 工程网络计划中，对关键线路描述正确的是（　　）。

A. 双代号网络计划中由关键节点组成　　B. 单代号网络计划中时间间隔均为零

C. 双代号时标网络计划中无虚工作　　D. 单代号网络计划中由关键工作组成

[**解析**] 本题考查的是网络计划时间参数的计算。选项 A 错误，由关键节点组成的线路不一定是关键线路。选项 B 正确、选项 D 错误，单代号网络计划，从网络计划的终点节点开始，逆着箭线方向依次找出相邻两项工作之间时间间隔为零的线路就是关键线路。选项 C 错误，双代号时标网络计划中，凡自始至终不出现波形线的线路即为关键线路。

[**答案**] B

[**2016 真题·单选**] 某工程双代号网络计划见图 3-4-9，其中关键线路有（　　）条。

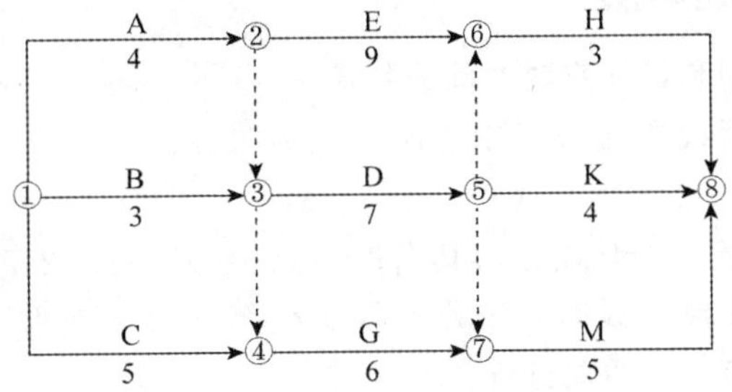

图 3-4-9　某工程双代号网络计划

A. 1　　B. 2　　C. 3　　D. 4

[**解析**] 本题考查的是网络计划时间参数的计算。总持续时间最长的线路为关键线路。关键线路是 A→E→H，A→D→M，C→G→M。

[**答案**] C

[**2015 真题·单选**] 计划工期与计算工期相等的双代号网络计划中，某工作的开始节点和完成节点均为关键节点时，说明该工作（　　）。

A. 一定是关键工作　　B. 总时差为零

C. 总时差等于自由时差　　D. 自由时差为零

[解析] 本题考查的是网络计划时间参数的计算。计划工期与计算工期相等的双代号网络计划中，关键节点最早时间＝最迟时间，可以假设某工作的开始节点最早时间和最迟时间为 X，某工作的完成节点最早时间和最迟时间为 Y，该工作的持续时间为 Z；该工作的总时差是某工作的完成节点最迟时间 Y 减某工作的开始节点（最早时间 $X+Z$）；该工作的自由时差是某工作的完成节点最早时间 Y 减某工作的开始节点（最早时间 $X+Z$）；所以该工作总时差和自由时差＝$Y-(X+Z)$，即总时差等于自由时差。

[答案] C

[2013 真题 · 多选] 工程网络计划中，关键工作是指（　　）的工作。

A. 自由时差最小

B. 总时差最小

C. 时间间隔为零

D. 最迟完成时间与最早完成时间的差值最小

E. 开始节点和完成节点均为关键节点

[解析] 本题考查的是网络计划时间参数的计算。工程网络计划中，关键工作是指总时差最小的工作；总时差等于最迟完成时间与最早完成时间的差值。

[答案] BD

知识点 7 时标网络计划中时间参数的判定

一、关键线路和计算工期的判定

（一）关键线路的判定

逆向判定，凡自始至终不出现波形线的线路即为关键线路。

（二）计算工期的判定

网络计划的计算工期应等于终点节点所对应的时标值与起点节点所对应的时标值之差。

二、相邻两项工作之间时间间隔

工作箭线中波形线的水平投影长度表示工作与其紧后工作之间的时间间隔。

三、工作六个时间参数的判定

（一）工作最早开始时间和最早完成时间的判定

最早开始时间：工作箭线左端节点中心所对应的时标值。

最早完成时间：

（1）当工作箭线中不存在波形线时，其右端节点中心所对应的时标值。

（2）当工作箭线中存在波形线时，工作箭线实线部分右端点所对应的时标值。

（二）工作总时差的判定——逆向进行

（1）以终点节点为完成节点的工作的总时差见下式：

总时差＝计划工期－本工作最早完成时间

（2）其他工作的总时差见下式：

总时差＝min｛紧后工作的总时差＋与紧后工作之间的时间间隔｝

即：

$$TF_{i-j}=\min\{TF_{j-k}+LAG_{i-j,j-k}\}$$

（三）工作自由时差的判定

（1）以终点节点为完成节点的工作的自由时差见下式：

自由时差＝计划工期－最早完成时间

(2) 以终点节点为完成节点的工作的自由时差见下式：

自由时差＝总时差

(3) 其他工作的自由时差：

1) 自由时差就是该工作箭线中波形线的水平投影长度。

2) 当工作之后只紧接虚工作时，则该工作箭线上一定不存在波形线，而其紧接的虚箭线中波形线水平投影长度的最短者为该工作的自由时差。(特殊情况)

(四) 工作最迟开始时间和最迟完成时间的判定

(1) 最迟开始时间＝最早开始时间＋总时差。

(2) 最迟完成时间＝最早完成时间＋总时差。

➢ **点拨**：关键工作、关键线路判定汇总：

(1) 关键工作的判断：

1) 总时差最小的工作为关键工作，关键线路上的工作必为关键工作。

2) 总时差为 0 的工作不一定是关键工作。

3) 持续时间最长的工作不一定是关键工作。

4) 双代号网络中，两个节点均为关键节点的工作不一定是关键工作。

5) 单代号网络中，与紧后工作时间间隔为 0 的工作不一定是关键工作。

6) 时标网络中，没有波形线的工作不一定是关键工作。

(2) 关键线路的判断：

1) 关键线路：持续时间最长的线路必是关键线路。

2) 双代号网络：所有节点均为关键节点的线路不一定是关键线路。

3) 双代号网络、双代号时标网络：所有工作均是关键工作的线路必是关键线路。

4) 单代号网络：所有工作都是关键工作的线路不一定是关键线路。自始至终时间间隔 LAG 全部为 0 的线路必是关键线路。

5) 双代号时标网络：自始至终没有波形线的线路必是关键线路。

6) 关键线路可能不止一条，并且可能有虚工作存在，且有可能发生转移。

➢ **考分统计**：统计近 10 年本知识点，在 2010、2015、2016 年进行考核，考核频次为 30%，其中，2010 年考核一道单选题，2015、2016 年分别考核一道多选题。

典型例题

[**2010 真题 · 单选**] 某工程双代号时标网络计划见图 3-4-10，其中工作 A 的总时差为（　　）周。

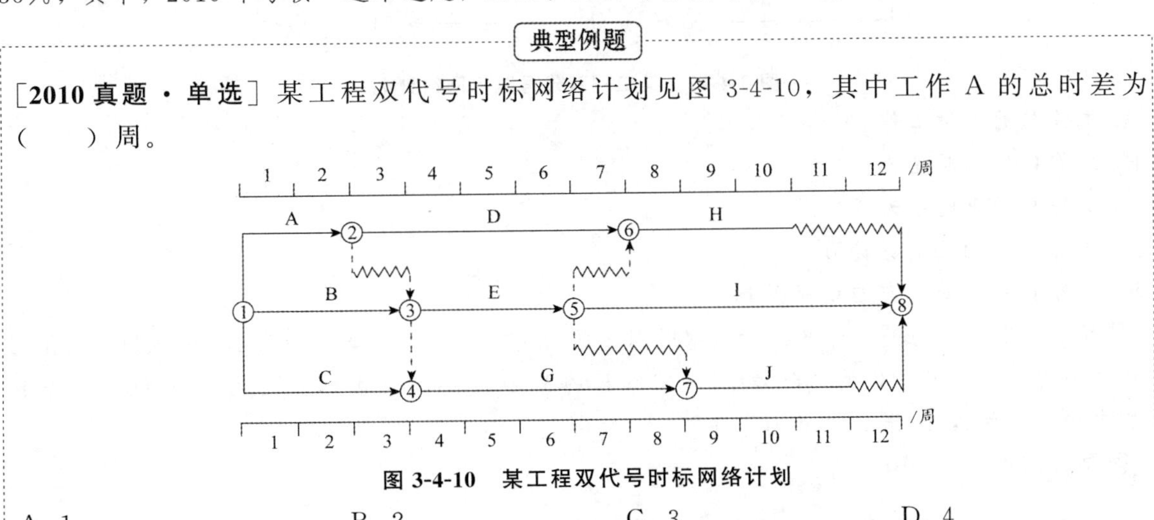

图 3-4-10　某工程双代号时标网络计划

A. 1　　B. 2　　C. 3　　D. 4

[解析] 本题考查的是时标网络计划中时间参数的判定。A 工作的紧后工作 D、E、G 的总时差分别为 2 周、0 周、1 周，A 工作的总时差为 $TF_A = \min(0+2, 1+0, 1+1) = 1$（周）。

[答案] A

[典型例题·单选] 某工程双代号时标网络计划见图 3-4-11，工作 E 的自由时差为（　　）。

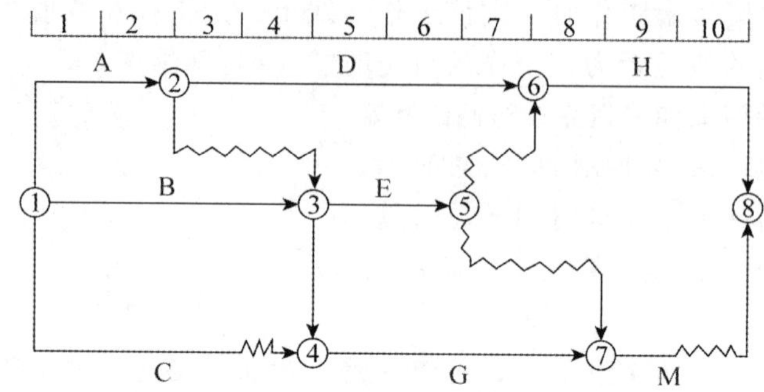

图 3-4-11　某工程双代号时标网络计划

A. 0 周　　B. 1 周

C. 2 周　　D. 3 周

[解析] 本题考查的是时标网络计划中时间参数的判定。当工作之后只紧接虚工作时，则该工作箭线上一定不存在波形线，而其紧接的虚箭线中波形线水平投影长度的最短者为该工作的自由时差。

[答案] B

[2016 真题·多选] 某工程双代号时标网络计划见图 3-4-12，由此可以判断出（　　）。

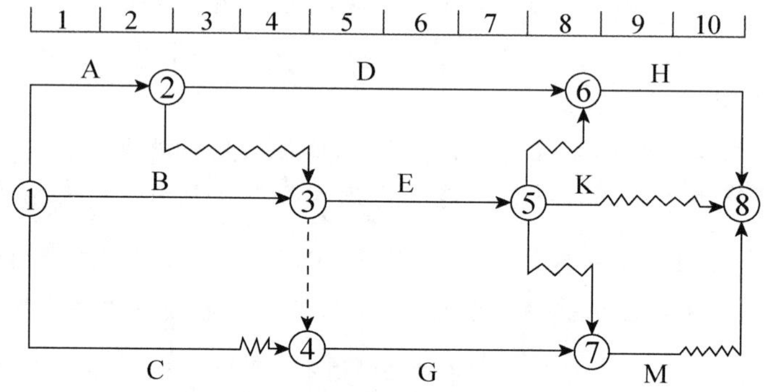

图 3-4-12　某工程双代号时标网络计划

A. 工作 B 为关键工作

B. 工作 C 的总时差为 2

C. 工作 E 的总时差为 0

D. 工作 G 的自由时差为 0

E. 工作 K 的总时差与自由时差相等

[解析] 本题考查的是时标网络计划中时间参数的判定。题中关键线路为 A→D→H，工作 B 为非关键工作。工作 C 的总时差=2，工作 E 的总时差=1，工作 G 的自由时差=0，工作 K 的自由时差=2，工作 K 的总时差=2。

[答案] BDE

［**2015 真题·多选**］某工程时标网络图见图 3-4-13。计划执行到第 5 周检查实际进度，发现 D 工作需要 3 周完成，E 工作需要 1 周完成，F 工作刚刚开始。由此可以判断出（　　）。

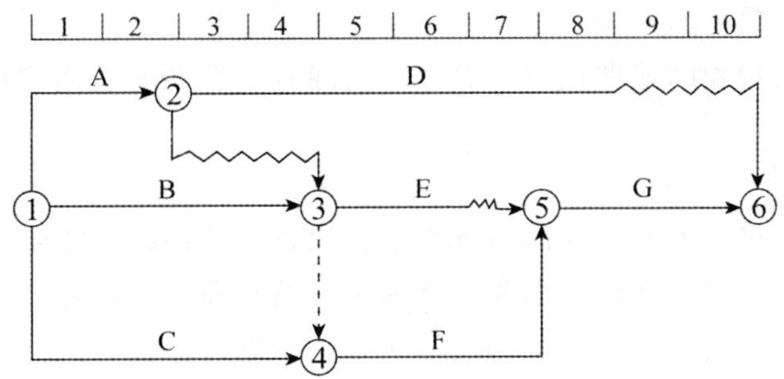

图 3-4-13　某工程时标网络图

A. A、B、C 工作均已完成　　B. D 工作按计划进行

C. E 工作提前 1 周　　D. F 工作进度不影响总工期

E. 总工期需延长 1 周

［**解析**］本题考查的是时标网络计划中时间参数的判定。选项 A，由于到第 5 周检查时 D、E、F 三项工作已经开始，说明 A、B、C 三项工作已经完成；选项 B，D 工作持续时间是 6 周，在第 5 周检查完成 3 周工作，说明 D 工程按计划进行；选项 C，E 工作持续时间是 2 周，E 工作需要 1 周完成，说明工程按计划进行；选项 D，F 工作刚刚开始，说明延误 1 周，并且 F 工作在关键线路上，影响总工期；选项 E，由于第 5 周检查时，F 工作刚刚开始，说明延误 1 周，并且 F 工作在关键线路上，总工期需延长 1 周。

［**答案**］ABE

知识点 8　网络计划的优化

网络计划的优化是指在一定限定条件下，按既定目标对网络计划进行持续改进，以寻求满意方案的过程。

根据优化目标不同，网络计划的优化可分为工期优化、费用优化、资源优化三种。

一、工期优化

网络计划的计算工期不满足要求工期时，通过压缩关键工作的持续时间以满足要求工期目标的过程。

（1）基本方法：在不改变工作之间逻辑关系的前提下，通过压缩关键工作的持续时间。

（2）按照经济合理的原则，不能将关键工作压缩成非关键工作。

（3）当工期优化过程中出现多条关键线路时，必须将各条关键线路的总持续时间压缩相同数值，否则，不能有效地缩短工期。（关键线路齐头并退）

（4）选择应缩短持续时间的关键工作。选择压缩对象时宜在关键工作中考虑下列因素：

1）缩短持续时间对质量和安全影响不大的工作。

2）有充足备用资源的工作。

3）缩短持续时间所需增加的费用最少的工作。

二、费用优化

费用优化又称工期成本优化，是指寻求工程总成本最低时的工期安排，或按要求工期寻求最低成本的计划安排的过程。

（一）费用与时间的关系

工程费用与工期的关系为：

工程总费用由直接费和间接费组成。直接费会随着工期的缩短而增加，间接费一般会随着工期的缩短而减少。

（二）费用优化方法

费用优化的基本思路：不断地在网络计划中找出直接费用率（或组合直接费用率）最小的关键工作，缩短其持续时间，同时考虑间接费随工期缩短而减少的数值，最后求得工程总成本最低时的最优工期安排或按要求工期求得最低成本的计划安排。

（三）资源优化

资源优化的目的：通过改变工作的开始时间和完成时间，使资源按照时间的分布符合优化目标。

两种优化：

(1)“资源有限，工期最短”的优化。

(2)“工期固定，资源均衡”的优化。

➤ **考分统计**：统计近 10 年本知识点，在 2012、2013、2016、2017、2018、2020 年分别考核一道单选题，2021 年考核一道单选题、一道多选题，考核频次为 70%。

典型例题

[2021 真题·单选] 工程项目网络计划的费用优化是寻求工程总成本最低时的工期安排或按要求工期寻求最低成本的计划安排的过程，该优化过程通常假定工作的直接费与其持续时间之间的关系可被近似地认为是（　　）。

A. 一条平行于横坐标的直线　　B. 一条下降的直线

C. 一条上升的直线　　D. 一条上凸的曲线

[解析] 直接费与持续时间的关系如下图所示。

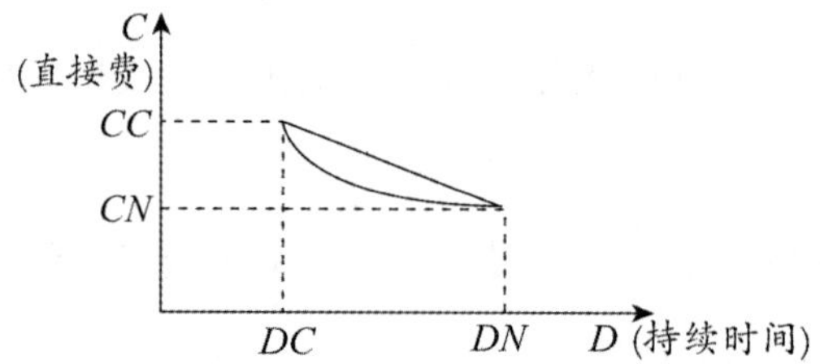

图中，DN——工作的正常持续时间；CN——按正常持续时间完成工作时所需的直接费；DC——工作的最短持续时间；CC——按最短持续时间完成工作时所需的直接费。

[答案] B

[2020 真题·单选] 工程网络计划费用优化中，应将（　　）的关键工作作为压缩持续时间的对象。

A. 直接费用率最小　　B. 持续时间最长　　C. 直接费用率最大　　D. 资源强度最大

[解析] 在压缩关键工作的持续时间以达到缩短工期的目的时，应将直接费用率最小的关键工作作为压缩对象。当有多条关键线路出现而需要同时压缩多个关键工作的持续时间时，应将它们的直接费用率之和（组合直接费用率）最小者作为压缩对象。

[答案] A

［**2018 真题 · 单选**］为缩短工期而采取的进度计划调整方法中，不需要改变网络计划中工作间逻辑关系的是（　　）。

A. 将顺序进行的工作改为平行作业
B. 重新划分施工段组织流水施工
C. 采取措施压缩关键工作持续时间
D. 将顺序进行的工作改为搭接作业

［**解析**］本题考查的是网络计划的优化。网络计划工期优化的基本方法是在不改变网络计划中各项工作之间的逻辑关系的前提下，通过压缩关键工作的持续时间来达到优化的目标。

［**答案**］C

［**2017 真题 · 单选**］工程网络计划资源优化的目的是通过改变（　　），使资源按照时间的分布符合优化目标。

A. 工作间逻辑关系
B. 工作的持续时间
C. 工作的开始时间和完成时间
D. 工作的资源强度

［**解析**］本题考查的是网络计划的优化。资源优化的目的是通过改变工作的开始时间和完成时间，使资源按照时间的分布符合优化目标。

［**答案**］C

［**2013 真题 · 单选**］工程网络计划费用优化的目的是为了寻求（　　）。

A. 工程总成本最低时的最优工期安排
B. 工期固定条件下的工程费用的均衡安排
C. 工程总成本固定条件下的最短工期安排
D. 工期最短条件下的最低工程总成本安排

［**解析**］本题考查的是网络计划的优化。费用优化又称工期成本优化，是指寻求工程总成本最低时的工期安排，或按要求工期寻求最低成本的计划安排的过程。

［**答案**］A

［**2011 真题 · 单选**］在建设工程方案一定的前提下，工程费用会因工期的不同而不同，随着工期的缩短，工期费用的变化趋势是（　　）。

A. 直接费增加，间接费减少
B. 直接费和间接费均增加
C. 直接费减少，间接费增加
D. 直接费和间接费均减少

［**解析**］本题考查的是网络计划的优化。如果施工方案一定，工期不同，直接费也不同。直接费会随着工期的缩短而增加。间接费包括企业经营管理的全部费用，它一般会随着工期的缩短而减少。

［**答案**］A

［**2021 真题 · 多选**］当工程项目网络计划的计算工期不能满足要求工期时，需压缩关键工作的持续时间，此时可选的关键工作有（　　）。

A. 持续时间长的工作
B. 紧后工作较多的工作
C. 对质量和安全影响不大的工作
D. 所需增加的费用最少的工作
E. 有充足备用资源的工作

［**解析**］选择压缩对象时宜在关键工作中考虑下列因素：①缩短持续时间对质量和安全影响不大的工作；②有充足备用资源的工作；③缩短持续时间所需增加的费用最少的工作。

［**答案**］CDE

知识点 9　实际进度与计划进度的比较方法

在工程网络计划执行过程中，常用的进度比较方法有前锋线法和列表比较法。

一、前锋线法

前锋线可以直观地反映出检查日期有关工作实际进度与计划进度之间的关系。对某项工作来说，其实际进度与计划进度之间的关系可能存在以下三种情况：

（1）工作实际进展位置点落在检查日期的左侧，表明该工作实际进度拖后，拖后的时间为二者之差。

（2）工作实际进展位置点与检查日期重合，表明该工作实际进度与计划进度一致。

（3）工作实际进展位置点落在检查日期的右侧，表明该工作实际进度超前，超前的时间为二者之差。

二、列表比较法

采用列表比较法进行实际进度与计划进度的比较，其步骤如下：

（1）对于实际进度检查日期应该进行的工作，根据已经作业的时间，确定其尚需作业时间。

（2）根据原进度计划计算检查日期应该进行的工作从检查日期到原计划最迟完成时尚余时间。

（3）计算工作尚有总时差，其值等于工作从检查日期到原计划最迟完成时间尚余时间与该工作尚需作业时间之差。

（4）比较实际进度与计划进度，可能有以下几种情况：

1）如果工作尚有总时差与原有总时差相等，说明该工作实际进度与计划进度一致。

2）如果工作尚有总时差大于原有总时差，说明该工作实际进度超前，超前的时间为二者之差。

3）如果工作尚有总时差小于原有总时差，且仍为非负值，说明该工作实际进度拖后，拖后的时间为二者之差，但不影响总工期。

4）如果工作尚有总时差小于原有总时差，且为负值，说明该工作实际进度拖后，拖后的时间为二者之差，此时工作实际进度偏差将影响总工期。

➢ **点拨**：对于进度前锋线，管理科目要求会分析，案例科目要求会画。

➢ **考分统计**：统计近 10 年本知识点，在 2015、2017、2018 年进行考核，考核频次为 30%，各年分别考核一道多选题。

典型例题

［**2018 真题·多选**］某工程网络计划执行到第 8 周末检查进度情况见表 3-4-4，下列说法正确的有（　　）。

表 3-4-4　某工程网络计划进度检查情况

工作名称	检查计划时尚需作业周数	到计划最迟完成时尚余周数	原有总时差
H	3	2	1
K	1	2	0
M	4	4	2

A. 工作 H 影响总工期 1 周

B. 工作 K 提前 1 周

C. 工作 K 尚有总时差为零

D. 工作 M 按计划进行

E. 工作 H 尚有总时差 1 周

［**解析**］本题考查的是实际进度与计划进度的比较方法。计算工作尚有总时差，其值等于工作从检查日期到原计划最迟完成时间尚余时间与该工作尚需作业时间之差。工作 K 的尚有总

时差 2－1＝1（周），提前 1 周，故选项 B 正确，选项 C 错误。工作 M 的尚有总时差 4－4＝0（周），原有总时差有 2 周，所以 M 工作拖后 2 周，但是不影响总工期，故选项 D 错误。工作 H 的尚有总时差 2－3＝－1（周），影响总工期 1 周，故选项 A 正确，选项 E 错误。

[答案] AB

[2017 真题·多选] 某工程双代号时标网络计划见图 3-4-14，第 8 周末进行实际进度检查的结果见图 3-4-14 中实际进度前锋线所示，则正确的结论有（　　）。

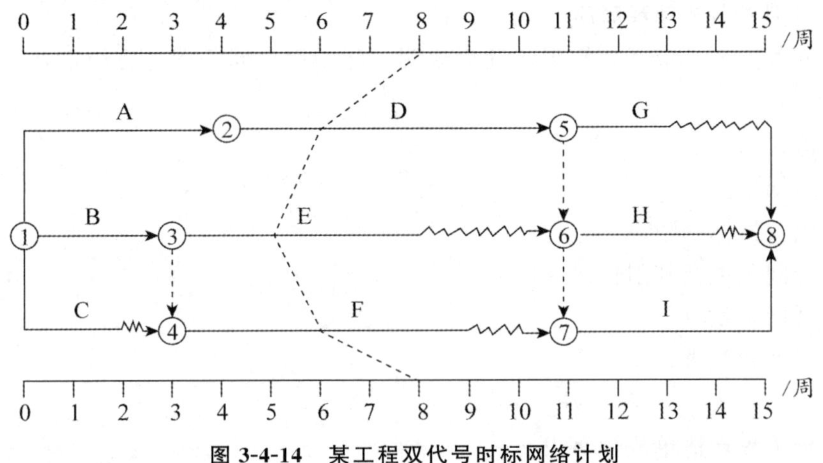

图 3-4-14　某工程双代号时标网络计划

A. 工作 D 拖后 2 周，不影响工期

B. 工作 E 拖后 3 周，不影响工期

C. 工作 F 拖后 2 周，不影响紧后工作

D. 总工期预计会延长 2 周

E. 工作 H 的进度不会受影响

[解析] 本题考查的是实际进度与计划进度的比较方法。工作 D 是关键工作，拖后 2 周，影响工期 2 周。故选项 A 错误。工作 D 拖后 2 周，工作 H 只有 1 周的总时差，会影响 H 工作的进度。故选项 E 错误。

[答案] BCD

第五节　工程项目合同管理

工程项目合同有多种类型，这里主要阐述工程勘察、设计、施工、材料设备采购及工程总承包合同管理。

知识点 1 工程施工合同管理

一、工程施工合同订立

建设单位通过招标等方式确定工程施工单位后，需要通过谈判明确工程施工合同相关内容，就合同各项条款进行协商并取得一致意见。工程施工合同也应采用书面形式约定双方的义务和违约责任，且通常也会参照国家推荐使用的示范文本。

施工合同条款由通用合同条款和专用合同条款两部分组成，同时规定了合同协议书、履约担保和预付款担保的文件格式。

（一）通用合同条款

通用合同条款是以发包人委托监理人管理工程合同的模式设定合同当事人的义务和责任，

区别于由发包人和承包人双方直接进行约定和操作的合同管理模式。

通用合同条款同时适用于单价合同和总价合同。

（二）专用合同条款

专用合同条款是发包人和承包人双方根据工程具体情况对通用合同条款的补充、细化，除通用合同条款中明确专用合同条款可作出不同约定外，补充和细化的内容不得与通用合同条款规定的内容相抵触。

（三）合同文件的优先解释顺序

组成合同的各项文件应互相解释、互为说明。除专用合同条款另有约定外，解释合同文件的优先顺序如下：

（1）合同协议书。

（2）中标通知书。

（3）投标函及投标函附录。

（4）专用合同条款及其附件。

（5）通用合同条款。

（6）技术标准和要求。

（7）图纸。

（8）已标价工程量清单或预算书。

（9）其他合同文件。

二、工程施工合同履行

（一）发包人义务

发包人在合同履行过程中的一般义务包括：

（1）在履行合同过程中应遵守法律，并保证承包人免于承担因发包人违反法律而引起的任何责任。

（2）应委托监理人按合同约定的时间向承包人发出开工通知。

（3）应按专用合同条款的约定向承包人提供施工场地，以及施工场地内地下管线和地下设施等有关资料，并保证资料的真实、准确、完整。

（4）应协助承包人办理法律规定的有关施工证件和批件。

（5）应根据合同进度计划，组织设计单位向承包人进行设计交底。

（6）应按合同约定向承包人及时支付合同价款。

（7）应按合同约定及时组织竣工验收。

（8）应履行合同约定的其他义务。

（二）承包人义务

承包人在合同履行过程中的一般义务包括：

（1）在履行合同过程中应遵守法律，并保证发包人免于承担因承包人违反法律而引起的任何责任。

（2）应按有关法律规定纳税，应缴纳的税金包括在合同价格内。

（3）应按合同约定以及监理人的指示，实施、完成全部工程，并修补工程中的任何缺陷，除专用合同条款另有约定外，承包人应提供为完成合同工作所需的劳务、材料、施工设备、工程设备和其他物品，并按合同约定负责临时设施的设计、建造、运行、维护、管理和

拆除。

(4) 应按合同约定的工作内容和施工进度要求，编制施工组织设计和施工措施计划，并对所有施工作业和施工方法的完备性和安全可靠性负责。

(5) 应按合同约定采取施工安全措施，确保工程及其人员、材料、设备和设施的安全，防止因工程施工造成的人身伤害和财产损失。

(6) 应按合同约定负责施工场地及其周边环境与生态的保护工作。

(7) 在进行合同约定的各项工作时，不得侵害发包人与他人使用公用道路、水源、市政管网等公共设施的权利，避免对邻近的公共设施产生干扰。承包人占用或使用他人的施工场地，影响他人作业或生活的，应承担相应责任。

(8) 应按监理人的指示为他人在施工场地或附近实施与工程有关的其他各项工作提供可能的条件。除合同另有约定外，提供有关条件的内容和可能发生的费用，由监理人按合同约定商定或确定。

(9) 工程接收证书颁发前，承包人应负责照管和维护工程。工程接收证书颁发时尚有部分未竣工工程的，承包人还应负责该未竣工工程的照管和维护工作，直至竣工后移交给发包人为止。

(10) 应履行合同约定的其他义务。

(三) 违约情形

1. 发包人违约情形

在合同履行中发生的下列情形，属发包人违约：

(1) 发包人未能按合同约定支付预付款或合同价款，或拖延、拒绝批准付款申请和支付凭证，导致付款延误的。

(2) 发包人原因造成停工的。

(3) 监理人无正当理由没有在预定期限内发出复工指示，导致承包人无法复工的。

(4) 发包人无法继续履行或明确表示不履行或实质上已停止履行合同的。

(5) 发包人不履行合同约定其他义务的。

2. 承包人违约情形

在合同履行中发生下列情形时，属承包人违约：

(1) 承包人违反合同约定，私自将合同的全部或部分权利转让给其他人，或私自将合同的全部或部分义务转移给其他人。

(2) 承包人违反合同约定，未经监理人批准，私自将已按合同约定进入施工场地的施工设备、临时设施或材料撤离施工场地。

(3) 承包人违反合同约定，使用了不合格材料或工程设备，工程质量达不到标准要求，又拒绝清除不合格工程。

(4) 承包人未能按合同进度计划及时完成合同约定的工作，已造成或预期造成工期延误。

(5) 承包人在缺陷责任期内，未能对工程接收证书所列的缺陷清单内容或缺陷责任期内发生的缺陷进行修复，而又拒绝按监理人指示再进行修补。

(6) 承包人无法继续履行或明确表示不履行或实质上已停止履行合同。

(7) 承包人不按合同约定履行义务的其他情形。

（四）工程施工合同法律解释

为更好地审理建设工程施工合同纠纷案件，最高人民法院审判委员会于2020年12月25日通过了新的《最高人民法院关于审理建设工程施工合同纠纷案件适用法律问题的解释（一）》（法释〔2020〕25号），自2021年1月1日起施行。其中有很多条款与工程造价管理密切相关。

1. 开工日期争议解决

当事人对建设工程开工日期有争议的，人民法院应当分别按照以下情形予以认定：

（1）开工日期为发包人或者监理人发出的开工通知载明的开工日期；开工通知发出后，尚不具备开工条件的，以开工条件具备的时间为开工日期；因承包人原因导致开工时间推迟的，以开工通知载明的时间为开工日期。

（2）承包人经发包人同意已经实际进场施工的，以实际进场施工时间为开工日期。

（3）发包人或者监理人未发出开工通知，亦无相关证据证明实际开工日期的，应当综合考虑开工报告、合同、施工许可证、竣工验收报告或者竣工验收备案表等载明的时间，并结合是否具备开工条件的事实，认定开工日期。

2. 实际竣工日期争议解决

当事人对建设工程实际竣工日期有争议的，人民法院应当按照以下情形予以认定：

（1）建设工程经竣工验收合格的，以竣工验收合格之日为竣工日期。

（2）承包人已经提交竣工验收报告，发包人拖延验收的，以承包人提交验收报告之日为竣工日期。

（3）建设工程未经竣工验收，发包人擅自使用的，以转移占有建设工程之日为竣工日期。

3. 工程价款利息争议解决

当事人对欠付工程价款利息计付标准有约定的，按照约定处理。没有约定的，按照同期同类贷款利率或者同期贷款市场报价利率计息。

利息从应付工程价款之日开始计付。当事人对付款时间没有约定或者约定不明的，下列时间视为应付款时间：

（1）建设工程已实际交付的，为交付之日。

（2）建设工程没有交付的，为提交竣工结算文件之日。

（3）建设工程未交付，工程价款也未结算的，为当事人起诉之日。

4. 无效合同的价款结算争议解决

当事人就同一建设工程订立的数份建设工程施工合同均无效，但建设工程质量合格，一方当事人请求参照实际履行的合同关于工程价款的约定折价补偿承包人的，人民法院应予支持。

典型例题

［**2020真题·单选**］某工程项目完工后，承包商于2019年8月8日向业主方提交了竣工验收报告。业主方为尽早投入使用，在未组织竣工验收的情况下于2019年9月1日开始使用该工程。后经承包商再三催促，业主方于2019年11月12日进行竣工验收，2019年11月13日参与工程竣工验收的各方签署了竣工验收合格意见。该工程实际竣工日期应为2019年（　　）。

A. 8月8日　　B. 9月1日

C. 11月12日　　D. 11月13日

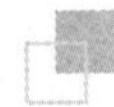

［解析］当事人对建设工程实际竣工日期有争议的，按照以下情形分别处理：①建设工程经竣工验收合格的，以竣工验收合格之日为竣工日期；②承包人已经提交竣工验收报告，发包人拖延验收的，以承包人提交验收报告之日为竣工日期；③建设工程未经竣工验收，发包人擅自使用的，以转移占有建设工程之日为竣工日期。

［答案］B

［例题 1·单选］根据《标准施工招标文件》的规定，施工合同条款由（　　）组成。

A. 合同协议书、履约担保和预付款担保

B. 合同协议书、通用合同条款和专用合同条款

C. 通用合同条款和专用合同条款

D. 合同协议书、通用合同条款、专用合同条款和履约担保

［解析］《标准施工招标文件》规定，施工合同条款由通用合同条款和专用合同条款两部分组成，同时规定了合同协议书、履约担保和预付款担保的文件格式。

［答案］C

［例题 2·多选］当事人对建设工程开工日期有争议的，根据工程施工合同法律解释相关规定，人民法院认定开工日期的正确依据有（　　）。

A. 开工日期为发包人或者监理人发出的开工通知载明的开工日期

B. 开工通知发出后，尚不具备开工条件的，以开工条件具备的时间为开工日期

C. 承包人经发包人同意已经实际进场施工的，以实际进场施工时间为开工日期

D. 因发包人原因导致开工时间推迟的，以开工通知载明的时间为开工日期

E. 承包人未经发包人同意提前进场施工的，以实际进场施工时间为开工日期

［解析］开工日期争议解决。当事人对建设工程开工日期有争议的，人民法院应当分别按照以下情形予以认定：①开工日期为发包人或者监理人发出的开工通知载明的开工日期；开工通知发出后，尚不具备开工条件的，以开工条件具备的时间为开工日期；因承包人原因导致开工时间推迟的，以开工通知载明的时间为开工日期。②承包人经发包人同意已经实际进场施工的，以实际进场施工时间为开工日期。③发包人或者监理人未发出开工通知，亦无相关证据证明实际开工日期的，应当综合考虑开工报告、合同、施工许可证、竣工验收报告或者竣工验收备案表等载明的时间，并结合是否具备开工条件的事实，认定开工日期。

［答案］ABC

知识点 2　材料设备采购合同管理

材料设备采购合同管理见表 3-5-1。

表 3-5-1 材料设备采购合同管理

合同类型	发包人违约	相对人（承包人）违约
材料采购合同	买方未能按合同约定支付合同价款的，应向卖方支付延迟付款违约金 除专用合同条款另有约定外，迟延付款违约金的计算方法如下： 延迟付款违约金＝延迟付款金额×0.08%×延迟付款天数 迟延付款违约金的总额不得超过合同价格的10%	卖方未能按时交付合同材料的，应向买方支付迟延交货违约金。卖方支付迟延交付违约金，不能免除其继续交付合同材料的义务 除专用合同条款另有约定外，迟延交付违约金计算方法如下： 延迟交付违约金＝延迟交付材料金额×0.08%×延迟交货天数 迟延交付违约金的最高限额为合同价格的10%
设备采购合同	买方未能按合同约定支付合同价款的，应向卖方支付延迟付款违约金 除专用合同条款另有约定外，迟延付款违约金的计算方法如下： (1) 从迟付的第一周到第四周，每周迟延付款违约金为迟延付款金额的0.5% (2) 从迟付的第五周到第八周，每周迟延付款违约金为迟延付款金额的1% (3) 从迟付第九周起，每周迟延付款违约金为迟延付款金额的1.5% 在计算迟延付款违约金时，迟付不足一周的按一周计算。迟延付款违约金的总额不得超过合同价格的10%	卖方未能按时交付合同设备（包括仅迟延交付技术资料但足以导致合同设备安装、调试、考核、验收工作推迟的）的，应向买方支付迟延交付违约金 除专用合同条款另有约定外，迟延付款违约金的计算方法如下： (1) 从迟交的第一周到第四周，每周迟延交付违约金为迟交合同设备价格的0.5% (2) 从迟交的第五周到第八周，每周迟延交付违约金为迟交合同设备价格的1% (3) 从迟交第九周起，每周迟延交付违约金为迟交合同设备价格的1.5% 在计算迟延交付违约金时，迟交不足一周的按一周计算。迟延交付违约金的总额不得超过合同价格的10%

知识点 3 工程总承包合同管理

一、工程总承包合同订立

根据国家发改委等九部委联合发布的《标准设计施工总承包招标文件》（2012 年版）中的合同条款及格式，设计施工总承包合同条款由通用合同条款和专用合同条款两部分组成，同时规定了合同协议书、履约担保和预付款担保的文件格式。

（一）通用合同条款

通用合同条款包括：一般约定；发包人义务；监理人；承包人；设计；材料和工程设备；施工设备和临时设施；交通运输；测量放线；安全、治安保卫和环境保护；开始工作和竣工；暂停工作；工程质量；试验和检验；变更；价格调整；合同价格与支付；竣工试验和竣工验收；缺陷责任与保修责任；保险；不可抗力；违约；索赔；争议解决共计 24 个方面。

（二）专用合同条款

专用合同条款是合同双方当事人根据不同工程的具体情况，通过谈判、协商对相应通用条款的约定细化、完善、补充、修改或另行约定的条款。

（三）合同文件解释顺序

合同协议书与下列文件一起构成合同文件：

（1）中标通知书。

（2）投标函及投标函附录。

（3）专用合同条款。

（4）通用合同条款。

（5）发包人要求。

（6）价格清单。

（7）承包人建议。

（8）其他合同文件。

上述文件互相补充和解释，如有不明确或不一致之处，以合同约定次序在先者为准。

二、工程总承包合同履行

（一）发包人义务

发包人应履行的一般义务如下：

（1）遵守法律。

（2）发出承包人开始工作通知。符合专用合同条款约定的开始工作条件的，发包人应委托监理人提前7天向承包人发出开始工作通知。工期自开始工作通知中载明的开始工作日期起计算。

（3）提供施工场地。

发包人应按专用合同条款约定向承包人提供施工场地及进场施工条件，并明确与承包人的交接界面。

（4）办理证件和批件。

（5）支付合同价款。

（6）组织竣工验收。

（7）其他义务。

（二）承包人义务

承包人应履行的一般义务如下：

（1）遵守法律。

（2）依法纳税。

（3）完成各项承包工作。

（4）对设计、施工作业和施工方法，以及工程的完备性负责。

（5）保证工程施工和人员的安全。

（6）负责施工场地及其周边环境与生态的保护工作。

（7）避免施工对公众与他人的利益造成损害。

（8）为他人提供方便。承包人应按监理人的指示为他人在施工场地或附近实施与工程有关的其他各项工作提供可能的条件。除合同另有约定外，提供有关条件的内容和可能发生的费用，由监理人商定或确定。

（9）工程的维护和照管。工程接收证书颁发前，承包人应负责照管和维护工程。工程接收证书颁发时尚有部分未竣工工程的，承包人还应负责该未竣工工程的照管和维护工作，直至竣工后移交给发包人。

（10）其他义务。

（三）违约情形

1. 发包人违约情形

在合同履行中发生下列情形时，属发包人违约：

（1）发包人未能按合同约定支付价款，或拖延、拒绝批准付款申请和支付凭证，导致付款延误。

（2）发包人原因造成停工。

（3）监理人无正当理由没有在约定期限内发出复工指示，导致承包人无法复工。

（4）发包人无法继续履行或明确表示不履行或实质上已停止履行合同。

（5）发包人不履行合同约定其他义务。

2. 承包人违约情形

在履行合同过程中发生下列情形之一的，属承包人违约：

（1）承包人的设计、承包人文件、实施和竣工的工程不符合法律以及合同约定。

（2）承包人违反合同约定，私自将合同的全部或部分权利转让给其他人，或私自将合同的全部或部分义务转移给其他人。

（3）承包人违反合同约定，未经监理人批准，私自将已按合同约定进入施工场地的施工设备、临时设施或材料撤离施工场地。

（4）承包人违反合同约定使用了不合格材料或工程设备，工程质量达不到标准要求，又拒绝清除不合格工程。

（5）承包人未能按合同进度计划及时完成合同约定的工作，造成工期延误。

（6）由于承包人原因未能通过竣工试验或竣工后试验的。

（7）承包人在缺陷责任期内，未能对工程接收证书所列的缺陷清单的内容或缺陷责任期内发生的缺陷进行修复，而又拒绝按监理人指示再进行修补。

（8）承包人无法继续履行或明确表示不履行或实质上已停止履行合同。

（9）承包人不按合同约定履行义务的其他情况。

典型例题

［**2019 真题·单选**］根据《标准设计施工总承包招标文件》（2012 年版），合同文件包括下列内容：①发包人要求；②中标通知书；③承包人建议。仅就上述三项内容而言，合同文件优先解释顺序为（　　）。

A. ①②③　　B. ②①③　　C. ③①②　　D. ③②①

［**解析**］合同文件解释顺序：①中标通知书；②投标函及投标函附录；③专用合同条款；④通用合同条款；⑤发包人要求；⑥价格清单；⑦承包人建议；⑧其他合同文件。

［**答案**］B

［**2021 真题·多选**］根据《标准设计施工总承包招标文件》，下列情形中，属于发包人违约的有（　　）。

A. 发包人拖延批准付款申请

B. 设计图纸不符合合同约定

C. 监理人无正当理由未在约定期限内发出复工通知

D. 恶劣气候原因造成停工

E. 在工程接收证书颁发前，未对工程照管和维护

［**解析**］在合同履行中发生下列情形的，属发包人违约：①发包人未能按合同约定支付价款，或拖延、拒绝批准付款申请和支付凭证，导致付款延误；②发包人原因造成停工；③监理人无正当理由没有在约定期限内发出复工指示，导致承包人无法复工；④发包人无法继续履行或明确表示不履行或实质上已停止履行合同；⑤发包人不履行合同约定其他义务。

[答案] AC

[典型例题·多选] 根据《标准设计施工总承包招标文件》(2012 年版),属于发包人义务的有( )。

A. 提供施工场地
B. 保证工程施工和人员的安全
C. 负责周边环境与生态的保护工作
D. 组织竣工验收
E. 办理证件和批件

[解析] 选项 A、D、E 是发包人应履行的一般义务;选项 B、C 是承包人应履行的一般义务。

[答案] ADE

第六节 工程项目信息管理

知识点 1 工程项目信息管理实施模式及策略

一、工程项目信息管理实施模式

工程项目信息管理实施模式主要有三种,即自行开发、直接购买和租用服务。

三种实施模式的特点比较见表 3-6-1。

表 3-6-1 工程项目信息管理实施模式的特点比较

实施模式	自行开发	直接购买	租用服务
优点	对项目的针对性最强 安全性和可靠性最好	对项目的针对性较强 安全性和可靠性较好	实施费用最低 实施周期最短 维护工作量最小
缺点	开发费用最高 实施周期最长 维护工作量较大	购买费用较高 维护费用较高	对项目的针对性较差 安全性和可靠性较差
适用范围	大型工程项目 复杂性程度高的工程项目 对系统要求高的工程项目	大型工程项目	中小型工程项目 复杂性程度低的工程项目 对系统要求低的工程项目

二、工程项目信息管理实施策略

(1) 强化建设单位作用,强调全员参与。

建设单位是工程项目信息管理的关键。同时,信息交流是一个双向或多向过程,只有强调全员参与,才能使信息交流顺畅,产生应有效果。

(2) 编制信息管理手册,建立健全信息管理制度。

(3) 明确信息管理工作流程,充分利用信息资源。

(4) 建立基于网络的信息平台,实现工程项目协同管理。

知识点 2 基于互联网的工程项目信息平台

随着信息技术快速发展和项目管理需求不断提高,人们对项目信息管理和沟通提出了更高要求,主要体现在:

(1) 工程参建各方能在各个阶段随时随地获得工程项目各种信息。

（2）能够用虚拟现实的工程项目模型指导工程项目决策、设计与施工全过程。

（3）减少距离影响，使项目管理者之间沟通时有同处一地的感觉。

（4）对信息的产生、保存及传播能够得到有效管理。

基于互联网的工程项目信息平台能够在一定程度上解决上述问题。随着物联网、大数据、人工智能等现代信息技术的快速发展和广泛应用，信息技术在工程项目管理中将会发挥更大作用。

典型例题

［**2019 真题·单选**］保证工程项目管理信息系统正常运行的基础是（　　）。

A. 结构化数据

B. 信息管理制度

C. 计算机网络环境

D. 非结构化数据

［**解析**］信息管理制度是工程项目管理信息系统得以正常运行的基础。

［**答案**］B

同步强化训练

一、单项选择题（每题的备选项中，只有 1 个最符合题意）

1. 下列选项中，属于分项工程的是（　　）。

A. 铝合金结构工程

B. 模板工程

C. 屋面工程

D. 砌体结构工程

2. 建设单位办理质量监督注册手续时需提供的资料不包括（　　）。

A. 施工图设计文件审查报告和批准书

B. 中标通知书和施工、监理合同

C. 建设单位、施工单位和监理单位工程项目的负责人和机构组成

D. 施工组织设计和监理大纲

3. 按照工程建设项目发展的内在规律，投资建设一个工程项目都要经过投资决策和建设实施两个发展时期。这两个发展时期又可分为若干个阶段，它们之间（　　）。

A. 次序可以颠倒，但不能交叉

B. 次序不能颠倒，但可以合理交叉

C. 次序不能颠倒，也不能交叉

D. 次序可以颠倒，也可以交叉

4. 根据《国务院关于投资体制改革的决定》（国发〔2004〕20 号），下列关于项目投资决策管理制度的说法中，正确的是（　　）。

A. 企业投资建设《政府核准的投资项目目录》中的项目时，需向政府提交项目申请报告和批准项目建议书，不再经过批准可行性研究报告和开工报告的程序

B. 对于《政府核准的投资项目目录》以外的企业投资项目，实行审批制

C. 对于企业不使用政府资金投资建设的项目，一律实行审批制

D. 按规定应实行备案的项目，由企业按照属地原则向地方政府投资主管部门备案

5. 为了适应工程项目大型化、项目大规模融资及分散项目风险等需求，工程项目管理的发展趋势是（　　）。

A. 集成化、网络化、动态化

B. 集成化、网络化、信息化

C. 集成化、国际化、动态化

D. 集成化、国际化、信息化

6. 下列属于建设项目总经理的职权的是（　　）。

A. 负责项目法人的筹建工作

B. 提出项目后评价报告

C. 提出项目开工报告

D. 负责筹措建设资金

7. 建设工程项目实施 CM 承包模式时，代理型合同由（　　）的计价方式签订。

A. 业主与分包商以简单的成本加酬金

B. 业主与分包商以保证最大工程费用加酬金

C. CM 单位与分包商以简单的成本加酬金

D. CM 单位与分包商以保证最大工程费用加酬金

8. 下列发承包模式中，通常需要与工程项目其他组织模式中的某一种结合使用的是（　　）。

A. 联合体承包模式

B. EPC 承包模式

C. 平行承包模式

D. Partnering 模式

9. 下列关于工程项目管理组织机构形式的表述中，正确的是（　　）。

A. 直线制组织机构易于实现统一指挥，各职能部门的职责分明，但信息传递路线长

B. 职能制组织机构中各职能部门能够分别从职能角度对下级进行业务管理

C. 直线职能制组织机构中各职能部门可以直接下达命令，信息传递路线短

D. 矩阵制组织机构实现了集权和分权的最优组合，具有较强的稳定性

10. 下列关于工程项目计划体系的说法中，错误的是（　　）。

A. 工程项目进度平衡表用来明确各种设计文件交付日期、主要设备交货日期、施工单位进场日期、水电及道路接通日期等，以保证工程建设中各个环节相互衔接，确保工程项目按期投产或交付使用

B. 工程项目年度计划的编制依据是建设总进度计划和批准的设计文件

C. 工程项目年度计划表格部分包括年度计划项目表、年度竣工投产交付使用计划表、年度建设资金平衡表和年度设备平衡表

D. 项目管理规划大纲是在开工之前由施工项目经理组织编制并报企业管理层审批的工程项目管理文件

11. 根据《建筑施工组织设计规范》(GB/T 50502—2009)，施工方案应由（　　）负责审批。

A. 建设单位项目负责人

B. 施工单位项目负责人

C. 施工单位法人

D. 项目技术负责人

12. 编制单位工程施工进度计划时，确定工作项目持续时间需要考虑每班工人数量，限定每班工人数量下限的因素是（　　）。

A. 工作项目工程量

B. 最小劳动组合

C. 人工产量定额

D. 最小工作面

13. 用于控制建设工程质量的静态分析方法是（　　）。

A. 香蕉图法和鱼刺图法

B. 排列图法和控制图法

C. 控制图法和责任图法

D. 直方图法和排列图法

14. 下列关于工程项目目标控制方法的表述，正确的是（　　）。

A. 直方图是一种用来寻找影响工程质量主要因素的有效工具

B. 通过因果分析图，可以发现工程项目中的主要质量问题

C. S 曲线与香蕉曲线都可以用来控制工程造价和工程进度

D. 控制图法和直方图法分别属于质量控制的静态和动态分析方法

15. 流水施工的时间参数包括流水节拍、流水步距和流水施工工期等。其中，流水步距的数目取决于（　　）。

A. 流水节拍

B. 施工过程数

C. 施工工期

D. 工艺先后顺序

16. 某房屋建筑的地面工程，分基底垫层、基层、面层和抛光四个工艺过程，按四个分区流水施工，受区域划分和专业人员配置的限制，各工艺过程在四个区域依次施工天数分别为：4、8、6、10，6、12、9、16，4、5、3、4，5、5、4、6，垫层施工完成后需间歇 2 天，第二区域的面层施工时间延误了 3 天，则其流水工期应为（　　）天。

A. 64　　B. 63

C. 66　　D. 68

17. 某分部工程双代号网络计划见图 3-T-1，图中的错误是（　　）。

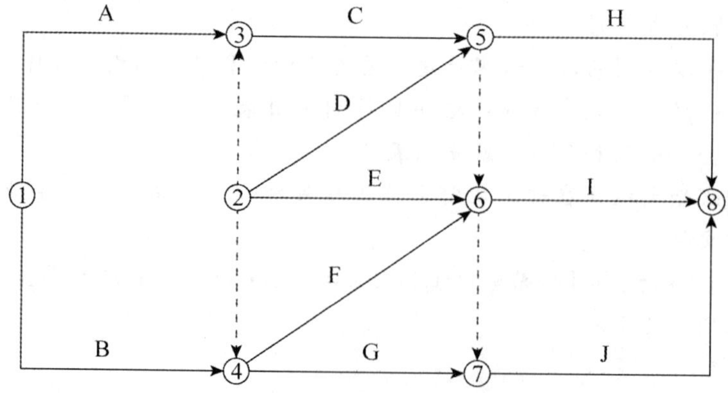

图 3-T-1　某分部工程双代号网络计划

A. 工作代号重复

B. 存在多个终点节点

C. 多个起点节点

D. 存在循环回路

18. A、B工作完成后C工作开始，C工作完成后D、E两项工作开始。已知A、B、C、D、E五项工作持续时间分别为3天、2天、4天、3天、5天，A、B工作最早开始时间分别为8天、12天，D、E工作最迟完成时间分别为25天、26天，则A工作的最迟开始时间应为（　　）天。

A. 11　　　　B. 14

C. 19　　　　D. 17

19. 对某项目进行工作进度检查，发现工作甲落后于进度计划，此时工作甲尚需5周才能完成，而到计划最迟完成时间尚余4周时间，工作甲原有总时差为1周，则工作甲（　　）。

A. 进度拖后1周，影响工期1周

B. 进度拖后1周，但不影响工期

C. 进度拖后2周，影响工期1周

D. 进度拖后2周，但不影响工期

二、多项选择题（每题的备选项中，有2个或2个以上符合题意，至少有1个错项）

1. 工程项目建设程序是由若干阶段组成的，其中，在工程项目的可行性研究阶段应完成以下工作内容（　　）。

A. 进行市场研究，以解决项目建设的必要性问题

B. 经济效益和社会效益的估计

C. 资源情况、建设条件、协作关系等的初步分析

D. 进行工艺技术方案的研究，以解决项目建设的技术可能性问题

E. 进行财务和经济分析，以解决项目建设的合理性问题

2. 根据《国务院关于投资体制改革的决定》的规定，企业投资建设《政府核准的投资项目目录》中的项目时，不再经过批准（　　）的程序。

A. 项目建议书　　　　B. 项目可行性研究报告

C. 项目初步设计　　　　D. 项目施工图设计

E. 项目开工报告

3. PMC模式下，按照工作范围不同，项目管理承包商的风险不同，下列关于项目管理承包商的风险的说法，正确的有（　　）。

A. 项目管理承包商承担部分工程的设计、采购、施工（EPC）工作时，风险最高

B. 项目管理承包商只是管理EPC承包商而不承担任何EPC工作时，风险高，回报低

C. 项目管理承包商只是管理EPC承包商而不承担任何EPC工作时，风险低，回报高

D. 项目管理承包商作为业主顾问，风险低，回报适中

E. 项目管理承包商作为业主顾问，风险接近于零，但回报也低

4. 下列对平行承包模式特点的描述，错误的有（　　）。

A. 有利于业主选择承包商

B. 有利于缩短建设工期

C. 有利于控制工程造价

D. 有利于控制工程质量

E. 有利于发挥高水平承包商的优势

5. 在建设单位的计划体系中，工程项目年度计划的编制依据包括（　　）。

A. 工程项目建设总进度计划　　B. 年度竣工投产交付使用计划

C. 年度劳动力需求计划　　D. 批准的设计文件

E. 技术组织措施计划

6. 下列建设工程项目目标控制方法可用来综合控制工程进度和工程造价的有（　　）。

A. 树枝图法　　B. 网络计划法

C. S 曲线法　　D. 决策树法

E. 香蕉曲线法

7. 建设工程组织非节奏流水施工时，其特点有（　　）。

A. 各专业工作队能够在施工段上连续作业，但有的施工段之间可能有空闲时间

B. 同一施工过程的流水节拍不全相等，从而使专业工作队有时无法连续作业

C. 相邻施工过程的流水步距不全相等，从而使专业工作队数大于施工过程数

D. 虽然在施工段上没有空闲时间，但有的专业工作队有时无法连续作业

E. 各施工过程在各施工段的流水节拍不全相等

8. 下列关于关键工作的说法，正确的有（　　）。

A. 总时差为 0 的工作是关键工作

B. 双代号网络图中，两端节点为关键节点的工作是关键工作

C. 持续时间最长的工作是关键工作

D. 关键工作的实际进度提前或拖后，均会对总工期产生影响

E. 关键线路上的工作称为关键工作

9. 某工程双代号网络计划见图 3-T-2（时间单位：月），图中已标出各项工作的最早开始时间、最迟开始时间及持续时间，则下列说法正确的有（　　）。

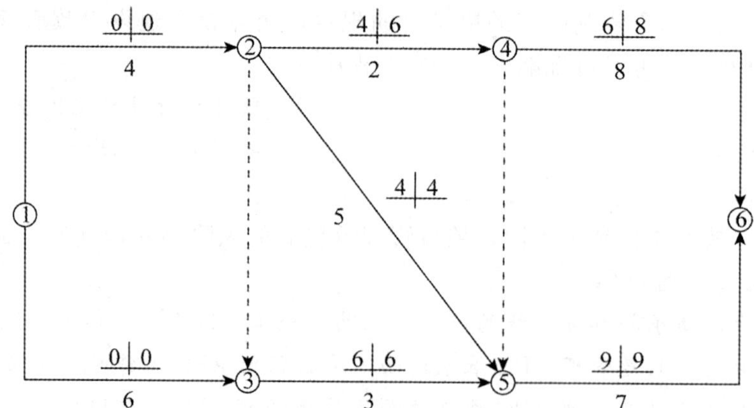

图 3-T-2　某工程双代号网络计划

A. 工作 1—3 的自由时差为零

B. 工作 2—4 的自由时差为 2 个月

C. 工作 2—5 为关键工作

D. 工作 3—5 的总时差为零

E. 工作 4—6 的总时差为 2 个月

参考答案及解析

一、单项选择题

1. [答案] B

[解析] 分项工程是指将分部工程按主要工种、材料、施工工艺、设备类别等划分的工程。例如，土方开挖、土方回填、钢筋、模板、混凝土、砖砌体、木门窗制作与安装、钢结构基础等工程。选项A、D属于子分部工程；选项C属于分部工程。

2. [答案] D

[解析] 本题考查的是工程建设程序。建设单位在领取施工许可证之前应当到规定的工程质量监督机构办理工程质量监督注册手续。办理质量监督注册手续时需提供下列资料：①施工图设计文件审查报告和批准书；②中标通知书和施工、监理合同；③建设单位、施工单位和监理单位工程项目的负责人和机构组成；④施工组织设计和监理规划(监理实施细则)；⑤其他需要的文件资料。

3. [答案] B

[解析] 本题考查的是工程项目建设程序。投资建设一个工程项目都要经过投资决策和建设实施两个发展时期。这两个发展时期又可分为若干个阶段，它们之间存在着严格的先后次序，可以进行合理的交叉，但不能任意颠倒次序。

4. [答案] D

[解析] 企业投资建设《政府核准的投资项目目录》中的项目时，仅需向政府提交项目审批报告，不再经过批准项目建议书、可行性研究报告和开工报告的程序。故选项A错误。对于《政府核准的投资项目目录》以外的企业投资项目，实行备案制。除国家另有规定外，由企业按照属地原则向地方政府投资主管部门备案。故选项B错误。对于企业不使用政府资金投资建设的项目，政府不再进行投资决策性质的审批，区别不同情况实行核准制或登记备案制。故选项C错误。

5. [答案] D

[解析] 为了适应工程项目大型化、项目大规模融资及分散项目风险等需求，工程项目管理呈现出集成化、国际化、信息化趋势。

6. [答案] B

[解析] 项目总经理的职权有：①组织编制项目初步设计文件，对项目工艺流程、设备选型、建设标准、总图布置提出意见，提交董事会审查。②组织工程设计、施工监理、施工队伍和设备材料采购的招标工作，编制和确定招标方案、标底和评标标准，评选和确定投标、中标单位。实行国际招标的项目，按现行规定办理。③编制并组织实施项目年度投资计划、用款计划、建设进度计划。④编制项目财务预、决算。⑤编制并组织实施归还贷款和其他债务计划。⑥组织工程建设实施，负责控制工程投资、工期和质量。⑦在项目建设过程中，在批准的概算范围内对单项工程的设计进行局部调整（凡引起生产性质、能力、产品品种和标准变化的设计调整以及概算调整，需经董事会决定并报原审批单位批准)。⑧根据董事会授权处理项目实施中的重大紧急事件，并及时向董事会报告。⑨负责生产准备工作和培训有关人员。⑩负责组织项目试生产和单项工程预验收。⑪拟订生产经营计划、企业内部机构设置、劳动定员定额方案及工资福利方案。⑫组织项目后评价，提出项目后评价报告。⑬按时向有关部门报送项目建设、生产信息和统计资料。⑭提请董事会聘任或解聘项目高级管理人员。

7. [答案] A

[解析] 本题考查的是工程项目发承包模式。代理型和非代理型的CM合同是有区别的。由于代理型合同是业主与分包商直接签订，所以采用简单的成本加酬金合同形式。而非代理型合同则采用保证最大工程费用(GMP)加酬金的合同形式。这是因为CM合同总价是在CM合同签订之后，随着CM单位与各分包商签约而逐步形成的。只有采用保证最大工程费用，业主才能控制工程总

费用。

8. [答案] D

[解析] Partnering 模式的主要特征包括：①出于自愿；②高层管理的参与；③Partnering 协议不是法律意义上的合同；④信息的开放性。Partnering 模式不是一种独立存在的模式，它通常需要与工程项目其他组织模式中的某一种结合使用，如总分包模式、平行承包模式、CM 承包模式等。

9. [答案] B

[解析] 在直线制组织机构中没有职能部门，故选项 A、C 错误；对于矩阵制组织机构，实现了集权和分权的最优组合，但稳定性差，故选项 D 错误；对于职能制组织机构，就是从职能的角度对项目管理，各职能部门能够分别从职能角度对下级进行业务管理，故选项 B 正确。

10. [答案] D

[解析] 项目管理规划大纲是由企业管理层在投标时编制，项目管理实施规划是在开工之前由施工项目经理组织编制并报企业管理层审批的工程项目管理文件。选项 D 错误。

11. [答案] D

[解析] 施工方案应由项目技术负责人审批，重点、难点分部（分项）工程和专项工程的施工方案应由施工单位技术部门组织相关专家评审，施工单位技术负责人批准。

12. [答案] B

[解析] 最小工作面限定了每班安排人数的上限，而最小劳动组合限定了每班安排人数的下限。

13. [答案] D

[解析] 用于控制质量的方法包括排列图法、因果分析图法、直方图法和控制图法。其中，控制图法是控制建设工程质量的动态分析方法，直方图法和排列图法是控制建设工程质量的静态分析方法。

14. [答案] C

[解析] 排列图是用来寻找影响工程（产品）质量主要因素的一种有效工具。因果分析图是用来寻找某种质量问题产生原因的有效工具。直方图和排列图属于静态分析方法，控制图是动态分析方法。香蕉曲线是两条 S 形曲线的叠加，因此，能控制的目标相同。S 曲线与香蕉曲线都可以用来控制工程造价和工程进度。

15. [答案] B

[解析] 流水步距是指组织流水施工时，相邻两个施工过程相继开始施工的最小间隔时间。流水步距的数目取决于参加流水的施工过程数。如果施工过程数为 n 个，则流水步距的总数为 $n-1$ 个。

16. [答案] C

[解析]（1）各施工过程流水节拍的累加数列为：

垫层：4，12，18，28

基层：6，18，27，43

面层：4，9，12，16

抛光：5，10，14，20

（2）错位相减求得差数列：

垫层与基层：	4，	12，	18，	28	
—）		6，	18，	27，	43
	4，	6，	0，	1，	—43

基层与面层：	6，	18，	27，	43	
—）		4，	9，	12，	16
	6，	14，	18，	31，	—16

面层与抛光：	4，	9，	12，	16	
—）		5，	10，	14，	20
	4，	4，	2，	2，	—20

（3）在差数列中取最大值求得流水步距：垫层与基层的流水步距：K_1＝max［4，6，0，1，—43］＝6（天）。基层与面层的流水步距：K_2＝max［6，14，18，31，—16］＝31（天）。面层与抛光的流水步距：K_3＝max［4，4，2，2，—20］＝4（天）。

（4）施工工期 $T=\sum K+\sum t_n+\sum G+\sum Z$ ＝（6＋31＋4）＋（5＋5＋4＋6）＋2＋3＝66（天）。

17. [答案] C
[解析] 本题考查的是网络图的绘制。本网络中出现的错误是有多个起点节点，分别是节点1、2。

18. [答案] B
[解析] 已知D、E工作最迟完成时间分别为25天、26天，A、B、C、D、E五项工作持续时间分别为3天、2天、4天、3天、5天，则D、E工作的最迟开始时间分别为22天、21天，所以C工作的最迟完成时间为21天，则C工作的最迟开始时间为17天，计算得A、B最迟完成时间均为17天，所以A工作的最迟开始时间为14天。

19. [答案] C
[解析] 甲工作尚有总时差小于原有总时差，且为负值，说明该工作实际进度拖后，拖后的时间为二者之差（2周），此时工作实际进度偏差将影响总工期1周（即尚有总时差−1周）。

二、多项选择题

1. [答案] ADE
[解析] 本题容易将可行性研究阶段的工作内容与项目建议书的内容混淆。可行性研究是对工程项目在技术上是否可行和经济上是否合理进行科学的分析和论证。可行性研究应完成以下工作内容：①进行市场研究，以解决项目建设的必要性问题；②进行工艺技术方案的研究，以解决项目建设的技术可行性问题；③进行财务和经济分析，以解决项目建设的经济合理性问题。未通过可行性研究的项目，不得进行下一步工作。

2. [答案] ABE
[解析] 企业投资建设《政府核准的投资项目目录》中的项目时，仅需向政府提交项目申请报告，不再经过批准项目建议书、可行性研究报告和开工报告的程序。

3. [答案] AE
[解析] 按照工作范围不同，项目管理承包（PMC）可分为三种类型：①项目管理承包商代表业主进行项目管理，同时还承担部分工程的设计、采购、施工（EPC）工作。这对项目管理承包商而言，风险高，相应的利润、回报也较高。②项目管理承包商作为业主项目管理的延伸。这对项目管理承包商而言，风险和回报均较低。③项目管理承包商作为业主顾问，对项目进行监督和检查，并及时向业主报告工程进展情况。这对项目管理承包商而言，风险最低，接近于零，但回报也低。

4. [答案] CE
[解析] 采用平行承包模式的特点包括：①有利于业主择优选择承包商；②有利于控制工程质量；③有利于缩短建设工期；④组织管理和协调工作量大；⑤工程造价控制难度大；⑥相对于总承包模式而言，平行承包模式不利于发挥那些技术水平高、综合管理能力强的承包商的综合优势。

5. [答案] AD
[解析] 工程项目年度计划是依据工程项目建设总进度计划（选项A）和批准的设计文件（选项D）进行编制的。该计划既要满足工程项目建设总进度计划的要求，又要与当年可能获得的资金、设备、材料、施工力量相适应。

6. [答案] CE
[解析] S曲线法和香蕉曲线法是可用来综合控制工程进度和工程造价的方法。

7. [答案] AE
[解析] 非节奏流水施工的特点包括：①各施工过程在各施工段的流水节拍不全相等；②相邻施工过程的流水步距不尽相等；③专业工作队数等于施工过程数；④各专业工作队能够在施工段上连续作业，但有的施工段之间可能有空闲时间。

8. [答案] DE
[解析] 在关键线路法中，线路上所有工作的持续时间总和称为该线路的总持续时间。总持续时间最长的线路称为关键线路，关键线路的长度就是网络计划的总工期。在网络计划中，关键线路可能不止一条。而且在网

络计划执行过程中，关键线路还会发生转移。关键线路上的工作称为关键工作。在网络计划的实施过程中，关键工作的实际进度提前或拖后，均会对总工期产生影响。

9. ［**答案**］ACDE

［**解析**］采用节点法计算时间参数时，工作的总时差等于该工作完成节点的最迟时间减去该工作开始节点的最早时间所得差值再减去其持续时间。工作的自由时差等于该工作完成节点的最早时间减去该工作开始节点的最早时间所得差值再减去其持续时间。在双代号网络计划中，关键线路上的节点称为关键节点。关键工作两端的节点必为关键节点，但两端为关键节点的工作不一定是关键工作。关键节点的最迟时间与最早时间的差值最小。特别是，当网络计划的计划工期等于计算工期时，关键节点的最早时间与最迟时间必然相等。由该网络图可以看出其关键线路有两条，即①—②—⑤—⑥和①—③—⑤—⑥。该关键线路总工期为16个月。工作①—③的自由时差＝6－6－0＝0；工作②—④的自由时差＝6－4－2＝0；工作③—⑤的总时差＝9－3－6＝0；工作④—⑥的总时差＝16－8－6＝2（月）。

第四章　工程经济

工程经济是一级造价工程师独有的一章，一级造价工程师作为造价管理者的职业定位，在未来执业过程中可能需要参与到项目的决策中，为决策的结果提供相应的依据。因此，作为一级造价工程师必须了解一些关于经济的基础理论。本章内容主要包括资金的时间价值和计算、投资方案经济效果评价、价值工程以及工程寿命周期成本分析的内容。这部分内容中的一些概念相对比较抽象，同时会涉及到一些计算的问题，同时这部分内容与案例科目联系紧密，属于案例科目考试必须涉及的内容，因此属于重点章节。这部分的内容搞懂很容易拿分，但不可完全靠死记硬背，应对不了复杂的试题，因此需要大家在理解的基础上去学习。本章考查分值在 18 分左右，属于重点章节。

知识脉络

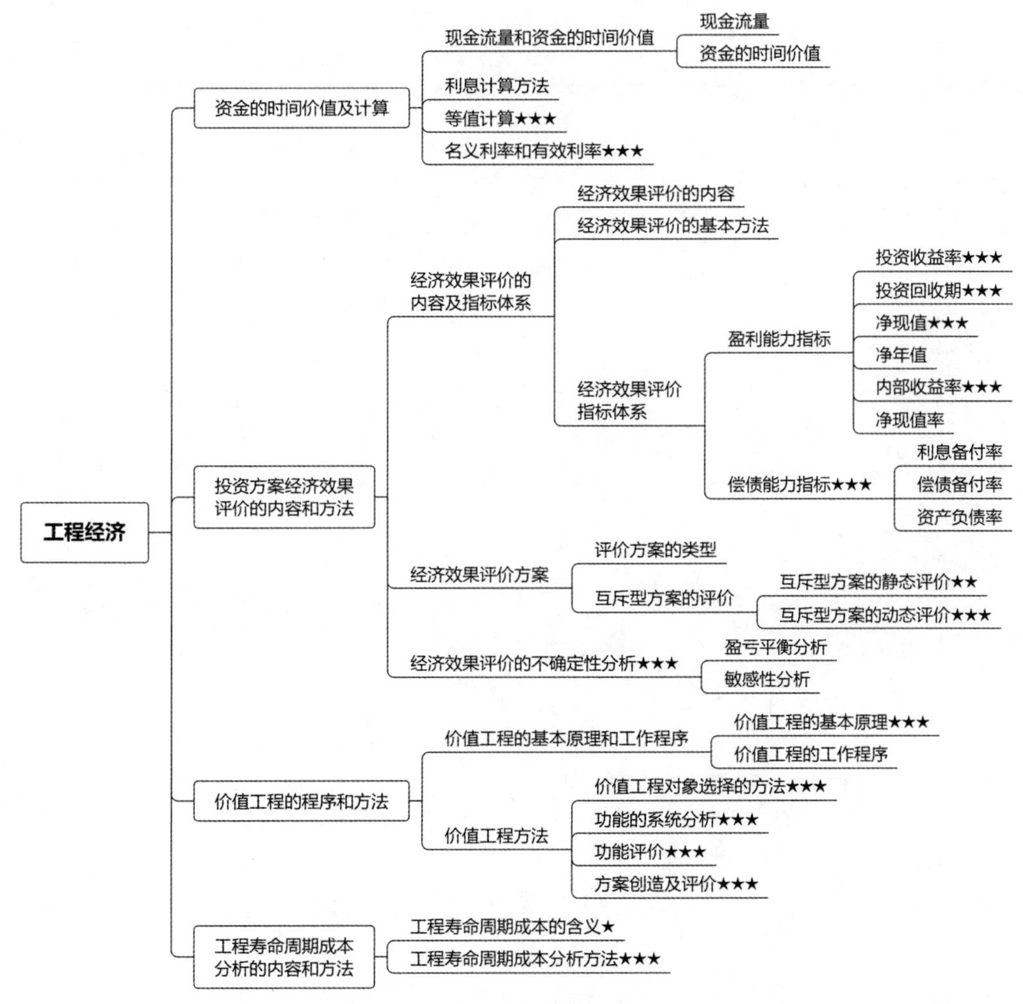

考情分析

近四年真题分值分布统计表

（单位：分）

节序	节名	2021 年		2020 年		2019 年		2018 年	
		单选	多选	单选	多选	单选	多选	单选	多选
第一节	资金的时间价值及其计算	3	2	3	0	2	2	2	0
第二节	投资方案经济效果评价的内容和方法	4	2	4	4	3	2	4	4
第三节	价值工程的程序和方法	2	2	4	2	3	2	4	2
第四节	工程寿命周期成本分析的内容和方法	1	0	1	2	1	0	2	0
小结		10	6	12	8	9	6	12	6
		16		20		15		18	

第一节 资金的时间价值及其计算

知识点 1 现金流量

一、现金流量的含义

（1）现金流入：在某一时点 t 流入系统的资金称为现金流入，记为 CI_t。

（2）现金流出：流出系统的资金称为现金流出，记为 CO_t。

（3）净现金流量：同一时点上的现金流入与现金流出的代数和称为净现金流量，记为 NCF 或 $(CI-CO)_t$。

现金流入量、现金流出量、净现金流量统称为现金流量。

二、现金流量图

现金流量图是一种反映经济系统资金运动状态的图式，运用现金流量图可以全面、形象、直观地表示现金流量的三要素：大小（资金数额）、方向（资金流入或流出）和作用点（资金流入或流出的时间点）。见图 4-1-1。

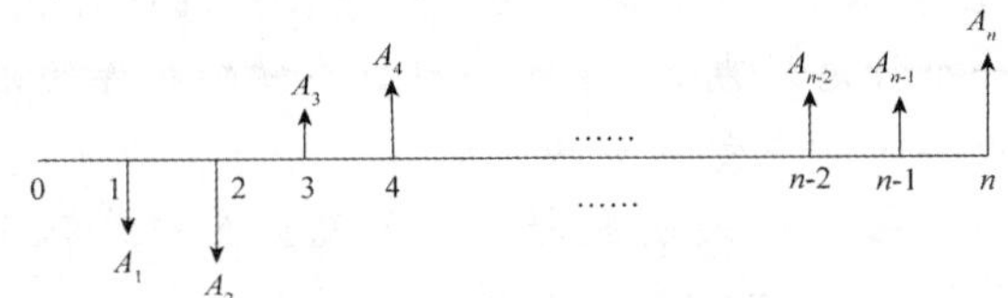

图 4-1-1 现金流量图

现金流量图绘制规则如下：

（1）横轴为时间轴，0 表示时间序列的起点，n 表示时间序列的终点。轴上每一间隔表示一个时间单位（计息周期），一般可取年、半年、季或月等。整个横轴表示系统的寿命周期。

（2）与时间轴相连的垂直箭线代表不同时点的现金流入或现金流出。在时间轴上方的箭线表示现金流入；在时间轴下方的箭线表示现金流出。

（3）垂直箭线的长度要能适当体现各时点现金流量的大小，并在各箭线上方或下方注明现金流量的数值。

（4）垂直箭线与时间轴的交点为现金流量发生的时点（作用点）。时点既表示与之相连的前一时间单位的终点，又表示后一时间单位的起点。

➢ **考分统计**：统计近 10 年本知识点，在 2020 年考核一道单选题，2021 年考核一道单选题，一道多选题，考核频次为 20%。

典型例题

［**2021 真题·单选**］某建设单位从银行获得一笔建设贷款，建设单位和银行分别绘制现金流量图时，该笔贷款表示为（　　）。

A. 建设单位现金流量图时间轴的上方箭线，银行现金流量图时间轴的上方箭线

B. 建设单位现金流量图时间轴的下方箭线，银行现金流量图时间轴的下方箭线

C. 建设单位现金流量图时间轴的上方箭线，银行现金流量图时间轴的下方箭线

D. 建设单位现金流量图时间轴的下方箭线，银行现金流量图时间轴的上方箭线

［**解析**］与时间轴相连的垂直箭线代表不同时点的现金流入或现金流出。在时间轴上方的箭线表示现金流入；在时间轴下方的箭线表示现金流出。

[答案] C

[2020 真题·单选] 现金流量图中表示现金流量的三要素是（　　）。

A. 利率、利息、净现值　　B. 时长、方向、作用点

C. 现值、终值、计算期　　D. 大小、方向、作用点

[解析] 现金流量图是一种反映经济系统资金运动状态的图式，运用现金流量图可以形象、直观地表示现金流量的三要素：大小（资金数额）、方向（资金流入或流出）和作用点（资金流入或流出的时间点）。

[答案] D

[2021 真题·多选] 现金流量图的要素有（　　）。

A. 大小　　B. 方向　　C. 来源　　D. 作用点

E. 时间价值

[解析] 现金流量图是一种反映经济系统资金运动状态的图式，运用现金流量图可以形象、直观地表示现金流量的三要素：大小（资金数额）、方向（资金流入或流出）和作用点（资金流入或流出的时间点）。

[答案] ABD

[2011 真题·多选] 关于现金流量图绘制规则的说法，正确的有（　　）。

A. 横轴为时间轴，整个横轴表示经济系统寿命期　　B. 横轴上的起点表示时间序列第一期期末

C. 横轴上每一间隔代表一个计息周期　　D. 与横轴相连的垂直箭线代表现金流量

E. 垂直箭线的长短应体现各时点现金流量的大小

[解析] 本题考查的是现金流量图的绘制规则。现金流量图的绘制规则如下：①横轴为时间轴，零表示时间序列的起点，n 表示时间序列的终点。轴上每一间隔代表一个时间单位（计息周期），可取年、半年、季或月等。整个横轴表示的是所考察的经济系统的寿命期。②与横轴相连的垂直箭线代表不同时点的现金流入或现金流出。在横轴上方的箭线表示现金流入（收益）；在横轴下方的箭线表示现金流出（费用）。③垂直箭线的长短要能适当体现各时点现金流量的大小，并在各箭线上方（或下方）注明其现金流量的数值。④垂直箭线与时间轴的交点即为现金流量发生的时点。因此，选项 A、C、D、E 正确。

[答案] ACDE

知识点 2 资金的时间价值

一、资金时间价值的含义

资金在运动中，其数量会随着时间的推移而变动，变动的这部分资金就是原有资金的时间价值。

二、利息和利率

用利息作为衡量资金时间价值的绝对尺度；用利率作为衡量资金时间价值的相对尺度。

（1）利息。在资金借贷过程中，债务人偿付给债权人的资金总额中超过原借款本金的部分就是利息。即：

$$I=F-P$$

式中，P——本金（现值）；F——本利和（终值）。

在工程经济分析中，利息常常被看成是资金的一种机会成本，是占用资金所付的代价或者是放弃现期消费所得的补偿。

（2）利率。利率是指在单位时间内（如年、半年、季、月、周、日等）所得利息与借款本

金之比，通常用百分数表示。见下式：

$$利率\ i=\frac{单位时间内的利息\ I_t}{借款本金\ P}\times 100\%$$

（3）影响利率的主要因素。

1）社会平均利润率。在通常情况下，平均利润率是利率的最高界限。

2）借贷资本的供求情况。在平均利润率不变的情况下，借贷资本供过于求，利率下降；反之，利率上升。

3）借贷风险。借出资本要承担一定的风险，风险越大，利率也就越高。

4）通货膨胀。通货膨胀对利息的波动有直接影响，如果资金贬值幅度超过名义利率，往往会使实际利率无形中成为负值。

5）借出资本的期限长短。贷款期限长，不可预见因素多，风险大，利率就高；反之，贷款期限短，不可预见因素少，风险小，利率就低。

➤ **考分统计**：统计近 10 年本知识点，在 2013、2018 年分别考核一道单选题，2020 年考核一道多选题，考核频次为 30%。

典型例题

［**2013 真题・单选**］影响利率的因素有多种，通常情况下，利率的最高界限是（　　）。

A. 社会最大利润率　　B. 社会平均利润率　　C. 社会最大利税率　　D. 社会平均利税率

［**解析**］本题考查的是资金的时间价值。在通常情况下，平均利润率是利率的最高界限。

［**答案**］B

［**2020 真题・多选**］影响利率高低的主要因素有（　　）。

A. 借贷资本供求情况　　B. 借贷风险　　C. 借贷期限　　D. 内部收益率

E. 行业基准收益率

［**解析**］利率的高低主要由以下因素决定：①社会平均利润率。通常情况下，平均利润率是利率的最高界限。因为利息是利润分配的结果，如果利率高于利润率，借款人投资后无利可图，也就不会借款了。②借贷资本供求情况。利息是使用资金的代价（价格），受供求关系的影响，在平均利润率不变的情况下，借贷资本供过于求，利率下降；反之，利率上升。③借贷风险。借出资本要承担一定风险，而风险的大小会影响利率的波动。风险越大，利率也就越高。④通货膨胀。通货膨胀对利率的波动有直接影响，如果资金贬值幅度超过名义利率，往往会使实际利率无形中成为负值。⑤借贷期限。借款期限长，不可预见因素多，风险大，利率也就高；反之，利率就低。

［**答案**］ABC

知识点 3　利息计算方法

一、单利计算

单利是指在计算每个周期的利息时，仅根据最初的本金和周期利率计算本期利息，而先前计息周期中所累积增加的利息不作为本期利息计算基础，即通常所说的“利不生利”的计息方法。见下式：

（1）本金（也就是现值）为 P，利率为 i，n 年后利息（前一年的利息未进入下一年的计算）为：

$$I=P\times i\times n$$

（2）本利和（也就是终值）F 为：

$$F=P+I=P+P\times i\times n=P\ (1+i\times n)$$

单利没有反映资金随时在增值的概念。在工程经济中，单利常用于短期投资或者短期借款。

二、复利计算

复利是指在计算每个周期的利息时，先前计息周期所累积增加的利息结转为本金一并计算本期利息，即通常所说的"利生利""利滚利"的计息方法。见下式：

本金（也就是现值）为 P，利率为 i，1 年后本利和（终值）F 为：

$$F_1 = P + P \times i = P(1+i)$$

第二年，本金就不再是 P，而是 $P(1+i)$，于是，两年后的本利和是：

$$F_2 = P(1+i) + P(1+i) \times i = P(1+i)^2$$

n 年后的本利和是：

$$F_n = P(1+i)^n \text{（前一年的利息计入下一年的计算）}$$

n 年后的利息是：

$$I = P(1+i)^n - P = P[(1+i)^n - 1]$$

复利反映利息的本质特征，更符合资金在社会生产过程中运动的实际状况。因此，在工程经济分析中，一般采用复利计算。

复利计算有间断复利和连续复利之分。按期（年、半年、季、月、周、日）计算复利的方法称为间断复利（即普通复利）；按瞬时计算复利的方法称为连续复利。在实际应用中，一般均采用间断复利。

➢ **考分统计**：统计近 10 年本知识点，在 2010、2011、2015 年进行考核，考核频次为 30%，各年分别考核一道单选题。

典型例题

[**2015 真题 · 单选**] 某企业借款 1000 万元，期限 2 年，年利率 8%，按年复利计算，到期一次性还本付息，则第二年应计的利息为（　　）万元。

A. 40.0　　B. 80.0　　C. 83.2　　D. 86.4

[**解析**] 本题考查的是利息计算方法。第二年应计的利息＝1000×（1＋8%）×8%＝86.4（万元）。

[**答案**] D

[**2011 真题 · 单选**] 某企业借款 100 万元，年利率为 8%，借款期限为 2 年，单利计息，则借款期内计算两次和计算一次的利息差额为（　　）万元。

A. 0.00　　B. 0.32　　C. 0.64　　D. 1.28

[**解析**] 本题考查的是利息计算方法。单利计息时，利息不再产生利息。借款期内计算两次和计算一次的利息差额为 0.00 万元。

[**答案**] A

[**2010 真题 · 单选**] 在工程经济分析中，通常采用（　　）计算资金的时间价值。

A. 连续复利　　B. 间断复利　　C. 连续单利　　D. 瞬时单利

[**解析**] 本题考查的是利息计算方法。复利计算有间断复利和连续复利之分。按期（年、半年、季、月、周、日）计算复利的方法称为间断复利（即普通复利）；按瞬时计算复利的方法称为连续复利。在实际应用中，一般均采用间断复利。

[**答案**] B

知识点 4 等值计算

扫码听课

一、影响资金等值的因素

由于资金的时间价值，使得金额相同的资金发生在不同时间，会产生不同的价值。反之，不同时点金额不等的资金在时间价值的作用下却可能具有相等的价值。这些不同时期、不同数额但其“价值等效”的资金称为等值，也称为等效值。

影响资金等值的因素有三个，即资金的多少、资金发生的时间、利率（或折现率）的大小。

其中，利率是一个关键因素，在等值计算中，一般以同一利率为依据。

二、等值计算方法

常用的等值计算方法主要包括两大类，即一次支付和等额支付，具体内容见表 4-1-1。

表 4-1-1 等值计算方法

计算方法	具体内容
一次支付	（已知 P，求 F）$F=P(1+i)^n$ 或 $F=P(F/P,i,n)$
	（已知 F，求 P）$P=F(1+i)^{-n}$ 或 $P=F(P/F,i,n)$
等额支付	（已知 A，求 F）$F=A\dfrac{(1+i)^n-1}{i}$ 或 $F=A(F/A,i,n)$
	（已知 F，求 A）$A=F\dfrac{i}{(1+i)^n-1}$ 或 $A=F(A/F,i,n)$
	（已知 A，求 P）$P=A\dfrac{(1+i)^n-1}{i(1+i)^n}$ 或 $P=A(P/A,i,n)$
	（已知 P，求 A）$A=P\dfrac{i(1+i)^n}{(1+i)^n-1}$ 或 $A=P(A/P,i,n)$

（一）一次支付的情形

$(1+i)^{-n}$ 称为现值系数，这个计算实际上就是将未来的钱折现（贴现）到现在的过程。它实际上回答了未来的一笔钱相当于现在的多少钱。

此时，这个利率就叫作折现率或者贴现率。

折现率与折现值的关系：折现率越大，未来的钱折现到今天的钱越少。

（二）等额支付系列情形

多次支付是指现金流量在多个时点发生，而不是集中在某一时点上。见图 4-1-2。

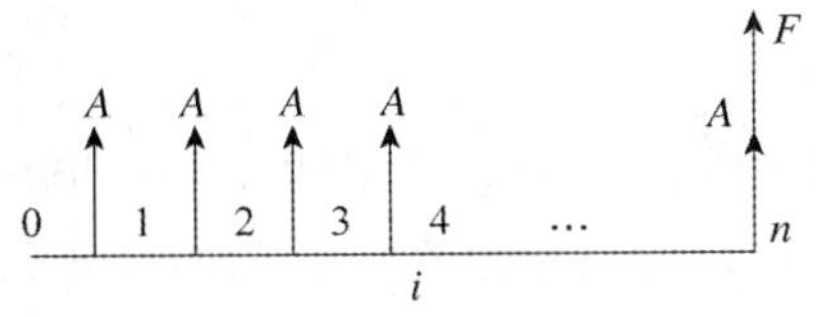

（a）年金与终值关系

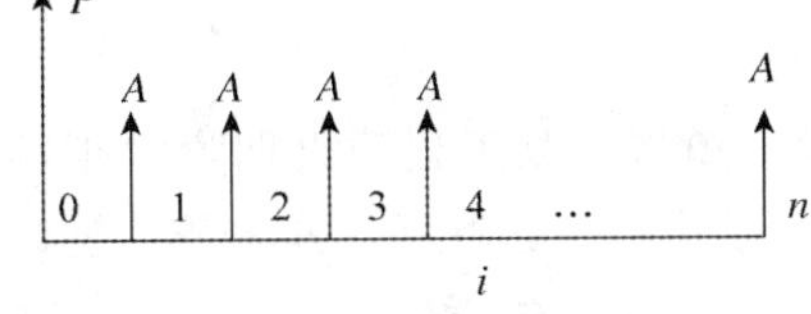

（b）年金与现值关系

图 4-1-2 等额支付系列现金流量示意图

注：现金流量 A 是连续序列流量，且数额相等。

➤ **考分统计**：统计近 10 年本知识点，在 2011、2012、2013、2014、2015、2016、2017、2020 年进行考核，考核频次为 80%，其中 2011、2012、2013、2014、2015、2020 年分别考核一道单选题，2016、2017 年分别考核两道单选题。

典型例题

［**2020 真题·单选**］某公司年初借款 1000 万元，年利率为 5%，按复利计息，若在 10 年内等额偿还本息，则每年末应偿还（ ）万元。

A. 129.50　　B. 140.69　　C. 150.00　　D. 162.89

［**解析**］已知 P 求 A，$A=P(A/P,i,n)$，$A=1000\times[5\%\times(1+5\%)^{10}]/[(1+5\%)^{10}-1]=129.50$（万元）。

[答案] A

[**2017 真题·单选**] 在资金时间价值的作用下，下列现金流量图（单位：万元）中，有可能与现金流入现值 1200 万元等值的是（　　）。

A.

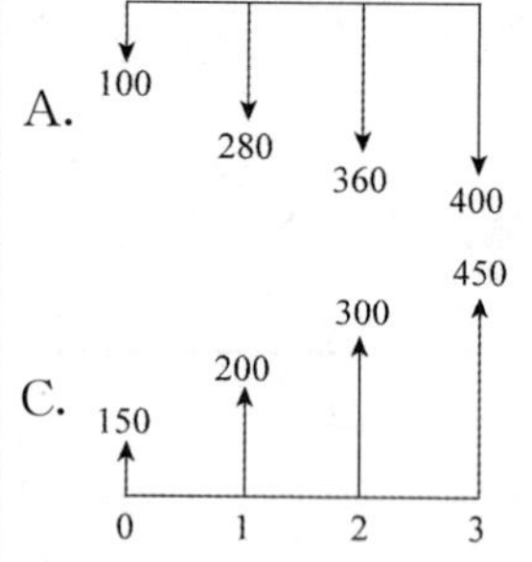

B.

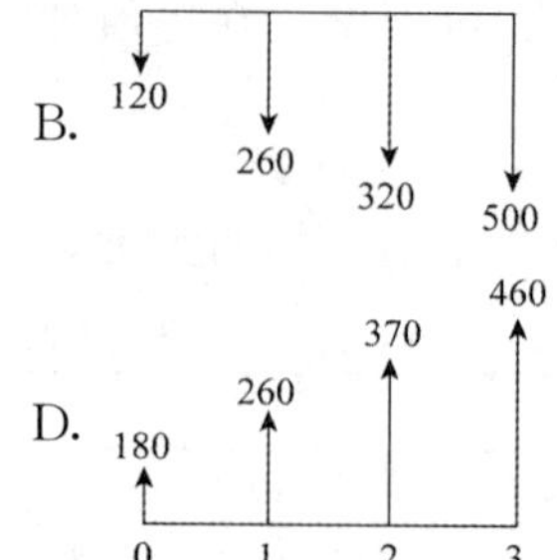

C. 150　200　300　450（0　1　2　3）

D. 180　260　370　460（0　1　2　3）

[解析] 本题考查的是等值计算。首先根据 1200 万元为现金流入，可判定选项 A、B 错误。选项 C，$150+200\times(1+i)^{-1}+300\times(1+i)^{-2}+450\times(1+i)^{-3}<1200$（万元）。因此，选项 D 正确。

[答案] D

[**2017 真题·单选**] 某企业前 3 年每年初借款 1000 万元，按年复利计息，年利率为 8%，第 5 年末还款 3000 万元，剩余本息在第 8 年末全部还清，则第 8 年末需还本付息（　　）万元。

A. 981.49　　B. 990.89　　C. 1270.83　　D. 1372.49

[解析] 本题考查的是等值计算。第 8 年末需还本付息金额 $F=[1000\times(F/A, 8\%, 3)\times(F/P, 8\%, 3)-3000]\times(F/P, 8\%, 3)\approx1372.49$（万元）。

[答案] D

[**2016 真题·单选**] 某企业年初借款 2000 万元，按年复利计息，年利率 8%。第 3 年末还款 1200 万元，剩余本息在第 5 年末全部还清，则第 5 年末需还本付息（　　）万元。

A. 1388.80　　B. 1484.80　　C. 1538.98　　D. 1738.66

[解析] 本题考查的是等值计算。第 5 年末需还本付息额 $=2000\times(1+8\%)^5-1200\times(1+8\%)^2\approx1538.98$（万元）。

[答案] C

[**2014 真题·单选**] 某工程建设期为 2 年，建设单位在建设期第 1 年初和第 2 年初分别从银行借入 700 万元和 500 万元，年利率 8%，按年计息。建设单位在运营期前 3 年每年末等额偿还贷款本息，则每年应偿还（　　）万元。

A. 452.16　　B. 487.37　　C. 526.36　　D. 760.67

[解析] 本题考查的是等值计算。$A=[700\times(F/P, 8\%, 2)+500\times(F/P, 8\%, 1)]\times(A/P, 8\%, 3)\approx526.36$（万元）。

[答案] C

[**2013 真题·单选**] 某工程建设期 2 年，建设单位在建设期第一年初和第二年初分别从银行借入资金 600 万元和 400 万元，年利率 8%，按年计息，建设单位在运营期第三年末偿还了贷款 500 万元后，自运营期第五年末应偿还（　　）万元，才能还清贷款本息。

A. 925.78　　B. 956.66　　C. 1079.84　　D. 1163.04

[解析] 本题考查的是等值计算。运营期第五年末应偿还额 $=[600\times(1+8\%)^5+400\times(1+8\%)^4-500]\times(1+8\%)^2\approx1079.84$（万元）。

[答案] C

知识点 5　名义利率和有效利率

名义利率和有效利率的相关概念见表 4-1-2。

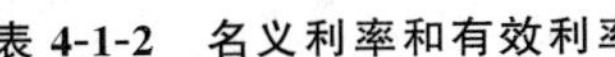

表 4-1-2　名义利率和有效利率

概念	内容
名义利率（r）	单利计息情况下的年利率
计息周期	某笔资金计算利息的时间间隔
计算周期利率	(1) 计息周期小于 1 年的利率，比如半年、季度和月度的利率 (2) 计息周期利率 $i=\frac{r}{m}$（m 为一年内的计息次数）
资金收付周期	某方案发生现金流量的时间间隔（n）
有效利率（i_{eff}）	通常是指复利计息情况下的资金收付周期有效利率 $i_{\text{eff}}=\frac{I}{P}=(1+\frac{r}{m})^{m}-1$ 当 $m=1$，$i_{\text{eff}}=r$；当 $m>1$，$i_{\text{eff}}>r$ 有效利率不一定大于名义利率，当 $m=1$ 时，有效利率＝名义利率。计息周期越短、计息次数越多，即 m 越多，i_{eff} 与 r 相差越大

➤ **考分统计**：统计近 10 年本知识点，在 2012、2013、2015、2016、2017、2018、2020、2021 年进行考核，考核频次为 80%，2013、2015、2016、2017、2018、2020、2021 年分别考核一道单选题，2012 年考核一道多选题。

典型例题

[**2021 真题·单选**] 某企业向银行申请贷款，期限一年，四家银行利率、计息方式见表 4-1-3，如不考虑其他因素，该企业应选择（　　）银行。

表 4-1-3　四家银行利率、计息方式

	年利率	计息方式
甲	4.5%	每年计息一次
乙	4%	每 6 个月计息一次，年末付
丙	4.5%	每 3 个月计息一次，年末付
丁	4%	每个月计息一次，年末付

A. 甲　　B. 乙　　C. 丙　　D. 丁

[解析] 甲年利率为 4.5%；乙年利率＝ $(1+4\%/2)^2-1=4.04\%$；丙年利率＝ $(1+4.5\%/4)^4-1=4.58\%$；乙年利率＝ $(1+4\%/12)^{12}-1=4.07\%$。故应选择年利率最小的乙银行。

[答案] B

[**2020 真题·单选**] 假设名义利率为 5%，计息周期为季度，则年有效利率为（　　）。

A. 5%　　B. 5.06%　　C. 5.09%　　D. 5.12%

[解析] $i_{\text{eff}}=(1+r/m)^m-1=(1+5\%/4)^4-1=5.09\%$。

[答案] C

[**2016 真题·单选**] 某项借款，年名义利率 10%，按季复利计息，则季有效利率为（　　）。

A. 2.41%　　B. 2.50%　　C. 2.52%　　D. 3.23%

[解析] 本题考查的是名义利率和有效利率。季有效利率＝10%/4＝2.50%。

[答案] B

[**2015 真题·单选**] 某项两年期借款，年名义利率 12%，按季度计息，则每季度的有效利率为（　　）。

A. 3.00%　　B. 3.03%　　C. 3.14%　　D. 3.17%

［解析］本题考查的是名义利率和有效利率。由于按季度计息，所以每季度的有效利率与名义利率相等，则每季度的有效利率=12%/4=3.00%。

［答案］A

［**2012 真题·多选**］某企业从银行借入一笔1年期的短期借款，年利率为12%，按月复利计算，则关于该项借款利率的说法，正确的有（　　）。

A. 利率为连续复利

B. 年有效利率为12%

C. 月有效利率为1%

D. 月名义利率为1%

E. 季度有效利率大于3%

［解析］本题考查的是名义利率和有效利率。既然是按月复利计息，说明是间断复利，不是连续复利；年利率12%是名义利率，年有效利率大于12%；按月计息，说明月名义利率与月有效利率相等，都是1%；月名义利率1%，季度有效利率大于3%。因此，选项C、D、E正确。

［答案］CDE

第二节　投资方案经济效果评价的内容和方法

知识点 1 经济效果评价的内容

投资方案经济效果评价的内容主要包括盈利能力分析、偿债能力分析、财务生存能力分析和抗风险能力评价。

（1）盈利能力分析——盈利能力和盈利水平。

（2）偿债能力分析——偿还借款能力。

（3）财务生存能力分析——各期现金流，判断能否持续运行。

（4）抗风险能力分析——不确定性因素和随机因素。

➤ **考分统计**：统计近10年本知识点，在2011、2015年分别考核一道单选题，考核频次为20%。

典型例题

［**2015 真题·单选**］投资方案财务生存能力分析，是指分析和测算投资方案的（　　）。

A. 各期营业收入，判断营业收入能否偿付成本费用

B. 市场竞争能力，判断项目能否持续发展

C. 各期现金流量，判断投资方案能否持续运行

D. 预期利润水平，判断能否吸引项目投资者

［解析］本题考查的是经济效果评价的内容。投资方案财务生存能力分析，是指分析和测算投资方案各期的现金流量，判断投资方案能否持续运行。

［答案］C

［**2011 真题·单选**］在分析工程项目抗风险能力时，应分析工程项目在不同阶段可能遇到的不确定性因素和随机因素对其经济效果的影响，这些阶段包括工程项目的（　　）。

A. 策划期和建设期

B. 建设期和运营期

C. 运营期和拆除期

D. 建设期和达产期

［解析］投资方案的经济效果评价内容主要包括：①盈利能力分析。分析和测算投资方案计算期的盈利能力和盈利水平。②清偿能力分析。分析和测算投资方案偿还贷款的能力和投资的回收能力。③抗风险能力分析。分析投资方案在建设期和运营期可能遇到的不确定性因素和随机因素对项目经济效果的影响程度，考察项目承受各种投资风险的能力。

［答案］B

知识点 2　经济效果评价的基本方法

经济效果评价的基本方法包括确定性评价方法和不确定性评价方法。对同一投资方案而言，必须同时进行确定性评价和不确定性评价。

按是否考虑资金时间价值，经济效果评价方法又可分为：静态评价方法和动态评价方法。

（1）静态评价方法是不考虑资金时间价值，其最大特点是计算简便，适用于方案的初步评价，或对短期投资项目进行评价，以及对于逐年收益大致相等的项目评价。

（2）动态评价方法考虑资金时间价值，能较全面地反映投资方案整个计算期的经济效果。因此，在进行方案比较时，一般以动态评价方法为主。

➤ **考分统计**：统计近 10 年本知识点，在 2012 年考核一道单选题，考核频次为 10%。

典型例题

［**2012 真题·单选**］按是否考虑资金的时间价值，投资方案经济效果评价方法分为（　　）。

A. 线性评价方法和非线性评价方法

B. 静态评价方法和动态评价方法

C. 确定性评价方法和不确定性评价方法

D. 定量评价方法和定性评价方法

［解析］本题考查的是经济效果评价的基本方法。按是否考虑资金的时间价值，投资方案经济效果评价方法分为静态评价方法和动态评价方法。

［答案］B

知识点 3　经济效果评价指标体系

经济效果评价指标体系见表 4-2-1。

表 4-2-1　投资方案经济效果评价指标体系

<table>
<tr><th>类型</th><th>性质</th><th colspan="2">评价指标</th></tr>
<tr><td rowspan="7">盈利能力</td><td rowspan="3">静态评价指标</td><td rowspan="2">投资收益率</td><td>总投资收益率</td></tr>
<tr><td>资本金净利润率</td></tr>
<tr><td colspan="2">静态投资回收期</td></tr>
<tr><td rowspan="4">动态评价指标</td><td colspan="2">净现值</td></tr>
<tr><td colspan="2">净现值率</td></tr>
<tr><td colspan="2">净年值</td></tr>
<tr><td colspan="2">内部收益率</td></tr>
</table>

续表

类型	性质	评价指标
偿债能力	静态评价指标	利息备付率
		偿债备付率
		资产负债率

➤ **考分统计**：统计近 10 年本知识点，在 2012、2013、2018、2020 年进行考核，考核频次为 40%，其中，2018 年考核一道单选题，2012、2013、2020 年分别考核一道多选题。

典型例题

［**2018 真题·单选**］下列投资方案经济效果评价指标中，属于动态评价指标的是（　　）。

A. 总投资收益率

B. 内部收益率

C. 资产负债率

D. 资本金净利润率

［**解析**］本题考查的是经济效果评价指标体系。动态评价指标包括内部收益率、动态投资回收期、净现值、净现值率、净年值。

［**答案**］B

［**2020 真题·多选**］下列投资方案指标中，属于静态评价指标的有（　　）。

A. 资产负债率

B. 内部收益率

C. 偿债备付率

D. 净现值率

E. 投资收益率

［**解析**］选项 B、D 属于动态评价指标。

［**答案**］ACE

知识点 4 投资收益率

投资收益率是指投资方案达到设计生产能力后一个正常生产年份的年净收益或年平均净收益与方案投资总额的比率。见下式：

$$投资收益率\ R=\frac{年净收益或年平均净收益}{投资总额}\times 100\%$$

一、评价准则

（1）若 $R \geqslant R_e$，则方案在经济上可以接受。

（2）若 $R < R_e$，则方案在经济上不可行。

二、投资收益率的应用指标

根据分析目的的不同，投资收益率又可分为总投资收益率和资本金净利润率。

（一）总投资收益率（*ROI*）

$$ROI=\frac{EBIT}{TI}\times 100\%$$

式中，$EBIT$——项目达到设计生产能力后正常年份的年息税前利润或运营期内年平均息税前利润；TI——项目总投资，包括建设投资、建设期借款利息、全部流动资金。

总投资收益率高于同行业的收益率参考值，表明用总投资收益率表示的项目盈利能力满足要求。

（二）资本金净利润率（*ROE*）

$$ROE=\frac{NP}{EC}\times 100\%$$

式中，NP——项目达到设计生产能力后正常年份的年净利润或运营期内年平均净利润；EC——项目资本金。

三、投资收益率指标的优点与不足

（一）优点

投资收益率指标的经济意义明确、直观，计算简便，在一定程度上反映了投资效果的优劣。适用于各种投资规模。

（二）不足

（1）没有考虑投资收益的时间因素，忽视了资金具有时间价值的重要性。

（2）指标计算的主观随意性太强，即正常生产年份的选择比较困难，如何确定带有一定的不确定性和人为因素。

因此，以投资收益率指标作为主要的决策依据不太可靠。

➤ **考分统计**：统计近 10 年本知识点，在 2011、2012、2013、2014、2018 年进行考核，考核频次为 60%，其中，2011、2012、2013、2014 年分别考核一道单选题，2018 年考核一道多选题。

典型例题

[**2014 真题·单选**] 采用投资收益率指标评价投资方案经济效果的缺点是（　　）。

A. 考虑了投资收益的时间因素，因而使指标计算较复杂

B. 虽在一定程度上反映了投资效果的优劣，但仅适用于投资规模大的复杂工程

C. 只能考虑正常生产年份的投资收益，不能全面考虑整个计算期的投资收益

D. 正常生产年份的选择比较困难，因而使指标计算的主观随意性较大

[**解析**] 本题考查的是投资收益率。投资收益率指标的不足：没有考虑投资收益的时间因素，忽视了资金具有时间价值的重要性；指标计算的主观随意性太强，即正常生产年份的选择比较困难，如何确定带有一定的不确定性和人为因素。因此，以投资收益率指标作为主要的决策依据不太可靠。

[**答案**] D

[**2013 真题·单选**] 采用投资收益率指标评价投资方案经济效果的优点是（　　）。

A. 指标的经济意义明确、直观

B. 考虑了投资收益率的时间因素

C. 容易选择正常生产年份

D. 反映了资本的周转速率

[**解析**] 本题考查的是投资收益率。投资收益率指标的经济意义明确、直观，计算简便，在一定程度上反映了投资效果的优劣，可适用于各种投资规模。但不足的是，没有考虑投资收益的时间因素，忽视了资金具有时间价值的重要性；指标计算的主观随意性太强，即正常生产年份的选择比较困难，如何确定带有一定的不确定性和人为因素。因此，以投资收益率指标作为主要的决策依据不太可靠。

[**答案**] A

[**2012 真题·单选**] 某项目总投资为 2000 万元，其中债务资金为 500 万元，项目运营期内年平均净利润为 200 万元，年平均息税为 20 万元，则该项目的总投资收益率为（　　）。

A. 10.0%　　　　B. 11.0%

C. 13.3%　　　　D. 14.7%

[**解析**] 本题考查的是投资收益率。$EBIT=200+20=220$（万元），则 $ROI=220/2000\times100\%=11.0\%$。

[**答案**] B

[**2011 真题·单选**] 总投资收益率指标中的收益是指项目建成后（　　）。

A. 正常生产年份的年税前利润或运营期年平均税前利润

B. 正常生产年份的年税后利润或运营期年平均税后利润

C. 正常生产年份的年息税前利润或运营期内年平均息税前利润

D. 投产期和达产期的盈利总和

[**解析**] 本题考查的是投资收益率。总投资收益率指标中的收益是指项目建成后正常生产年份的年息税前利润或运营期内年平均息税前利润。

[**答案**] C

[**2018 真题·多选**] 采用总投资收益率指标进行项目经济评价的不足有（　　）。

A. 不能用于同行业同类项目经济效果比较

B. 不能反映项目投资效果的优势

C. 没有考虑投资收益的时间因素

D. 正常生产年份的选择带有较大的不确定性

E. 指标的计算过于复杂和烦琐

[**解析**] 本题考查的是投资收益率。投资收益率指标的经济意义明确、直观，计算简便，在一定程度上反映了投资效果的优劣，可适用于各种投资规模。但不足的是，没有考虑投资收益的时间因素，忽视了资金时间价值的重要性；指标计算的主观随意性太强，即正常生产年份的选择比较困难，如何确定带有一定的不确定性和人为因素。因此，以投资收益率指标作为主要的决策依据不太可靠。

[**答案**] CD

知识点 5 投资回收期

投资回收期是反映投资方案实施以后回收初始并获取收益能力的重要指标，分为静态投资回收期和动态投资回收期。

一、静态投资回收期

静态投资回收期是在不考虑资金时间价值的条件下，以项目的净收益回收其全部投资所需要的时间。

投资回收期可自项目建设开始年算起，也可自项目投产年开始算起，但应予以注明。

(一) 计算公式

项目建成投产后各年的净收益不相同。见下式：

$$P_t = (\text{累计净现金流量出现正值的年份数}-1) + \frac{\text{上一年累计净现金流量的绝对值}}{\text{出现正值年份的净现金流量}}$$

(二) 评价准则

(1) 若 $P_t \leqslant P_e$，项目投资能在规定的时间内收回，经济上可以接受。

(2) 若 $P_t > P_e$，经济上不可行。

二、动态投资回收期

动态投资回收期是将投资方案各年的净现金流量按基准收益率折成现值之后，再来推算投资回收期，这是它与静态投资回收期的根本区别。

动态投资回收期就是投资方案累计现值等于零时的时间（年份）。见下式：

$$P_t' = (\text{累计净现金流量现值出现正值的年数}-1) + \frac{\text{上一年累计净现金流量现值的绝对值}}{\text{出现正值年份的净现金流量的现值}}$$

用折现法计算出的动态投资回收期，要比用传统方法计算出的静态投资回收期长些，该方案未必能被接受。

三、投资回收期指标的优点和不足

(一) 优点

(1) 投资回收期指标容易理解，计算也比较简便。

(2) 项目投资回收期在一定程度上显示了资本的周转速度。

显然，资本周转速度越快，回收期越短，风险越小，盈利越多。

这对于那些技术上更新迅速的项目或资金相当短缺的项目或未来情况很难预测而投资者又特别关心资金补偿的项目进行分析是特别有用的。

(二) 不足

投资回收期没有全面考虑投资方案整个计算期内的现金流量，即只间接考虑投资回收之前的效果，不能反映投资回收之后的情况，即无法准确衡量方案在整个计算期内的经济效果。

➤ **考分统计**：统计近 10 年本知识点，在 2011、2015、2016、2017、2018、2020 年进行考核，考核频次为 60%，其中 2015、2016、2017、2018、2020 年分别考核一道单选题，2011 年考核一道多选题。

典型例题

[**2020 真题·单选**] 采用投资回收期指标评价投资方案的优点是（　　）。

A. 能够考虑投资期内的现金流量

B. 能够反应计算期内的经济效果

C. 能够考虑投资方案的偿债能力

D. 能够反应资本的周转速度

[**解析**] 投资回收期指标容易理解，计算也比较简便；项目投资回收期在一定程度上显示了资本的周转速度。

[**答案**] D

[**2018 真题·单选**] 某项目建设期 1 年，总投资 900 万元，其中流动资金 100 万元。建成投产后每年净收益为 150 万元。自建设开始年起，该项目的静态投资回收期为（　　）年。

A. 5.3　　B. 6.0

C. 6.3　　D. 7.0

[**解析**] 本题考查的是投资回收期。项目建成投产后各年的净收益（即净现金流量）均相同，则静态投资回收期的计算公式为：$P_t = TI/A = 900/150 = 6.0$（年）。此题要求从建设开始年起，需要再加 1 年的建设期，即 $P_t = 6 + 1 = 7.0$（年）。

[**答案**] D

[**2016 真题·单选**] 下列投资方案经济效果评价指标中，能够在一定程度上反映资本周转速度的指标是（　　）。

A. 利息备付率　　B. 投资收益率

C. 偿债备付率　　D. 投资回收期

[**解析**] 本题考查的是投资回收期。投资回收期指标容易理解，计算也比较简便；项目投资回收期在一定程度上显示了资本的周转速度。

[**答案**] D

[**2015 真题·单选**] 某投资方案计算期现金流量见表 4-2-2，该投资方案的静态投资回收期为（　　）年。

表 4-2-2　某投资方案计算期现金流量

年份	0	1	2	3	4	5
净现金流量	−1000	−500	600	800	800	800

A. 2.143　　B. 3.125　　C. 3.143　　D. 4.125

[**解析**] 本题考查的是投资回收期。该投资方案计算期现金流量与累计现金流量见表 4-2-3。

表 4-2-3　该投资方案计算期现金流量与累计现金流量

年份	0	1	2	3	4	5
净现金流量	−1000	−500	600	800	800	800
累计净现金流量	−1000	−1500	−900	−100	700	

静态投资回收期 =（4−1）+100/800 = 3.125（年）。

[**答案**] B

［**2011 真题·多选**］关于投资回收期指标优缺点的说法，正确的有（　　）。

A. 计算简便，但其包含的经济意义不明确

B. 不能全面反映方案整个计算期内的现金流量

C. 在一定程度上显示了资本的周转速度

D. 可以单独用于投资方案的选择

E. 可以独立用于投资项目的排队

［**解析**］本题考查的是投资回收期。投资回收期指标容易理解，计算也比较简便；项目投资回收期在一定程度上显示了资本的周转速度。显然，资本周转速度愈快，回收期愈短，风险愈小，盈利愈多。这对于那些技术上更新迅速的项目或资金相当短缺的项目或未来情况很难预测而投资者又特别关心资金补偿的项目进行分析是特别有用的。但不足的是，投资回收期没有全面考虑投资方案整个计算期内的现金流量，即只考虑投资回收之前的效果，不能反映投资回收之后的情况，即无法准确衡量方案在整个计算期内的经济效果。因此，投资回收期作为方案选择和项目排队的评价准则是不可靠的，它只能作为辅助评价指标，或与其他评价方法结合应用。

［**答案**］BC

知识点 6　偿债能力指标

一、利息备付率

利息备付率（ICR）也称已获利息倍数，是指投资方案在借款偿还期内的息税前利润（$EBIT$）与当期应付利息（PI）的比值。

利息备付率从付息资金来源的充裕性角度反映投资方案偿付债务利息的保障程度。见下式：

$$ICR=\frac{EBIT}{PI}$$

式中，$EBIT$——息税前利润；PI——计入总成本费用的应付利息。

评价准则：

（1）利息备付率应分年计算。

（2）利息备付率越高，表明利息偿付的保障程度越高。

（3）利息备付率应大于1，并结合债权人的要求确定。

二、偿债备付率

偿债备付率（$DSCR$）是指投资方案在借款偿还期内各年可用于还本付息的资金（$EBITDA-T_{AX}$）与当期应还本付息金额（PD）的比值。

偿债备付率表示可用于还本付息的资金偿还借款本息的保障程度。见下式：

$$DSCR=\frac{EBITDA-T_{AX}}{PD}$$

式中，$EBITDA$——息税前利润加折旧和摊销；T_{AX}——企业所得税；PD——应还本付息金额。

评价准则：

（1）偿债备付率应分年计算。

(2) 偿债备付率越高，表明可用于还本付息的资金保障越高。

(3) 偿债备付率应大于1，并结合债权人的要求确定。

三、资产负债率

资产负债率（$LOAR$）是指投资方案各期末负债总额（TL）与资产总额（TA）的比率。见下式：

$$LOAR=\frac{TL}{TA}\times 100\%$$

适度的资产负债率，表明企业经营安全、稳健，具有较强的筹资能力，也表明企业和债权人的风险较小。

➤ **考分统计**：统计近10年本知识点，在2013、2014、2015、2017、2018、2021年分别考核一道单选题，考核频次为60%。

典型例题

[**2021真题·单选**] 在评价一个投资方案的经济效果时，利息备付率属于（　　）指标。

A. 抗风险能力　　B. 财务生存能力

C. 盈利能力　　D. 偿债能力

[**解析**] 利息备付率属于偿债能力指标。利息备付率（ICR）也称已获利息倍数，是指投资方案在借款偿还期内的息税前利润（$EBIT$）与当期应付利息（PI）的比值。利息备付率从付息资金来源的充裕性角度反映投资方案偿付债务利息的保障程度。

[**答案**] D

[**2018真题·单选**] 某项目预计投产后第5年的息税前利润为180万元，应还借款本金为40万元，应付利息为30万元，应缴企业所得税为37.5万元，折旧和摊销为20万元，该项目当年偿债备付率为（　　）。

A. 2.32　　B. 2.86　　C. 3.31　　D. 3.75

[**解析**] 本题考查的是偿债能力指标。偿债备付率$DSCR$＝（息税前利润加折旧和摊销－企业所得税）/应还本付息金额＝(180＋20－37.5)/(40＋30)≈2.32。

[**答案**] A

[**2017真题·单选**] 投资方案经济效果评价指标中，利息备付率是指投资方案在借款偿还期内的（　　）的比值。

A. 息税前利润与当期应付利息金额　　B. 息税前利润与当期应还本付息金额

C. 税前利润与当期应付利息金额　　D. 税前利润与当期应还本付息金额

[**解析**] 本题考查的是偿债能力指标。利息备付率（ICR）也称已获利息倍数，是指投资方案在借款偿还期内的息税前利润（$EBIT$）与当期应付利息（PI）的比值。

[**答案**] A

[**2015真题·单选**] 投资方案资产负债率是指投资方案各期末（　　）的比率。

A. 长期负债与长期资产　　B. 长期负债与固定资产总额

C. 负债总额与资产总额　　D. 固定资产总额与负债总额

[**解析**] 本题考查的是偿债能力指标。投资方案资产负债率是指投资方案各期末负债总额与资产总额的比率。

[**答案**] C

[**2014 真题·单选**] 关于利息备付率的说法，正确的是（　　）。

A. 利息备付率越高，表明利息偿付的保障程度越高

B. 利息备付率越低，表明利息偿付的保障程度越低

C. 利息备付率大于零，表明利息偿付能力强

D. 利息备付率小于零，表明利息偿付能力强

[**解析**] 本题考查的是偿债能力指标。利息备付率应分年计算。利息备付率越高，表明利息偿付的保障程度越高。利息备付率应大于1，并结合债权人的要求确定。

[**答案**] A

[**2013 真题·单选**] 偿债备付率是指投资方案在借款偿还期内（　　）的比值。

A. 息税前利润与当期应还本付息金额

B. 税后利润与上期应还本付息金额

C. 可用于还本付息的资金与上期应还本付息金额

D. 可用于还本付息的资金与当期应还本付息金额

[**解析**] 本题考查的是偿债能力指标。偿债备付率（*DSCR*）是指投资方案在借款偿还期内各年可用于还本付息的资金（$EBITDA-T_{AX}$）与当期应还本付息金额（*PD*）的比值。

[**答案**] D

扫码听课

知识点 7 净现值

净现值（*NPV*）是反映投资方案在计算期内获利能力的动态评价指标。

投资方案的净现值是指用一个预定的基准收益率（或设定的折现率）i_c，分别将整个计算期内各年所发生的净现金流量都折现到投资方案开始实施时的现值之和。见下式：

$$NPV=\sum_{t=0}^{n}(CI-CO)_t(1+i_c)^{-t}$$

式中，*NPV*——净现值；$(CI-CO)_t$——第 t 年的净现金流量；（应注意“+”“-”号）；i_c——基准收益率；n——投资方案计算期。

一、评价准则

（1）若 $NPV\geqslant 0$ 时，经济上可行。

（2）若 $NPV<0$ 时，经济上不可行。

二、净现值指标的优点与不足

（1）优点：净现值指标考虑了资金的时间价值，并全面考虑了项目在整个计算期内的经济状况；经济意义明确直观，能够直接以金额表示项目的盈利水平；判断直观。

（2）不足：必须首先确定一个符合经济现实的基准收益率，而基准收益率的确定往往是比较困难的；而且在互斥方案评价时，净现值必须慎重考虑互斥方案的寿命，如果互斥方案寿命不等，必须构造一个相同的分析期限，才能进行方案比选。此外，净现值不能反映项目投资中单位投资的使用效率，不能直接说明在项目运营期各年的经营成果。

三、基准收益率 i_c 的确定

基准收益率也称基准折现率，是企业或行业或投资者以动态的观点所确定的、可接受的投

资方案最低标准的收益水平。

基准收益率的确定一般以行业的平均收益率为基础，同时综合考虑资金成本、投资风险、通货膨胀以及资金限制等影响因素。

对于政府投资项目，进行经济评价时使用的基准收益率是由国家组织测定并发布的行业基准收益率；非政府投资项目，可由投资者自行确定基准收益率。

确定基准收益率时应考虑以下因素。

（一）资金成本和机会成本（i_1）

基准收益率应不低于单位资金成本和单位投资的机会成本。

当项目完全由企业自有资金投资时，可参考行业基准收益率；可以理解为一种资金的机会成本。

当项目投资由自有资金和贷款组成时，最低收益率不应低于行业基准收益率与贷款利率的加权平均收益率。

（二）投资风险（i_2）

为了限制对风险大、盈利低的项目进行投资，可以采取提高基准收益率的办法来进行投资方案的经济评价。

（三）通货膨胀（i_3）

基准收益率的确定如下。

（1）当按当年价格预测项目现金流量时：

$$i_c=(1+i_1)(1+i_2)(1+i_3)-1\approx i_1+i_2+i_3$$

（2）当按不变价格预测项目现金流量时：

$$i_c=(1+i_1)(1+i_2)-1\approx i_1+i_2$$

总之，资金成本和机会成本是确定基准收益率的基础，投资风险和通货膨胀是确定基准收益率必须考虑的影响因素。

➤ **考分统计**：统计近 10 年本知识点，在 2012、2014、2016、2017、2020、2021 年进行考核，考核频次为 60%，其中 2012、2014、2016、2020 年分别考核一道单选题，2017、2021 年考核一道多选题。

典型例题

[**2020 真题·单选**] 进行投资方案经济评价时，基准收益率的确定应以（　　）为基础。

A. 行业平均收益率　　B. 社会平均折现率

C. 项目资金成本率　　D. 社会平均利润率

[**解析**] 基准收益率的确定一般以行业的平均收益率为基础。

[**答案**] A

[**2014 真题·单选**] 采用净现值指标评价投资方案经济效果的优点是（　　）。

A. 能够全面反映投资方案中单位投资的使用效果

B. 能够全面反映投资方案在整个计算期内的经济状况

C. 能够直接反映投资方案运营期各年的经营成果

D. 能够直接反映投资方案中的资本调整速度

[**解析**] 本题考查的是净现值。净现值指标考虑了资金的时间价值，并全面考虑了项目在整个计算期内的经济状况。

[**答案**] B

［**2012 真题·单选**］某企业投资项目，总投资 3000 万元，其中借贷资金占 40%，借贷资金的资金成本为 12%，企业自有资金的投资机会成本为 15%，在不考虑其他影响因素的条件下，基准收益率至少应达到（　　）。

A. 12.0%　　B. 13.5%　　C. 13.8%　　D. 15.0%

［**解析**］本题考查的是净现值。对于基准收益率的确定，如果项目投资由自有资金和贷款组成，最低不应低于行业基准收益率与贷款的加权平均收益，本题中，基准收益率不得低于 12%×40%+15%×60%=13.8%。

［**答案**］C

［**2021 真题·多选**］对于非政府投资项目，投资者自行确定基准收益率的基础有（　　）。

A. 资金成本　　B. 存款利率　　C. 投资机会成本　　D. 通货膨胀

E. 投资风险

［**解析**］资金成本和投资机会成本是确定基准收益率的基础。

［**答案**］AC

［**2017 真题·多选**］下列影响因素中，属于确定基准收益率基础因素的有（　　）。

A. 资金成本　　B. 投资风险

C. 周转速度　　D. 机会成本

E. 通货膨胀

［**解析**］本题考查的是净现值。资金成本和机会成本是确定基准收益率的基础，投资风险和通货膨胀是确定基准收益率必须考虑的影响因素。

［**答案**］AD

知识点 8　净年值

净年值（*NAV*）又称等额年值、等额年金，是以一定的基准收益率将项目计算期内净现金流量等值换算而成的等额年值。见下式：

$$NAV=NPV(A/P, i_c, n)$$

评价准则：

（1）$NAV \geq 0$ 时，则投资方案在经济上可以接受。

（2）$NAV < 0$ 时，则投资方案在经济上应予拒绝。

知识点 9　内部收益率

内部收益率（*IRR*）是使投资方案在计算期内各年净现金流量的现值累计等于零时的折现率。

内部收益率的经济含义：第一，不是项目初期投资的收益率，是投资方案占用的尚未回收资金的获利能力。第二，它取决于项目内部。只受项目计算期内各年净收益大小的影响，不受其他外部因素的影响。第三，是项目到计算期末正好将未收回的资金全部收回来的折现率，是项目对贷款利率的最大承担能力。第四，反映项目自身的盈利能力，其值越高，方案的经济性越好。

一、计算公式

内部收益率的计算见下式：

$$IRR = \sum_{t=0}^{n} (CI - CO)_t (1 + IRR)^{-t}$$

二、评价准则

(1) 若 $IRR \geqslant i_c$，则投资方案在经济上可以接受。

(2) 若 $IRR < i_c$，则投资方案在经济上应予拒绝。

三、优点与不足

(一) 优点

(1) 内部收益率指标考虑了资金的时间价值以及项目在整个计算期内的经济状况。

(2) 能够直接衡量项目未回收投资的收益率。

(3) 不需要事先确定一个基准收益率，而只需要确定基准收益率的大致范围即可。

(二) 不足

(1) 内部收益率计算需要大量的与投资项目有关的数据，计算比较麻烦。

(2) 对于具有非常规现金流量的项目来讲，其内部收益率往往不是唯一的，在某些情况下甚至不存在。

四、*IRR* 与 *NPV* 的关系

净现值与折现率的关系见图 4-2-1。

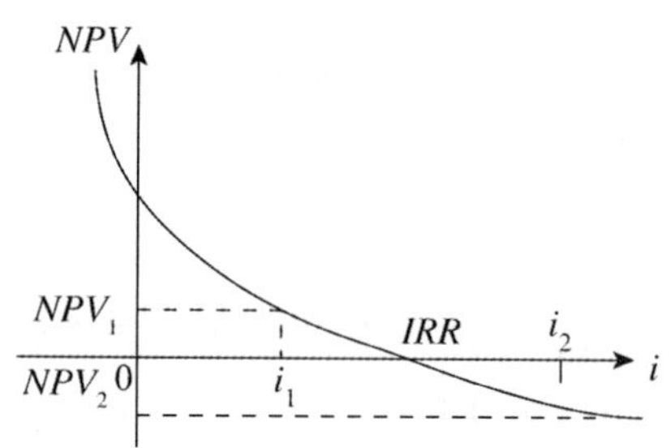

图 4-2-1 净现值与折现率的关系

(1) 当 $IRR > i_1$（基准收益率）时，方案可以接受；i_1 对应的 $NPV(i_1) > 0$，方案也可以接受。

(2) 当 $IRR < i_2$（基准收益率）时，方案不能接受；i_2 对应的 $NPV(i_2) < 0$，方案也不能接受。

综上分析，用 *NPV*、*IRR* 均可对独立方案进行评价，且结论是一致的。

NPV 法计算简便，但得不出投资过程收益程度，且受外部参数（i_c）的影响；*IRR* 法较为烦琐，但能反映投资过程的收益程度，而 *IRR* 的大小不受外部参数影响，完全取决于投资过程的现金流量。

➤ **考分统计**：统计近 10 年本知识点，在 2013、2014、2015、2016、2017、2021 年进行考核，考核频次为 60%，其中 2013、2017、2021 年分别考核一道单选题，2014、2015、2016 年分别考核一道多选题。

典型例题

［**2021 真题·单选**］投资项目的内部收益率是项目对（　　）的最大承担能力。

A. 贷款利率　　B. 资本金净利润率　　C. 利息备付率　　D. 偿债备付率

[解析] 项目的内部收益率是项目到计算期末正好将未收回的资金全部收回来的折现率，是项目对贷款利率的最大承担能力。

[答案] A

[**2017 真题·单选**] 下列投资方案经济效果评价指标中，能够直接衡量项目未回收投资的收益率的指标是（　　）。

A. 投资收益率　　B. 净现值率　　C. 投资回收期　　D. 内部收益率

[解析] 本题考查的是内部收益率。内部收益率指标考虑了资金的时间价值以及项目在整个计算期内的经济状况；能够直接衡量项目未回收投资的收益率；不需要事先确定一个基准收益率，而只需要知道基准收益率的大致范围即可。但不足的是内部收益率计算需要大量的与投资项目有关的数据，计算比较麻烦；对于具有非常规现金流量的项目来讲，其内部收益率往往不是唯一的，在某些情况下甚至不存在。

[答案] D

[**2013 真题·单选**] 与净现值比较，采用内部收益率法评价投资方案经济效果的优点最能够（　　）。

A. 考虑资金的时间价值　　B. 反映项目投资中单位投资的盈利能力

C. 反映投资过程收益程度　　D. 考虑项目在整个计算期内的经济状况

[解析] 本题考查的是内部收益率。NPV 法计算简便，但得不出投资过程收益程度，且受外部参数（i_c）的影响；IRR 法较为烦琐，但能反映投资过程的收益程度，而 IRR 的大小不受外部参数影响，完全取决于投资过程的现金流量。

[答案] C

[**2016 真题·多选**] 投资方案经济效果评价指标中，既考虑了资金的时间价值，又考虑了项目在整个计算期内经济状况的指标有（　　）。

A. 净现值　　B. 投资回收期　　C. 净年值　　D. 投资收益率

E. 内部收益率

[解析] 本题考查的是内部收益率。选项 B、D，是静态评价指标。选项 A、E，净现值指标考虑了资金的时间价值，并全面考虑了项目在整个计算期内的经济状况。内部收益率指标考虑了资金的时间价值以及项目在整个计算期内的经济状况。选项 C，净年值 $NAV=NPV(A/P, i_c, n)$，所以净年值与净现值相同之处都是既考虑了资金的时间价值，又考虑了项目在整个计算期内经济状况的指标。

[答案] ACE

[**2015 真题·多选**] 某投资方案的净现值与折现率之间的关系见图 4-2-2。图中表明的正确结论有（　　）。

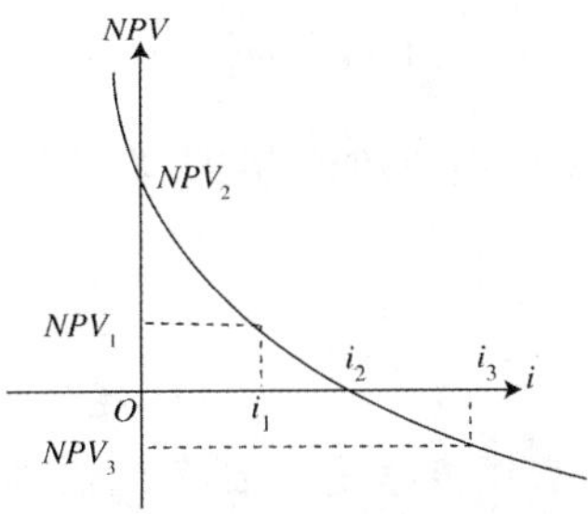

图 4-2-2　某投资方案的净现值与折现率之间的关系

A. 投资方案的内部收益率为 i_2

B. 折现率 i 越大，投资方案的净现值越大

C. 基准收益率为 i_1 时，投资方案的净现值为 NPV_1

D. 投资方案的累计净现金流量为 NPV

E. 投资方案计算期内累计利润为正值

[解析] 本题考查的是内部收益率。选项 A，投资方案的净现值等于 0 时，所对应的折现率为内部收益率，所以投资方案的内部收益率为 i_2；选项 B，折现率 i 越大，投资方案的净现值越小；选项 C，依据图示，基准收益率为 i_1 时，投资方案的净现值为 NPV_1；选项 D，投资方案的净现金流量现值累计为 NPV；选项 E，该图讨论的是工程经济，不能探讨“利润”。

[答案] AC

[**2014 真题 · 多选**] 采用净现值和内部收益率指标评价投资方案经济效果的共同特点有（　　）。

A. 均受外部参数的影响

B. 均考虑资金的时间价值

C. 均可对独立方案进行评价

D. 均能反映投资回收过程的收益程度

E. 均能全面考虑整个计算期内经济状况

[解析] 本题考查的是内部收益率。选项 A，内部收益率与外部参数无关；选项 B，两者均考虑资金的时间价值；选项 C，均可对独立方案进行评价，而且结论一致；选项 D，净现值仅仅反映全寿命周期的盈利能力，不能反映投资回收过程的收益程度；选项 E，两者均全面考虑整个计算期内经济状况。

[答案] BCE

知识点 10 净现值率

净现值率（$NPVR$）是项目净现值与项目全部投资现值之比。

其经济含义是单位投资现值所能带来的净现值，是一个考察项目单位投资盈利能力的指标。

一、计算公式

净现值率的计算见下式：

$$NPVR=\frac{NPV}{I_p}$$

二、评价准则

（1）若 $NPVR \geqslant 0$，说明投资方案在经济上可接受。

（2）若 $NPVR < 0$，说明投资方案在经济上不可行。

➤ **考分统计**：统计近 10 年本知识点，在 2016 年考核一道单选题，考核频次为 10%。

典型例题

[**2016 真题 · 单选**] 用来评价投资方案经济效果的净现值率指标是指项目净现值与（　　）的比值。

A. 固定资产投资总额

B. 建筑安装工程投资总额

C. 项目全部投资现值

D. 建筑安装工程全部投资现值

[解析] 本题考查的是净现值率。净现值率是项目净现值与项目全部投资现值之比。

[答案] C

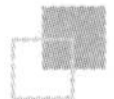

知识点 11 评价方案的类型

一、独立型方案

独立型方案是指方案间互不干扰，在经济上互不相关的方案，选择或放弃其中一个方案，并不影响其他方案的选择。

二、互斥型方案

互斥型方案是指在若干备选方案中，各个方案彼此可以相互代替。选择其中任何一个方案，则其他方案必然被排斥。

三、互补型方案

（1）对称互补：缺少其中任何一个项目，其他项目就不能正常运行。（相互依存）

（2）非对称的经济互补：增加B后A更有用，但采用方案A并不一定要采用方案B。

四、现金流量相关型方案

现金流量相关型方案是指之间不完全互斥，也不完全相互依存，但任一方案的取舍会导致其他方案现金流量的变化。

五、组合-互斥型方案

组合-互斥型方案是指在若干可采用的独立方案中，如果有资源约束条件（如受资金、劳动力、材料、设备及其他资源拥有量限制），只能从中选择一部分方案实施时，可以将它们组合为互斥型方案。

六、混合相关型方案

混合相关型方案是指在方案众多的情况下，方案间的相关关系可能包括上述类型中的多种，这些方案称为混合相关型方案。

➤ **考分统计**：统计近10年本知识点，在2010年考核一道单选题，考核频次为10%。

典型例题

［**2010真题·单选**］某投资方欲投资20000万元，4个可选投资项目所需投资分别为5000万元、6000万元、8000万元、12000万元，投资方希望至少投资2个项目，则可供选择的组合方案共有（　　）个。

A. 5　　　　B. 6

C. 7　　　　D. 8

［**解析**］本题考查的是评价方案的类型。根据题意至少投资两个项目，投资总额小于等于20000万元的都可以。组合方案为：5000＋6000＝11000（万元）；5000＋8000＝13000（万元）；5000＋12000＝17000（万元）；6000＋8000＝14000（万元）；6000＋12000＝18000（万元）；8000＋12000＝20000（万元）；5000＋6000＋8000＝19000（万元），共有7个方案。

［**答案**］C

知识点 12 互斥型方案的静态评价

互斥方案静态分析常用增量投资收益率、增量投资回收期、年折算费用、综合总费用等评价方法进行相对经济效果的评价。

一、增量投资收益率

增量投资收益率是指增量投资所带来的经营成本上的节约与增量投资之比。见下式：

$$R_{(2-1)}=\frac{C_1-C_2}{I_2-I_1}\times 100\%$$

当得到的增量投资收益率大于基准投资收益率时，则投资额大的方案可行。

二、增量投资回收期

增量投资回收期指用经营成本的节约额来补偿增量投资的年限，是增量投资收益率的倒数。见下式：

$$P_{t(2-1)}=\frac{I_2-I_1}{C_1-C_2}\times 100\%$$

当得到的增量投资回收期小于基准投资回收期时，投资额大的方案可行。

三、年折算费用

运用年折算费用法，只需计算各方案的年折算费用，即将投资额用基准投资回收期分摊到各年，再与各年的年经营成本相加。根据年折算费用，选择最小者为最优方案。

四、综合总费用

方案的综合总费用即为方案的投资与基准投资回收期内年经营成本的总和。

在方案评选时，综合总费用最小的方案为最优方案。

以上几种互斥方案静态评价方法，虽然计算简便，但是主要缺点是没有考虑资金的时间价值，以及对方案未来时期的发展变化情况，例如，投资方案的使用年限、投资回收以后方案的收益、方案使用年限终了时的残值、方案在使用过程中更新和追加的投资及其效果等未能充分反映。因此，静态评价方法仅适用于方案初评或作为辅助评价方法采用。

➢ **考分统计**：统计近 10 年本知识点，在 2012、2014、2017、2020 年分别考核一道多选题，考核频次为 40%。

典型例题

［**2020 真题·多选**］进行投资项目互斥方案静态分析可采用的评价方法有（　　）。

A. 净年值　　B. 增量投资收益率

C. 综合总费用　　D. 增量投资内部收益率

E. 增量投资回收期

［**解析**］选项 A、D 属于动态评价方法。

［**答案**］BCE

［**2014 真题·多选**］下列评价方法中，属于互斥投资方案静态评价方法的有（　　）。

A. 年折算费用法　　B. 净现值率法

C. 增量投资回收期法　　D. 增量投资收益率法

E. 增量投资内部收益率法

［**解析**］本题考查的是互斥型方案的静态评价。互斥方案静态分析常用增量投资收益率、增量投资回收期、年折算费用、综合总费用等评价方法进行相对经济效果的评价。

［**答案**］ACD

知识点 13 互斥型方案的动态评价

一、计算期相同的互斥方案经济效果的评价

(一) 净现值 (NPV) 法

首先剔除 $NPV<0$ 的方案，即进行方案的绝对效果检验；然后对所有 $NPV\geqslant0$ 的方案比较其净现值，选择净现值最大的方案为最佳方案。

在工程经济分析中，对效益相同（或基本相同），但效益无法或很难用货币直接计量的互斥方案进行比较，常用费用现值（PW）比较替代净现值进行评价。为此，首先计算各备选方案的费用现值 PW，然后进行对比，以费用现值最低的方案为最佳。

(二) 增量投资内部收益率 (ΔIRR) 法

应用 ΔIRR 法评价互斥方案的基本步骤如下：

(1) 计算各备选方案的 IRR_j，分别与基准收益率 i_c 比较。$IRR_j<i_c$ 的方案，即予淘汰。

(2) 将 $IRR_j\geqslant i_c$ 的方案按初始投资额由小到大依次排列。

(3) 按初始投资额由小到大依次计算相邻两个方案的增量投资内部收益率 ΔIRR；若 $\Delta IRR>i_c$，则说明初始投资额大的方案优于初始投资额小的方案，保留投资额大的方案；反之，若 $\Delta IRR<i_c$，则保留投资额小的方案。直至全部方案比较完毕，保留的方案就是最优方案。

(三) 净年值 (NAV) 法

净年值评价与净现值评价是等价的（或等效的）。同样，在互斥方案评价时，只需按方案的净年值的大小直接进行比较即可得出最优可行方案。

在具体应用净年值评价互斥方案时常分以下两种情况：

(1) 当给出“+”“－”现金流量时，分别计算各方案的等额年值。凡等额年值小于 0 的方案，先行淘汰，在余下方案中，选择等额年值大者为优。

(2) 当方案所产生的效益无法或很难用货币直接计量时，即只给出投资和年经营成本或作业成本时，可以通过计算各备选方案的等额年费用（AC）进行对比，以等额年费用（AC）最低者为最佳方案。

二、计算期不同的互斥方案经济效果的评价

如果互斥方案的计算期不同，必须对计算期做出某种假定，使得方案在相等期限的基础上进行比较，这样才能保证得到合理的结论。

(一) 净年值 (NAV) 法

用净年值法进行寿命不等的互斥方案比选。

判别准则：$NAV\geqslant0$ 且 NAV 最大者为最优方案。

(二) 净现值 (NPV) 法

净现值用于互斥方案评价时，必须考虑时间的可比性，即在相同的计算期下比较净现值的大小。

(1) 最小公倍数法（又称方案重复法）。

(2) 研究期法。

(3) 无限计算期法。

(4) 增量投资内部收益率法。

➤ **考分统计**：统计近 10 年本知识点，在 2013、2014、2016、2017、2021 年进行考核，考核频次为 50%，其中 2013 年考核一道多选题，2014、2017、2021 年考核一道单选题，2016 年考核一道单选题、一道多选题。

典型例题

[**2021 真题·单选**] 两个工程项目投资方案互斥，但计算期不同，经济效果评价时可以采用的动态评价方法为（　　）。

A. 增量投资收益率法、增量投资回收期法、年折算费用法

B. 增量投资内部收益率法、净现值法、净年值法

C. 增量投资收益率法、净现值法、综合总费用法

D. 增量投资回收期法、净年值法、综合总费用法

[**解析**] 在对寿命不等的互斥方案进行比选时，动态评价方法有净年值法、净现值法、增量投资内部收益率。

[**答案**] B

[**2017 真题·单选**] 对于效益基本相同但效益难以用货币直接计量的互斥投资方案，在进行比选时常用（　　）替代净现值。

A. 增量投资　　B. 费用现值　　C. 年折算费用　　D. 净现值率

[**解析**] 本题考查的是互斥型方案的动态评价。在工程经济分析中，对效益相同（或基本相同），但效益无法或很难用货币直接计量的互斥方案进行比较，常用费用现值比较替代净现值进行评价。为此，首先计算各备选方案的费用现值，然后进行对比，以费用现值最低的方案为最佳。

[**答案**] B

[**2016 真题·单选**] 采用增量投资内部收益率（ΔIRR）法比选计算期不同的互斥方案时，对于已通过绝对效果检验的投资方案，确定优选方案的准则是（　　）。

A. ΔIRR 大于基准收益率时，选择初始投资额小的方案

B. ΔIRR 大于基准收益率时，选择初始投资额大的方案

C. 无论 ΔIRR 是否大于基准收益率时，均选择初始投资额小的方案

D. 无论 ΔIRR 是否大于基准收益率时，均选择初始投资额大的方案

[**解析**] 本题考查的是互斥型方案的动态评价。若 ΔIRR 大于基准收益率时，则初始投资额大的方案为优选方案；若 ΔIRR 小于基准收益率时，则初始投资额小的方案为优选方案。

[**答案**] B

[**2014 真题·单选**] 采用增量内部投资收益率（ΔIRR）法，挑选计算期相同的两个可行互斥方案时，基准收益率为 i_c，则保留投资额大的方案的前提条件是（　　）。

A. $\Delta IRR>0$　　B. $\Delta IRR<0$　　C. $\Delta IRR>i_c$　　D. $\Delta IRR<i_c$

[**解析**] 本题考查的是互斥型方案的动态评价。按初始投资额由小到大依次计算相邻两个方案的增量投资内部收益率 ΔIRR，若 $\Delta IRR>i_c$，则说明初始投资额大的方案优于初始投资额小的方案，保留投资额大的方案。

[**答案**] C

[**2016 真题·多选**] 采用净现值法评价计算期不同的互斥方案时，确定共同计算期的方法有（　　）。

A. 最大公约数法　　B. 平均寿命期法

C. 最小公倍数法　　　　　　　　　　D. 研究期法

E. 无限计算期法

[解析] 本题考查的是互斥型方案的动态评价。确定共同计算期的方法有最小公倍数法、研究期法、无限计算期法。

[答案] CDE

[2013 真题 · 多选] 对于计算周期相同的互斥方案，可采用的经济效果动态评价方法有（　　）。

A. 增量投资收益率法　　　　　　　　B. 净现值法

C. 增量投资回收期法　　　　　　　　D. 净年值法

E. 增量投资内部收益率法

[解析] 本题考查的是互斥型方案的动态评价。对于计算期相同的互斥方案，可采用的动态评价方法包括净现值法、净年值法、增量投资内部收益率法。增量投资收益率法、增量投资回收期法是互斥方案的静态方法。

[答案] BDE

知识点 14 经济效果评价的不确定性分析

不确定性分析包括盈亏平衡分析、敏感性分析和风险分析。其中，盈亏平衡分析只适用于项目的财务评价；敏感性分析和风险分析则可同时用于财务评价和国民经济评价。

一、盈亏平衡分析

（一）基本的损益方程式

利润＝销售收入－总成本－销售税金

总成本＝变动成本＋固定成本＝单位变动成本×产量＋固定成本

销售税金＝单位产品销售税金及附加×销售量

利润＝单位售价×销售量或生产量－（单位产品变动成本×销售量或生产量＋固定成本）－（单位产品销售税金及附加×销售量或生产量）

图 4-2-3 能清晰地显示项目不盈利也不亏损时应达到的产销量，故又称为盈亏平衡图。

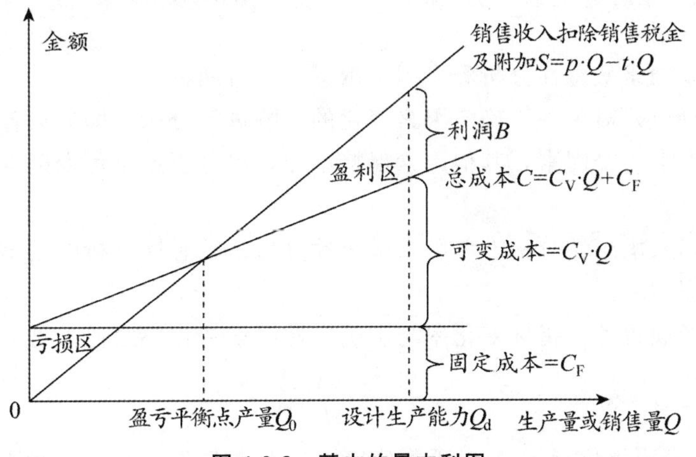

图 4-2-3　基本的量本利图

（二）盈亏平衡分析方法

1. 线性盈亏平衡分析的前提条件

（1）生产量等于销售量。

（2）生产量变化，单位可变成本不变，从而使总生产成本成为生产量的线性函数。

（3）生产量变化，销售单价不变，从而使销售收入成为销售量的线性函数。

（4）只生产单一产品，或者生产多种产品，但可以换算为单一产品计算。

2. 盈亏平衡点的表达形式

（1）用产量表示的盈亏平衡点 $BEP\ (Q)$ 见下式：

$$BEP\ (Q)=\frac{\text{年固定总成本}}{\text{单位产品销售价格}-\text{单位产品可变成本}-\text{单位产品销售税金及附加}}$$

（2）用生产能力利用率表示的盈亏平衡点 $BEP\ (\%)$ 见下式：

$$BEP\ (\%)=\frac{\text{盈亏平衡点销售量}}{\text{正常产销量}}\times 100\%$$

$$BEP\ (\%)=\frac{\text{年固定总成本}}{\text{年销售收入}-\text{年可变成本}-\text{年销售税金及附加}}\times 100\%$$

$$BEP\ (Q)=BEP\ (\%)\times\text{设计生产能力}$$

（3）用年销售额表示的盈亏平衡点 $BEP\ (S)$ 见下式：

$$BEP\ (S)=\frac{\text{单位产品销售价格}\times\text{年固定总成本}}{\text{单位产品销售价格}-\text{单位产品可变成本}-\text{单位产品销售税金及附加}}$$

（4）用销售单价表示的盈亏平衡点 $BEP\ (p)$ 见下式：

$$BEP\ (p)=\frac{\text{年固定总成本}}{\text{设计生产能力}}+\text{单位产品可变成本}+\text{单位产品销售税金及附加}$$

盈亏平衡点反映了项目对市场变化的适应能力和抗风险能力。盈亏平衡点越低，达到此点的盈亏平衡产量和收益或成本也就越少，项目投产后盈利的可能性越大，适应市场变化的能力越强，抗风险能力也越强。

盈亏平衡分析虽然能够度量项目风险的大小，但并不能揭示产生项目风险的根源。

二、敏感性分析

敏感性分析是指通过分析不确定性因素发生增减变化时，对财务或经济评价指标的影响，并计算敏感度系数和临界点，找出敏感因素，确定评价指标对该因素的敏感程度和项目对其变化的承受能力。

敏感性分析有单因素敏感性分析和多因素敏感性分析两种。

单因素敏感性分析是对单一不确定因素变化的影响进行分析，即假设各不确定性因素之间相互独立，每次只考察一个因素，其他因素保持不变，以分析这个可变因素对经济评价指标的影响程度和敏感程度。

通常只进行单因素敏感性分析，单因素敏感性分析是敏感性分析的基本方法。

（一）敏感度系数（S_{AF}）

敏感度系数是指项目评价指标变化率与不确定性因素变化率之比，见下式：

$$S_{AF}=\frac{\Delta A/A}{\Delta F/F}$$

$|S_{AF}|$ 越大，表明评价指标 A 对于不确定因素 F 越敏感；反之，越不敏感。据此可以找出哪些因素是最关键的因素。

（二）临界点（转换值）

临界点是指不确定性因素的变化使项目由可行变为不可行的临界数值。

敏感性分析是工程项目经济评价时经常用到的一种方法，在一定程度上定量描述了不确定因素的变动对项目投资效果的影响，有助于搞清项目对不确定因素的不利变动所能容许的风险程度。

但敏感性分析也有其局限性，它不能说明不确定因素发生变动的情况的可能性大小，也就是没有考虑不确定因素在未来发生变动的概率，而这种概率是与项目的风险大小密切相关的。

➢ **考分统计**：统计近 10 年本知识点，在 2012、2013、2014、2015、2016、2017、2018、2020、2021 年进行考核，考核频次为 90%，其中 2013、2014、2016、2017、2018、2021 年分别考核一道单选题，2012、2020 年考核两道单选题、一道多选题，2015 年考核一道单选题、一道多选题。

典型例题

[**2021 真题·单选**] 某房地产开发商估计新建住宅销售价 1.5 万元/m²，综合开发可变成本 9000 元/m²，固定成本 3600 万元，住宅综合销售税率为 12%，如果住宅综合销售税率按 25%计算，则该开发商的住宅开发量盈亏平衡点应提高（　　）m²。

A. 6000　　B. 7429　　C. 8571　　D. 16000

[**解析**] 盈亏平衡点销量 Q_1=3600/（1.5－0.9－1.5×25%）＝16000（m²），盈亏平衡点销量 Q_2＝3600/（1.5－0.9－1.5×12%）＝8571.43（m²），16000－8571.43≈7429（m²）。

[**答案**] B

[**2020 真题·单选**] 某工业项目年设计能力为 60 万件。单位产品售价 200 元，单位产品可变成本为 160 元，年固定成本 600 万元，项目的销售税金及附加的合并税率为产品价格的 5%，其盈亏平衡点为（　　）万件。

A. 30　　B. 20　　C. 15　　D. 10

[**解析**] 盈亏平衡点＝年固定总成本/（单位产品销售价格－单位产品可变成本－单位产品销售税金及附加）＝600/（200－160－200×5%）＝20（万件）。

[**答案**] B

[**2020 真题·单选**] 对某投资方案进行单因素敏感性分析时，在相同初始条件下，产品价格下降幅度超过 6.28%时，净现值由正变负；投资额增加幅度超过 9.76%时，净现值由正变负；经营成本上升幅度超过 14.35%时，净现值由正变负。按净现值对各个因素的敏感程度由大到小排列，正确的顺序是（　　）。

A. 产品价格—投资额—经营成本　　B. 经营成本—投资额—产品价格

C. 投资额—经营成本—产品价格　　D. 投资额—产品价格—经营成本

[**解析**] 产品价格下降幅度超过 6.28%时，净现值由正变负；投资额增加幅度超过 9.76%时，净现值由正变负；经营成本上升幅度超过 14.35%时，净现值由正变负。按净现值对各个因素的敏感程度来排序，依次是产品价格、投资额、经营成本，最敏感的因素是产品价格。

[**答案**] A

[**2018 真题·单选**] 以产量表示的项目盈亏平衡点与项目投资效果的关系是（　　）。

A. 盈亏平衡点越低，项目盈利能力越低

B. 盈亏平衡点越低，项目抗风险能力越强

C. 盈亏平衡点越高，项目风险越小

D. 盈亏平衡点越高，项目产品单位成本越高

［解析］本题考查的是方案经济评价的不确定性分析。盈亏平衡点越低，达到此点的盈亏平衡产量和收益或成本也就越少，项目投产后盈利的可能性越大，适应市场变化的能力越强，抗风险能力也越强。

［答案］B

［**2017 真题·单选**］关于投资方案不确定性分析与风险分析的说法，正确的是（　　）。

A. 敏感性分析只适用于财务评价

B. 风险分析只适用于国民经济评价

C. 盈亏平衡分析只适用于财务评价

D. 盈亏平衡分析只适用于国民经济评价

［解析］本题考查的是方案经济评价的不确定性分析。盈亏平衡分析只适用于财务评价，敏感性分析和风险分析可同时用于财务评价和国民经济评价。

［答案］C

［**2015 真题·多选**］某投资方案单因素敏感性分析见图 4-2-4，其中表明的正确结论有（　　）。

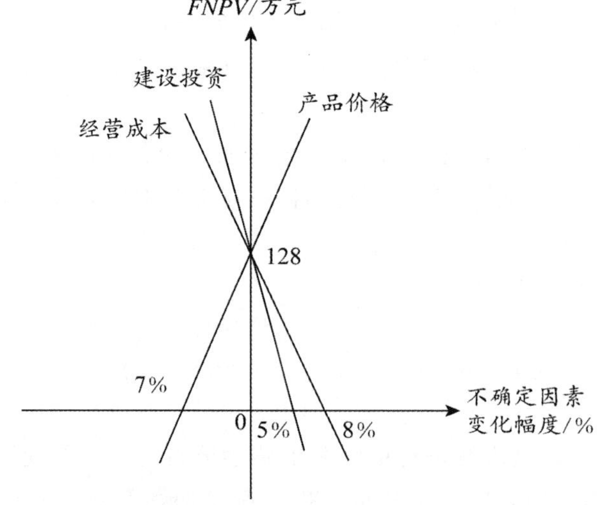

图 4-2-4　某投资方案单因素敏感性分析

A. 净现值对建设投资波动最敏感

B. 初始投资方案的净现值为 128 万元

C. 净现值对经营成本变动的敏感性高于对产品价格变动的敏感性

D. 为保证项目可行，投资方案不确定性因素变动幅度最大不超过 8%

E. 按净现值判断，产品价格变动临界点比初始方案价格下降 7%

［解析］本题考查的是方案经济评价的不确定性分析。选项 A，建设投资临界点最小，所以净现值对建设投资波动最敏感；选项 B，确定性分析计算的净现值为 128 万元，即初始投资方案的净现值为 128 万元；选项 C，经营成本临界点为 8%，产品价格临界点为 7%，净现值对经营成本变动的敏感性低于对产品价格变动的敏感性；选项 D，建设投资波动最大为 5%，产品价格波动最大为 7%，经营成本波动最大为 8%；选项 E，产品价格临界点为 7%，即按净现值判断，产品价格变动临界点比初始方案价格下降 7%。

［答案］ABE

第三节　价值工程的程序和方法

知识点 1 价值工程的基本原理

一、价值工程及其特点

工程中所述的“价值”是指作为某种产品（或作业）所具有的功能与获得该功能的全部费用的比值。它不是对象的使用价值，也不是对象的经济价值和交换价值，而是对象的比较价值。这种对比关系的表示见下式：

$$V=F/C$$

式中，V——研究对象的价值；F——研究对象的功能；C——研究对象的成本，即寿命周期成本。

由此可见，价值工程涉及价值、功能和寿命周期成本三个基本要素。

价值工程具有以下特点：

(1) 价值工程的目标是以最低的寿命周期成本，使产品具备其所必须具备的功能。简而言之，就是以提高对象的价值为目标。

产品的寿命周期成本由生产成本和使用及维护成本组成。在一定范围内，产品的生产成本和使用成本存在此消彼长的关系，见图 4-3-1。

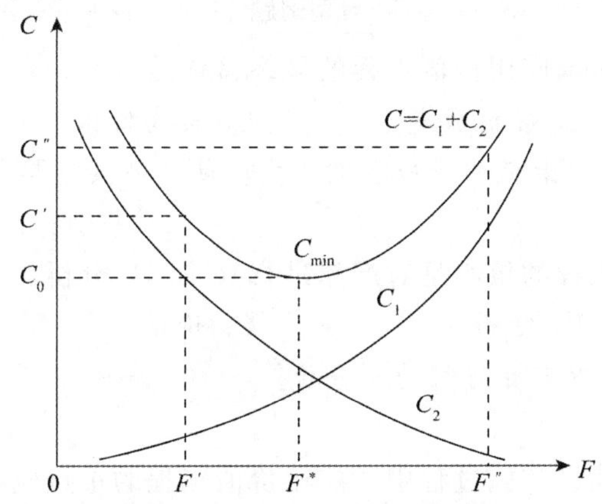

图 4-3-1　产品功能与成本的关系

(2) 价值工程的核心是对产品进行功能分析。

价值工程分析产品，首先不是分析其结构，而是分析其功能。在分析功能的基础之上，再去研究结构、材质等问题。

(3) 价值工程将产品价值、功能和成本作为一个整体同时来考虑。

(4) 价值工程强调不断改革和创新。

(5) 价值工程要求将功能定量化。

(6) 价值工程是以集体的智慧开展的有计划、有组织的管理活动。

二、提高产品价值的途径

价值工程的基本原理见下式：

$$V=F/C$$

提高产品价值的途径有以下 5 种：

（1）在提高产品功能的同时，又降低产品成本，这是提高价值最为理想的途径。但对生产者要求较高。往往要借助科学技术的突破才能实现。（$F\uparrow$，$C\downarrow$）

（2）在产品成本不变的条件下，通过提高产品的功能，提高利用资源的效果或效用，达到提高产品价值的目的。（$F\uparrow$，$C\rightarrow$）

（3）在保持产品功能不变的前提下，通过降低产品的寿命周期成本，达到提高产品价值的目的。（$F\rightarrow$，$C\downarrow$）

（4）产品功能有较大幅度提高，产品成本有较少提高。（$F\uparrow\uparrow$，$C\uparrow$）

（5）在产品功能略有下降、产品成本大幅度降低的情况下，也可以达到提高产品价值的目的。（$F\downarrow$，$C\downarrow\downarrow$）

价值工程的主要应用可以概括为两大方面：①应用于方案评价，既可在多方案中选择价值较高的方案，也可选择价值较低的对象作为改进对象；②寻求提高对产品或对象价值的途径。

应用价值工程的重点是在产品的研究、设计阶段，产品的设计图纸一旦完成并投入生产后，产品的价值就已基本确定，这时再进行价值工程分析就变得更加复杂。

➢ **考分统计**：统计近 10 年本知识点，在 2012、2013、2014、2015、2016、2018、2020、2021 年进行考核，考核频次为 80%，其中 2015 年考核一道单选题、一道多选题，2012 年考核两道单选题、一道多选题，2013、2014、2016、2018、2020、2021 年分别考核一道单选题。

典型例题

［**2021 真题·单选**］选定对象应用价值工程的最终目标是（　　）。

A. 提高功能　　B. 降低成本　　C. 提高价值　　D. 降低能耗

［**解析**］价值工程的目标是以最低的寿命周期成本，使产品具备其所必须具备的功能。

［**答案**］C

［**2020 真题·单选**］价值工程的核心是对产品进行（　　）分析。

A. 成本　　B. 结构　　C. 价值　　D. 功能

［**解析**］价值工程的核心是对产品进行功能分析。

［**答案**］D

［**2016 真题·单选**］工程建设实施过程中，应用价值工程的重点应在（　　）阶段。

A. 勘察　　B. 设计　　C. 招标　　D. 施工

［**解析**］本题考查的是价值工程的基本原理。对于大型复杂的产品，应用价值工程的重点是在产品的研究、设计阶段，产品的设计图纸一旦完成并投入生产后，产品的价值就已基本确定，这时再进行价值工程分析就变得更加复杂。

［**答案**］B

［**2015 真题·单选**］通过应用价值工程优化设计，使某房屋建筑主体结构工程达到了缩小结构构件几何尺寸，增加使用面积，降低单方造价的效果。该提高价值的途径是（　　）。

A. 功能不变的情况下降低成本

B. 成本略有提高的同时大幅提高功能

C. 成本不变的条件下提高功能

D. 提高功能的同时降低成本

[解析] 本题考查的是价值工程的基本原理。“使某房屋建筑主体结构工程达到了缩小结构构件几何尺寸，增加使用面积”，是提高功能水平；“降低单方造价”，是降低成本。

[答案] D

[2015 真题 · 多选] 下列关于价值工程的说法，正确的有（ ）。

A. 价值工程的核心是对产品进行功能分析

B. 价值工程的应用重点是在产品生产阶段

C. 价值工程将产品的价值、功能和成本作为一个整体考虑

D. 价值工程需要将产品的功能定量化

E. 价值工程可用来寻找产品价值的提高途径

[解析] 选项 B，价值工程的应用重点是在研究设计阶段。

[答案] ACDE

知识点 2 价值工程的工作程序

价值工程的工作程序一般可分为准备、分析、创新、实施与评价四个阶段。其工作步骤实质上就是针对产品功能和成本提出问题、分析问题和解决问题的过程，具体内容见表 4-3-1。

表 4-3-1 价值工程的工作程序

工作阶段	工作步骤	对应问题
准备阶段	（1）对象选择 （2）组成价值工程工作小组 （3）制订工作计划	（1）价值工程的研究对象 （2）围绕价值工程对象需要做的准备工作
分析阶段	（1）收集整理资料 （2）功能定义 （3）功能整理 （4）功能评价	（1）价值工程对象的功能 （2）价值工程对象的成本 （3）价值工程对象的价值
创新阶段	（1）方案创造 （2）方案评价 （3）提案编写	（1）有无其他方法可以实现同样功能 （2）新方案的成本 （3）新方案能否满足要求
方案实施与评价阶段	（1）方案审批 （2）方案实施 （3）成果评价	（1）如何保证新方案的实施 （2）价值工程活动的效果如何

➤ **考分统计**：统计近 10 年本知识点，在 2020 年考核一道单选题，2021 年考核一道多选题，考核频次为 20%。

典型例题

[2020 真题 · 单选] 按照价值工程的工作程序，需要在分析阶段进行的工作是（ ）。

A. 对象选择和功能定义　　B. 功能定义和功能整理

C. 功能整理和方案评价　　D. 方案创造和成果评价

[解析] 分析阶段的工作内容包括收集整理资料、功能定义、功能整理、功能评价。选项 A 的“对象选择”属于准备阶段；选项 C 的“方案评价”属于创新阶段；选项 D 的“成果评价”属于方案实施与评价阶段。

[答案] B

知识点 3 价值工程对象选择的方法

一、因素分析法

特别是在被研究对象彼此相差比较大以及时间紧迫的情况下比较适用。

二、ABC分析法

ABC分析法，又称重点选择法或不均匀分布定律法。其基本原理为“关键的少数和次要的多数”。

这种方法的基本思路是：首先将一个产品的各种部件（或企业各种产品）按成本的大小由高到低排列起来，然后绘成费用累积分配图。然后将占总成本70%～80%而占零部件总数10%～20%的零部件划分为A类部件；将占总成本5%～10%而占零部件总数60%～80%的零部件划分为C类；其余为B类。其中A类零部件是价值工程的主要研究对象。

优点：ABC分析法抓住成本比重大的零部件或工序作为研究对象，有利于集中精力重点突破，效果较大，简便易行。

缺点：在实际工作中，有时由于成本分配不合理，造成成本比重不大但用户认为功能重要的对象可能被漏选或排序推后。ABC分析法的这一缺点可以通过经验分析法、强制确定法等方法补充修正。

三、强制确定法

强制确定法是以功能重要程度作为选择价值工程对象的一种分析方法。

具体做法是：先求出分析对象的成本系数、功能系数，然后得出价值系数。这种方法在功能评价和方案评价中也有应用。

➢ **考分统计**：统计近10年本知识点，在2010、2011、2012、2015、2017、2018年进行考核，考核频次为60%，各年分别考核一道单选题。

典型例题

［**2018真题·单选**］针对某种产品采用ABC分析法选择价值工程研究对象时，应将（　　）的零部件作为价值工程主要研究对象。

A. 成本和数量占比较高

B. 成本占比高而数量占比小

C. 成本和数量占比均低

D. 成本占比小而数量占比高

［解析］ABC分析法抓住成本比重大的零部件或工序作为研究对象，有利于集中精力重点突破，取得较大效果，同时简便易行。

［答案］B

［**2017真题·单选**］下列价值工程对象选择方法中，以功能重要程度作为选择标准的是（　　）。

A. 因素分析法

B. 强制确定法

C. 重点选择法

D. 百分比分析法

［解析］强制确定法是以功能重要程度作为选择价值工程对象的一种分析方法。

［答案］B

[**2015 真题·单选**] 采用 ABC 分析法确定价值工程对象，是指将（　　）的零部件或工序作为研究对象。

A. 功能评分值高　　B. 成本比重大　　C. 价值系数低　　D. 生产工艺复杂

[**解析**] ABC 分析法，又称重点选择法或不均匀分布定律法，是指应用数理统计分析的方法来选择对象。在价值工程中，这种方法的基本思路是：首先将一个产品的各种部件（或企业各种产品）按成本的大小由高到低排列起来，然后绘成费用累积分配图。然后将占总成本 70%～80%而占零部件总数 10%～20%的零部件划分为 A 类部件；将占总成本 5%～10%而占零部件总数 60%～80%的零部件划分为 C 类；其余为 B 类。其中，A 类零部件是价值工程的主要研究对象。

[**答案**] B

知识点 4 功能的系统分析

功能分析是价值工程活动的核心和基本内容。功能分析包括功能定义、功能整理和功能计量等内容。

一、功能分类

（1）按功能的重要程度分类，产品的功能一般可分为基本功能和辅助功能两类。

（2）按功能的性质分类，产品的功能可分为使用功能和美学功能。

使用功能是从功能的内涵反映其使用属性，是一种动态功能。

美学功能是从产品的外观反映功能的艺术属性，是一种静态的外观功能。

（3）按用户的需求分类，功能可分为必要功能和不必要功能。

必要功能包括使用功能、美学功能、基本功能、辅助功能等。

不必要功能是不符合用户要求的功能，包括多余功能、重复功能、过剩功能。

（4）按功能的量化标准分类，产品的功能可分为过剩功能和不足功能。

二、功能定义

功能定义就是以简洁的语言对产品的功能加以描述。

三、功能整理

（1）功能整理的目的。

（2）功能整理的一般程序。功能整理的主要任务就是建立功能系统图。

其工作程序如下：

1）编制功能卡片。

2）选出最基本的功能。

3）明确各功能之间的关系。

4）对功能定义作必要的修改、补充和取消。

5）按上下位关系，将经过调整、修改和补充的功能，排列成功能系统图。

四、功能计量

各级子功能的量化方法有很多，如理论计算法、技术测定法、统计分析法、类比类推法、德尔菲法等，可根据具体情况灵活选用。

➤ **考分统计**：统计近 10 年本知识点，在 2011、2013、2014、2016、2017、2021 年进行考核，考核频次为 60%，2011、2014、2016、2021 年分别考核一道单选题，2013 年考核一道单选题、一道多选题，2017 年考核一道多选题。

典型例题

［**2016 真题·单选**］价值工程活动中，功能整理的主要任务是（　　）。

A. 建立功能系统图　　B. 分析产品功能特性

C. 编制功能关联表　　D. 确定产品功能名称

［**解析**］本题考查的是功能的系统分析。功能整理的主要任务就是建立功能系统图。因此，功能整理的过程也就是绘制功能系统图的过程。

［**答案**］A

［**2013 真题·单选**］产品功能可从不同的角度进行分析，按功能的性质不同，产品的功能可分为（　　）。

A. 必要功能和不必要功能　　B. 基本功能和辅助功能

C. 使用功能和美学功能　　D. 过剩功能和不足功能

［**解析**］本题考查的是功能的系统分析。按功能的性质分类，产品的功能可分为使用功能和美学功能。

［**答案**］C

［**2021 真题·多选**］下列价值工程活动中，属于功能分析阶段工作内容的有（　　）。

A. 功能定义　　B. 方案评价

C. 功能改进　　D. 功能计量

E. 功能整理

［**解析**］功能分析包括功能定义、功能整理和功能计量等内容。

［**答案**］ADE

［**2017 真题·多选**］价值工程活动中，按功能的重要程度不同，产品的功能可分为（　　）。

A. 基本功能　　B. 必要功能　　C. 辅助功能　　D. 过剩功能

E. 不足功能

［**解析**］本题考查的是功能的系统分析。按功能的重要程度分类，产品的功能一般可分为基本功能和辅助功能两类。

［**答案**］AC

［**2013 真题·多选**］价值工程研究对象的功能量化方法有（　　）。

A. 类比类推法　　B. 流程图法　　C. 理论计算法　　D. 技术测定法

E. 统计分析法

［**解析**］本题考查的是功能的系统分析。各级子功能的量化方法有很多，如理论计算法、技术测定法、统计分析法、类比类推法、德尔菲法等，可根据具体情况灵活选用。

［**答案**］ACDE

知识点 5　功能评价

通过功能分析与整理明确必要功能后，价值工程的下一步工作就是功能评价。

功能评价，即评定功能的价值，是指找出实现功能的最低费用作为功能的目标成本（又称

功能评价值），以功能目标成本为基准，通过与功能现实成本的比较，求出两者的比值（功能价值）和两者的差异值（改善期望值），然后选择功能价值低、改善期望值大的功能作为价值工程活动的重点对象。

一、功能现实成本 *C* 的计算

在计算功能现实成本时，需要根据传统的成本核算资料，将产品或零部件的现实成本换算成功能的现实成本。

二、功能评价值 *F* 的计算

对象的功能评价值 F（目标成本），是指可靠地实现用户要求功能的最低成本。

功能重要性系数评价法是一种根据功能重要性系数确定功能评价值的方法。

（一）确定功能重要性系数

功能重要性系数又称功能系数或功能指数。

确定功能重要性系数的关键是对功能进行打分，常用的打分方法有强制打分法（0—1 评分法或 0—4 评分法）、多比例评分法、逻辑评分法、环比评分法等。

（1）环比评分法。

（2）强制评分法。

1）0—1 评分法。

2）0—4 评分法。

F_1 比 F_2 重要得多：F_1 得 4 分，F_2 得 0 分；

F_1 比 F_2 重要：F_1 得 3 分，F_2 得 1 分；

F_1 与 F_2 同等重要：F_1 得 2 分，F_2 得 2 分；

F_1 不如 F_2 重要：F_1 得 1 分，F_2 得 3 分；

F_1 远不如 F_2 重要：F_1 得 0 分，F_2 得 4 分。

（二）确定功能评价值 *F*

（1）新产品设计。

（2）既有产品的改进设计。

三、功能价值 V 的计算及分析

（一）功能成本法——绝对值法

功能成本法见下式：

$$\text{第 } i \text{ 个评价对象的价值系数 } V=\frac{\text{第 } i \text{ 个评价对象的功能评价值 } F}{\text{第 } i \text{ 个评价对象的现实成本 } C}$$

（1）$V=1$，即功能评价值等于功能现实成本。

此时，说明评价对象的价值为最佳，一般无须改进。

（2）$V<1$，即功能现实成本大于功能评价值。

此时应列入功能改进的范围，并且以剔除过剩功能及降低现实成本为改进方向，使成本与功能比例趋于合理。

（3）$V>1$，即功能现实成本小于功能评价值。

此时，应具体分析，功能与成本的分配问题可能已较理想，或者有不必要功能，或者应该提高成本。

（二）功能指数法——相对值法

功能指数法见下式：

$$第\ i\ 个评价对象的价值系数\ V_I=\frac{第\ i\ 个评价对象的功能评价值\ F_I}{第\ i\ 个评价对象的现实成本\ C_I}$$

（1）$V_I=1$。此时评价对象的功能比重与成本比重大致平衡，可以认为功能的现实成本是比较合理的。

（2）$V_I<1$。评价对象的成本比重大于其功能比重，表明相对于系统内的其他对象而言，目前所占的成本偏高，从而会导致该对象的功能过剩。应将评价对象列为改进对象，改善方向主要是降低成本。

（3）$V_I>1$。此时评价对象的成本比重小于其功能比重。

四、确定 *VE* 对象的改进范围

（1）F/C 值低的功能区域。计算出来的 $V<1$ 的功能区域，基本上都应该进行改进，特别是 V 值比 1 小得较多的功能区域，应力求使 $V=1$。

（2）$C-F$ 值大的功能区域。

（3）复杂的功能区域。

➤ **考分统计**：统计近 10 年本知识点，在 2014、2016、2017、2018、2021 年进行考核，考核频次为 50%，其中 2014、2018 年分别考核两道单选题，2017、2021 年考核一道单选题，2016 年考核一道单选题、一道多选题。

典型例题

［**2021 真题·单选**］某产品四种零部件的功能指数和成本指数见表 4-3-2，该产品的优先改进对象是（　　）。

表 4-3-2　某产品四种零部件的功能指数和成本指数

零部件	功能系数	成本系数
甲	0.23	0.23
乙	0.24	0.27
丙	0.27	0.26
丁	0.26	0.24
合计	1.00	1.00

A. 甲　　B. 乙
C. 丙　　D. 丁

［**解析**］四种零部件的价值系数分别为：$V_{甲}=0.23/0.23=1$，$V_{乙}=0.24/0.27=0.89$，$V_{丙}=0.27/0.26=1.04$，$V_{丁}=0.26/0.24=1.08$。故该产品的优先改进对象是乙部件。

［**答案**］B

［**2018 真题·单选**］价值工程应用对象的功能评价值是指（　　）。

A. 可靠地实现用户要求功能的最低成本
B. 价值工程应用对象的功能与现实成本之比
C. 可靠地实现用户要求功能的最高成本
D. 价值工程应用对象的功能重要性系数

[解析] 本题考查的是功能评价。功能评价，即评定功能的价值，是指找出实现功能的最低费用作为功能的目标成本（又称功能评价值），以功能目标成本为基准，通过与功能现实成本的比较，求出两者的比值（功能价值）和两者的差异值（改善期望值），然后选择功能价值低、改善期望值大的功能作为价值工程活动的重点对象。

[答案] A

[2018 真题·单选] 某既有产品功能现实成本和重要性系数见表 4-3-3。若保持产品总成本不变，按成本降低幅度考虑，应优先选择的改进对象是（　　）。

表 4-3-3　某既有产品功能现实成本和重要性系数

功能区	功能现实成本	功能重要性系数
F_1	150	0.30
F_2	180	0.45
F_3	70	0.15
F_4	100	0.10
总计	500	1.00

A. F_1　　B. F_2　　C. F_3　　D. F_4

[解析] 本题考查的是功能评价。该既有产品功能评价值见表 4-3-4。

表 4-3-4　该既有产品功能评价值

功能区	功能现实成本（C）	功能重要性系数	根据产品现实成本和功能重要性系数重新分配的功能区成本（F）	成本降低幅度 $\Delta C=(C-F)$
F_1	150	0.30	150	—
F_2	180	0.45	225	—
F_3	70	0.15	75	—
F_4	100	0.10	50	50
总计	500	1.00	500	50

[答案] D

[2017 真题·单选] 按照价值工程活动的工作程序，通过功能分析与整理明确必要功能后的下一步工作是（　　）。

A. 功能评价　　B. 功能定义　　C. 方案评价　　D. 方案创造

[解析] 本题考查的是功能评价。通过功能分析与整理明确必要功能后，价值工程的下一步工作就是功能评价。

[答案] A

[2016 真题·单选] 某工程有甲、乙、丙、丁四个设计方案，各方案的功能系数和单方造价见表 4-3-5，按价值系数应优选设计方案（　　）。

表 4-3-5　某工程各方案的功能系数和单方造价

设计方案	甲	乙	丙	丁
功能系数	0.26	0.25	0.20	0.29
单方造价/（元/m^2）	3200	2960	2680	3140

A. 甲　　B. 乙　　C. 丙　　D. 丁

[解析] 本题考查的是功能评价。总造价=3200+2960+2680+3140=11980（元/m^3）。成本系数：甲=3200/11980≈0.27；乙=2960/11980≈0.25；丙=2680/11980≈0.22；丁=3140/11980≈0.26。价值指数：甲=0.26/0.27≈0.96；乙=0.25/0.25=1；丙=0.20/0.22≈0.91；丁=0.29/0.26≈1.12。进行方案比选时，价值指数大的为优选方案。

[答案] D

[2014 真题·单选] 价值工程应用中，如果评价对象的价值系数 $V<1$，则正确的策略是（　　）。

A. 剔除不必要功能或降低现实成本

B. 剔除过剩功能及降低现实成本

C. 不作为价值工程改进对象

D. 提高现实成本或降低功能水平

[解析] 本题考查的是功能评价。当 $V<1$，即功能现实成本大于功能评价值，表明评价对象的现实成本偏高，而功能要求不高。这时，一种可能是由于存在着过剩的功能，另一种可能是功能虽无过剩，但实现功能的条件或方法不佳，以致使实现功能的成本大于功能的现实需要。这两种情况都应列入功能改进的范围，并且以剔除过剩功能及降低现实成本为改进方向，使成本与功能比例趋于合理。

[答案] B

[2014 真题·单选] 价值工程应用中，采用 0—4 评分法确定的产品各部件功能得分见表 4-3-6，则部件Ⅱ的功能重要性系数是（　　）。

表 4-3-6　产品各部件功能得分

零部件	Ⅰ	Ⅱ	Ⅲ	Ⅳ	Ⅴ
Ⅰ	×	2	4	3	1
Ⅱ		×	3	4	2
Ⅲ			×	1	3
Ⅳ				×	2
Ⅴ					×

A. 0.125　　B. 0.150　　C. 0.250　　D. 0.275

[解析] 本题考查的是功能评价。产品各部件功能得分见表 4-3-7。

表 4-3-7　产品各部件功能得分

零部件	Ⅰ	Ⅱ	Ⅲ	Ⅳ	Ⅴ	功能总分	功能重要性系数
Ⅰ	×	2	4	3	1	10	0.25
Ⅱ	2	×	3	4	2	11	0.275
Ⅲ	0	1	×	1	3	5	0.125
Ⅳ	1	0	3	×	2	6	0.15
Ⅴ	3	2	1	2	×	8	0.20
合计						40	1.00

[答案] D

[**2016 真题·多选**] 价值工程活动中，用来确定产品功能评价值的方法有（　　）。

A. 环比评分法　　B. 替代评分法

C. 强制评分法　　D. 逻辑评分法

E. 循环评分法

[**解析**] 本题考查的是功能评价。确定功能重要性系数的关键是对功能进行打分，常用的打分方法有强制打分法（0—1 评分法或 0—4 评分法）、多比例评分法、逻辑评分法、环比评分法等。

[**答案**] ACD

知识点 6 方案创造及评价

一、方案创造

（1）头脑风暴（Brain Storming，BS）法。

（2）哥顿（Gorden）法。

（3）专家意见法。

（4）专家检查法。

二、方案评价

在对方案进行评价时，无论是概略评价还是详细评价，一般可先进行技术评价，再分别进行经济评价和社会评价，最后进行综合评价。

用于方案综合评价的方法有很多，常用的定性方法有德尔菲（Delphi）法、优缺点列举法等；常用的定量方法有直接评分法、加权评分法、比较价值评分法、环比评分法、强制评分法、几何平均值评分法等。

➤ **考分统计**：统计近 10 年本知识点，在 2010、2012、2015、2017、2018 年进行考核，考核频次为 50%，其中 2010、2017 年分别考核一道单选题，2012、2015、2018 年分别考核一道多选题。

典型例题

[**2017 真题·单选**] 价值工程活动中，方案评价阶段的工作顺序是（　　）。

A. 综合评价—经济评价和社会评价—技术评价

B. 综合评价—技术评价和经济评价—社会评价

C. 技术评价—经济评价和社会评价—综合评价

D. 经济评价—技术评价和社会评价—综合评价

[**解析**] 本题考查的是方案创造及评价。在对方案进行评价时，无论是概略评价还是详细评价，一般可先进行技术评价，再分别进行经济评价和社会评价，最后进行综合评价。

[**答案**] C

[**2010 真题·单选**] 在价值工程活动的方案创造阶段，为了激发出有价值的创新方案，会议主持人在开始时并不全部摊开要解决的问题，只是对与会者进行抽象笼统的介绍，要求大家提出各种设想，这种方案创造的方法称为（　　）。

A. 德尔菲法　　B. 哥顿法　　C. 头脑风暴法　　D. 强制确定法

[解析] 本题考查的是方案创造及评价。哥顿法是在会议上提方案，但究竟研究什么问题，目的是什么，只有会议的主持人知道，以免其他人受约束。这种指导思想是把要研究的问题适当抽象，以利于开拓思路。在研究新方案时，会议主持人开始并不全部摊开要解决的问题，而是只对大家做一番抽象笼统的介绍，要求大家提出各种设想，以激发出有价值的创新方案。

[答案] B

[**2018 真题 · 多选**] 应用价值工程，对所提出的替代方案进行定量综合评价可采用的方法有（　　）。

A. 优缺点列举法　　B. 德尔菲法

C. 加权评分法　　D. 强制评分法

E. 连环替代法

[解析] 本题考查的是方案创造及评价。用于方案综合评价的方法有很多，常用的定性方法有德尔菲法、优缺点列举法等；常用的定量方法有直接评分法、加权评分法、比较价值评分法、环比评分法、强制评分法、几何平均值评分法等。选项 A、B 属于方案综合评价的定性方法。选项 C、D 属于方案综合评价的定量方法。选项 E 属于干扰选项。

[答案] CD

[**2012 真题 · 多选**] 价值工程活动中，对创新方案进行技术可行性评价的内容包括（　　）。

A. 方案能够满足所需的功能　　B. 方案的寿命及可靠性

C. 实施方案所需要的投入　　D. 方案的可维修性及可操作性

E. 方案本身的技术可实现性

[解析] 本题考查的是方案创造及评价。概略评价阶段：技术可行性方面，应分析和研究创新方案能否满足所要求的功能及其本身在技术上能否实现；详细评价阶段：技术可行性方面，主要以用户需要的功能为依据，对创新方案的必要功能条件实现的程度作出分析评价。特别对产品或零部件，一般要对功能的实现程度（包括性能、质量、寿命等）、可靠性、维修性、操作性、安全性以及系统的协调性等进行评价。

[答案] ABDE

第四节　工程寿命周期成本分析的内容和方法

知识点 1　工程寿命周期成本的含义

工程寿命周期是指工程产品从研究开发、设计、建造、使用直到报废所经历的全部时间，在工程寿命周期成本（Life Cycle Cost，LCC）中，不仅包括经济意义上的成本，还包括环境成本和社会成本。

一、工程寿命周期经济成本

工程寿命周期经济成本是指工程项目从项目构思到项目建成投入使用直至工程寿命终结全过程所发生的一切可直接体现为资金耗费的投入总和，包括建设成本和使用成本。

二、工程寿命周期环境成本

工程寿命周期环境成本是指工程产品系列在其全寿命周期内对于环境的潜在和显现的不利影响。

三、工程寿命周期社会成本

工程寿命周期社会成本是指工程产品在从项目构思、产品建成投入使用直至报废不堪再用全过程中对社会的不利影响。

如果一个工程项目的建设会增加社会的运行成本，如由于工程建设引起大规模的移民，可能增加社会的不安定因素，这种影响就应计算为社会成本。

在工程寿命周期成本中，环境成本和社会成本都是隐性成本，它们不直接表现为量化成本，而必须借助于其他方法转化为可直接计量的成本，这就使得它们比经济成本更难以计量。

➤ **考分统计**：统计近 10 年本知识点，在 2011、2012、2015、2018 年进行考核，考核频次为 40%，各年分别考核一道单选题。

典型例题

[**2018 真题・单选**] 因大型工程建设引起大规模移民可能增加的不安定因素，在工程寿命周期成本分析中应计算为（　　）成本。

A. 经济　　B. 社会

C. 环境　　D. 人为

[**解析**] 本题考查的是工程寿命周期成本的含义。与环境成本一样，工程建设及工程产品对于社会的影响规模的移民，可能增加社会的不安定因素，这种影响就应计算为社会成本。

[**答案**] B

[**2015 真题・单选**] 关于工程寿命周期社会成本的说法，正确的是（　　）。

A. 社会成本是指社会因素对工程建设和使用产生的不利影响

B. 工程建设引起大规模移民是一种社会成本

C. 社会成本主要发生在工程项目运营期

D. 社会成本只在项目财务评价中考虑

[**解析**] 本题考查的是工程寿命周期成本的含义。工程寿命周期社会成本是指工程产品在从项目构思、产品建成投入使用直至报废不堪再用全过程中对社会的不利影响。选项 A，与定义不一致；选项 C，社会成本在整个寿命期都可能发生；选项 D，社会成本是指对社会的负面影响，重点在项目经济分析中考虑。

[**答案**] B

[**2012 真题・单选**] 下列工程寿命周期成本中，属于社会成本的是（　　）。

A. 建筑产品使用过程中的电力消耗

B. 工程施工对原有植被可能造成的破坏

C. 建筑产品使用阶段的人力资源消耗

D. 工程建设征地拆迁可能引发的不安定因素

[**解析**] 本题考查的是工程寿命周期成本的含义。社会成本是指由于工程建设给社会带来的负面影响。工程建设征地拆迁可能引发的不安定因素属于社会成本。

[答案] D

[**2011 真题·单选**] 在寿命周期成本分析中，对于不直接表现为量化成本的隐性成本，正确的处理方法是（　　）。

A. 不予计算和评价

B. 采用一定方法使其转化为可直接计量的成本

C. 将其作为可直接计量成本的风险看待

D. 将其按可直接计量成本的1.5～2倍计算

[**解析**] 本题考查的是工程寿命周期成本的含义。在工程寿命周期成本中，环境成本和社会成本都是隐性成本，它们不直接表现为量化成本，而必须借助于其他方法转化为可直接计量的成本，这就使得它们比经济成本更难以计量。但在工程建设及运行的全过程中，这类成本始终是发生的。

[答案] B

知识点 2 工程寿命周期成本分析方法

一、费用效率（*CE*）法

（1）系统效率。

（2）寿命周期成本。

对于寿命周期成本的估算，必须尽可能地在系统开发的初期进行。

费用估算的方法有很多，常用的有：

1）费用模型估算法。

2）参数估算法。

3）类比估算法。它是应用得最广泛的方法。

4）费用项目分别估算法。

二、固定效率法和固定费用法

（1）固定效率法是将效率值固定下来，然后选取能达到这个效率而费用最低的方案。

（2）固定费用法是将费用值固定下来，然后选出能得到最佳效率的方案。

三、权衡分析法

在寿命周期成本评价法中，权衡分析的对象包括以下5种情况：

（1）设置费与维持费的权衡分析。

为了权衡设置费与维持费之间关系，可以采用以下各种有效的手段：①改善原设计材质，降低维修频度；②支出适当的后勤支援费，改善作业环境，减少维修作业；③制订防震、防尘、冷却等对策，提高可靠性；④进行维修性设计；⑤置备备用的配套件、部件和整机，设置迂回的工艺路线，提高可维修性；⑥进行节省劳力的设计，减少操作人员的费用；⑦进行节能设计，节省运行所需的动力费用；⑧进行防止操作和维修失误的设计。

➤ **点拨**：设置费与维持费的权衡分析：两个费用发生在竣工前和竣工后。

（2）设置费中各项费用之间的权衡分析。

1）进行充分的研制，降低制造费。

2）将预知的维修系统装入机内，减少备件的购置量。

3）购买专利的使用权，从而减少设计、试制、制造、试验费用。

4）采用整体结构，减少安装费。

➢ **点拨**：设置费中各项费用之间的权衡分析：两个费用都发生在竣工验收前。

（3）维持费中各项费用之间的权衡分析。

1）采用计划预修，减少停机损失。

2）对操作人员进行充分培训，由于操作人员能自己进行维修，可减少维修人员的劳务费。

3）反复地完成具有相同的功能的行为，其产生的效果的体现形式便是缩短时间，减少用料，最终表现为费用减少。而且，重复的次数愈多，这种效果就愈显著，这就是熟练曲线。计算寿命周期成本时，对系统效率中的作业时间和准备时间，以及定期维修作业时间等，都可能适用熟练曲线，必须予以注意。

（4）系统效率和寿命周期成本的权衡分析。

在系统效率 *SE* 和寿命周期成本 *LCC* 之间进行权衡时，可以采用以下的有效手段：①通过增加设置费使系统的能力增大（例如增加产量）；②通过增加设置费使产品精度提高，从而有可能提高产品售价；③通过增加设置费提高材料的周转速度，使生产成本降低；④通过增加设置费，产品的使用性能具有更大的吸引力（例如，使用简便，舒适性提高，容易掌握，具有多种用途等），可使售价和销售量得以提高。

（5）从开发到系统设置完成这段时间与设置费的权衡分析。

如果要在短时间内实现从开发到设置完成的全过程，往往就得增加设置费。

进行这项权衡分析时，可以运用计划评审技术（PERT）。

➢ **点拨**：系统效率与寿命周期成本之间的权衡：投入和产出之间的权衡。

➢ **考分统计**：统计近 10 年本知识点，在 2012、2013、2014、2016、2017、2018、2020、2021 年进行考核，考核频次为 80%，其中 2012、2014、2016、2017、2018、2020、2021 年分别考核一道单选题，2013 年考核一道单选题、一道多选题。

典型例题

[**2021 真题·单选**] 下列各项费用中，属于费用效率（*CE*）法中设置费（*IC*）的是（　　）。

A. 试运转费　　B. 维修用设备费　　C. 运行动能费　　D. 项目报废费用

[**解析**] 设置费（*IC*）包括：研究开发费、设计费、制造费、安装费、试运转费。

[**答案**] A

[**2020 真题·单选**] 采用权衡分析法权衡工程系统设置费中各项费用之间的关系时，可采取的措施是（　　）。

A. 进行节能设计，减少运行费用

B. 改善设计材质，降低维修频度

C. 采用整体结构，减少安装费用

D. 采用计划预修，降低停机损失

[**解析**] 设置费中各项费用之间的权衡分析：①进行充分的研制，降低制造费；②将预知的维修系统装入机内，减少备件的购置量；③购买专利的使用权，从而减少设计、试制、制造、试验费用；④采用整体结构，减少安装费。

[**答案**] C

[**2017 真题·单选**] 工程寿命周期成本分析评价中，可用来估算费用的方法是（　　）。

A. 构成比率法　　B. 因素分析法

C. 挣值分析法　　D. 参数估算法

[**解析**] 本题考查的是工程寿命周期成本分析方法。费用估算的方法有很多，常用的有：①费用模型估算法；②参数估算法；③类比估算法；④费用项目分别估算法。

[**答案**] D

[**2016 真题·单选**] 工程寿命周期成本分析中，可用于对从系统开发至设置完成所用时间与设置费之间进行权衡分析的方法是（　　）。

A. 层次分析法

B. 关键线路法

C. 计划评审技术

D. 挣值分析法

[**解析**] 本题考查的是工程寿命周期成本分析方法。工程寿命周期成本分析中，对从系统开发到设置完成所用时间与设置费之间进行权衡分析时，可以运用计划评审技术。

[**答案**] C

[**2013 真题·单选**] 工程寿命周期成本分析中，为了权衡设置费与维持费之间关系，可采取的手段是（　　）。

A. 进行充分研发，降低制造费用

B. 购置备用部件，提高可修复性

C. 提高材料周转速度，降低生产成本

D. 聘请操作人员，减少维修费用

[**解析**] 本题考查的是工程寿命周期成本分析方法。为了权衡设置费与维持费之间关系，可以采用以下各种有效的手段：①改善原设计材质，降低维修频度；②支出适当的后勤支援费，改善作业环境，减少维修作业；③制定防震、防尘、冷却等对策，提高可靠性；④进行维修性设计；⑤置备备用的配套件、部件和整机，设置迂回的工艺路线，提高可维修性；⑥进行节省劳力的设计，减少操作人员的费用；⑦进行节能设计，节省运行所需的动力费用；⑧进行防止操作和维修失误的设计。

[**答案**] B

同步强化训练

一、单项选择题（每题的备选项中，只有 1 个最符合题意）

1. 某企业在年初向银行借贷一笔资金，月利率为 1%，则在 6 月底偿还时，按单利和复利计算的利息应分别是本金的（　　）。

　A. 5%和 5.10%　　B. 6%和 5.10%

　C. 5%和 6.15%　　D. 6%和 6.15%

2. 某工程项目建设期为 2 年，建设期内第 1 年初和第 2 年初分别贷款 600 万元和 400 万元，年利率为 8%。若运营期前 3 年每年末等额还贷款本息，到第 3 年末全部还清，则每年末应偿还本息（　　）万元。

　A. 406.66　　B. 439.19

　C. 587.69　　D. 634.70

3. 下列关于现金流量的说法，正确的是（　　）。

A. 收益获得的时间越晚、数额越大，其现值越大

B. 收益获得的时间越早、数额越大，其现值越小

C. 投资支出的时间越早、数额越小，其现值越大

D. 投资支出的时间越晚、数额越小，其现值越小

4. 某企业向银行借贷一笔资金，按月计息，月利率为1.2%，则年名义利率和年实际利率分别为（　　）。

A. 13.53%和14.40%

B. 13.53%和15.39%

C. 14.40%和15.39%

D. 14.40%和15.62%

5. 在投资方案评价中，投资回收期只能作为辅助评价指标的主要原因是（　　）。

A. 只考虑投资回收前的效果，不能准确反映投资方案在整个计算期内的经济效果

B. 忽视资金具有时间价值的重要性，在回收期内未能考虑投资收益的时间点

C. 只考虑投资回收的时间点，不能系统反映投资回收之前的现金流量

D. 基准投资回收期的确定比较困难，从而使方案选择的评价准则不可靠

6. 净现值作为评价投资方案经济效果的指标，其优点是（　　）。

A. 全面考虑了项目在整个计算期内的经济状况

B. 能够直接说明项目整个运营期内各年的经营成果

C. 能够明确反映项目投资中单位投资的使用效率

D. 不需要确定基准收益率而直接进行互斥方案的比选

7. 下列投资方案评价指标中，考虑资金时间价值的盈利性指标是（　　）。

A. 利息备付率和内部收益率

B. 静态投资回收期和净现值

C. 利息备付率和借款偿还期

D. 净年值和内部收益率

8. 偿债备付率表示可用于还本付息的资金偿还借款本息的保障程度。在正常情况下，偿债备付率应（　　）。

A. 大于1

B. 大于2

C. 大于 i_c

D. 根据企业财务情况而定

9. 在比选计算期相同的两个可行互斥方案时采用增量投资内部收益率法，基准收益率为 i_c，则保留投资额小的方案的前提条件是（　　）。

A. $\Delta IRR > 1$

B. $\Delta IRR < 1$

C. $\Delta IRR > i_c$

D. $\Delta IRR < i_c$

10. 偿债备付率是指项目在借款偿还期内各年（　　）。

A. 可用于还本付息的资金（$EBITDA - T_{AX}$）与当期应还本付息金额（PD）的比值

B. 在借款偿还期内的息税前利润（$EBIT$）与当期应付利息（PI）的比值

C. 在借款偿还期内的息税前利润（$EBIT$）与当期应还本付息金额（PD）的比值

D. 可用于还本付息的资金（$EBITDA-T_{AX}$）与当期应付利息（PI）的比值

11. 下列关于互斥方案经济效果评价方法的说法，正确的是（　　）。

A. 最小公倍数法适用于某些不可再生资源的开发型项目

B. 方案重复法适用于按最小公倍数法求得的计算期过长的情况

C. 采用研究期法时不需要考虑研究期以后的现金流量情况

D. 如果评价方案的最小公倍数法的计算期很长，可简化为按无穷大计算净现值

12. 在单因素敏感性分析中，当产品价格下降幅度为 5.91%、项目投资额降低幅度为 25.67%、经营成本上升幅度为 14.82%时，该项目净现值为 0，按净现值对产品价格、投资额、经营成本的敏感程度由大到小排序，依次为（　　）。

A. 产品价格—投资额—经营成本

B. 产品价格—经营成本—投资额

C. 投资额—经营成本—产品价格

D. 经营成本—投资额—产品价格

13. 某项目设计生产能力为年产 50 万件产品，根据资料分析，估计单位产品价格为 120 元，单位产品可变成本为 100 元，固定成本为 280 万元，该产品销售税金及附加的合并税率为 5%，用生产能力利用率表示的盈亏平衡点为（　　）。

A. 28%

B. 37%

C. 40%

D. 50%

14. 盈亏平衡点反映了项目对市场变化的适应能力和抗风险能力，项目的盈亏平衡点越高，其（　　）。

A. 适应市场变化的能力越小，抗风险能力越弱

B. 适应市场变化的能力越小，抗风险能力越强

C. 适应市场变化的能力越大，抗风险能力越弱

D. 适应市场变化的能力越大，抗风险能力越强

15. 提高价值最为理想的途径是（　　）。

A. 产品功能有较大幅度提高，产品成本有较少提高

B. 产品功能略有下降，产品成本大幅度降低

C. 在提高产品功能的同时，又降低产品成本

D. 在保持产品功能不变的前提下，通过降低产品的寿命周期成本，达到提高产品价值的目的

16. 在价值工程活动中，当采用功能成本法求得评价对象的价值系数小于 1 时，应以（　　）为改进方向。

A. 剔除过剩功能及降低现实成本

B. 剔除重复功能及降低现实成本

C. 剔除过剩功能及提高现实成本

D. 剔除重复功能及提高现实成本

17. 某产品的功能现实成本为 5000 元，目标成本为 4500 元，该产品分为三个功能区，各功能

区的重要性系数和现实成本见表 4-T-1。则应用价值工程时，优先选择的改进对象依次为（　　）。

表 4-T-1　各功能区的重要性系数和现实成本

功能区	功能重要性系数	功能现实成本/元
F_1	0.34	2000
F_2	0.42	1900
F_3	0.24	1100

A. $F_1—F_2—F_3$

B. $F_1—F_3—F_2$

C. $F_2—F_3—F_1$

D. $F_3—F_1—F_2$

18. 价值工程中的必要功能和不必要功能是按（　　）分类的。
    A. 用户的需求
    B. 功能的量化标准
    C. 功能的重要程度
    D. 功能的性质
19. 下列工程寿命周期成本中，属于经济成本的是（　　）。
    A. 工程建设项目引起社会就业率增加的影响
    B. 工程施工对原有植被可能造成破坏的影响
    C. 产品使用阶段的人力资源消耗
    D. 工程建设征地拆迁可能引发不安定因素的影响
20. 工程寿命周期成本分析的局限性之一是假定工程对象有（　　）。
    A. 固定的运行效率
    B. 确定的投资额
    C. 确定寿命周期
    D. 固定的功能水平

二、多项选择题（每题的备选项中，有 2 个或 2 个以上符合题意，至少有 1 个错项）

1. 下列关于利息和利率的说法，正确的有（　　）。
   A. 利率的高低首先取决于社会平均利润率的高低
   B. 有效利率是指资金在计息中所发生的名义利率
   C. 利息和利率是用来衡量资金时间价值的重要尺度
   D. 利息是占用资金所付的代价或者是放弃使用资金所得的补偿
   E. 利率是一年内所获得的利息与借贷金额的现值之比
2. 在工程经济分析中，影响资金等值的因素有（　　）。
   A. 资金额度
   B. 资金发生的时间
   C. 资金支付方式
   D. 货币种类
   E. 利率的大小
3. 偿债备付率指标中“可用于还本付息的资金”包括（　　）。
   A. 无形资产摊销费

B. 营业税及附加

C. 计入总成本费用的利息

D. 固定资产大修理费

E. 固定资产折旧费

4. 建设工程项目的现金流量按当年价格预测时，确定基准收益率需要考虑的因素包括（　　）。

A. 投资周期

B. 通货膨胀

C. 投资风险

D. 经营规模

E. 机会成本

5. 在工程经济分析中，内部收益率是考察项目盈利能力的主要评价指标，该指标的特点包括（　　）。

A. 内部收益率需要事先设定一个基准收益率来确定

B. 内部收益率考虑了资金的时间价值以及项目在整个计算期内的经济状况

C. 内部收益率能够直接衡量项目初期投资的收益程度

D. 内部收益率不受外部参数的影响，完全取决于投资过程的现金流量

E. 对于具有非常规现金流量的项目而言，其内部收益率往往不是唯一的

6. 净现值和内部收益率作为评价投资方案经济效果的主要指标，二者的共同特点有（　　）。

A. 均考虑了项目在整个计算期内的经济状况

B. 均取决于投资过程的现金流量而不受外部参数影响

C. 均可用于独立方案的评价，并且结论是一致的

D. 均能反映投资过程的收益程度

E. 均能直接反映项目在运营期间各年的经营成果

7. 互斥型投资方案经济效果的静态评价方法未能充分反映（　　）。

A. 方案使用年限终了时的残值

B. 增量投资所带来的经营成本上的节约

C. 方案使用过程中追加的投资及其效果

D. 增量投资所带来的增量净收益

E. 投资方案的使用年限

8. 下列关于价值工程的说法，正确的有（　　）。

A. 价值工程是将产品的价值、功能和成本作为一个整体同时考虑

B. 价值工程的核心是对产品进行功能分析

C. 价值工程的目标是以最低生产成本实现产品的基本功能

D. 提高价值最为理想的途径是降低产品成本

E. 价值工程中的功能是指对象能够满足某种要求的一种属性

9. 在价值工程活动中，常用的方案综合评价方法包括（　　）。

A. 优缺点列举法

B. 排列图法

C. 矩阵评分法

D. 相关因素法

E. 分层法

10. 必要功能是指用户所要求的功能以及与实现用户所需求功能有关的功能，（　　）等均为必要功能。

A. 使用功能　　B. 重复功能

C. 美学功能　　D. 辅助功能

E. 基本功能

参考答案及解析

一、单项选择题

1. ［答案］D

［解析］单利法：利息＝1%×6＝6%；复利法：利息＝（1＋1%）^{6}－1≈6.15%。

2. ［答案］B

［解析］根据题意绘制现金流量图，具体见图4-T-1：

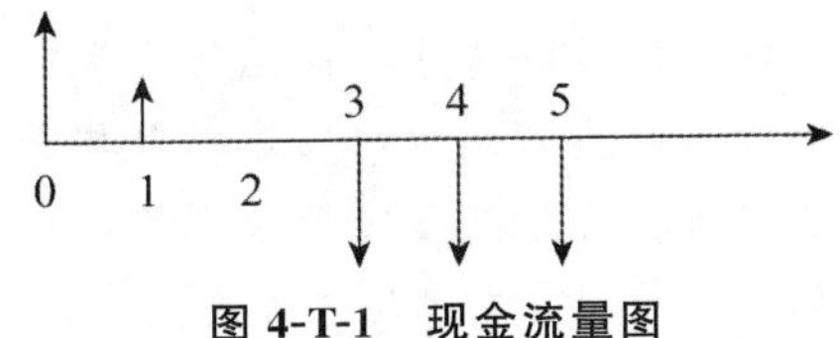

图4-T-1　现金流量图

则 A＝［600×（1＋8%）^{2}＋400×（1＋8%）］×（A/P，8%，3）≈439.19（万元）。

3. ［答案］D

［解析］本题考核的是资金的时间价值。资金的时间价值与资金发生的数额有关，投资支出的时间越晚、数额越小，其现值越小。

4. ［答案］C

［解析］名义利率＝1.2%×12＝14.40%；实际利率＝（1＋1.2%）^{12}－1≈15.39%。

5. ［答案］A

［解析］投资回收期指标容易理解，计算也比较简便，项目投资回收期在一定程度上显示了资本的周转速度。但不足的是投资回收期指标没有全面考虑投资方案在整个计算期内的现金流量，即只考虑投资回收之前的效果，不能反映投资回收之后的情况，即无法准确衡量方案在整个计算期内的经济效果，所以投资回收期只能做辅助性评价指标。

6. ［答案］A

［解析］本题考核的是净现值的特点。净现值的特点之一是净现值指标考虑了资金的时间价值，并全面考虑了项目在整个计算期内的经济状况。选项B，需要说明的是净现值不能直接说明项目整个运营期内各年的经营成果，如果需要了解各年的经营成果，净年值可以给出各年经营成果的平均值。

7. ［答案］D

［解析］四个选项中符合“资金时间价值的盈利性指标”的只有净年值和内部收益率。

8. ［答案］A

［解析］偿债备付率表示可用于还本付息的资金偿还借款本息的保障程度。偿债备付率应分年计算。偿债备付率越高，表明可用于还本付息的资金保障越高。偿债备付率应大于1，并结合债权人的要求确定。

9. ［答案］D

［解析］本题考查的是经济效果评价方法。应用 ΔIRR 法评价互斥方案的基本步骤如下：①计算各备选方案的 IRR_j，分别与基准收益率 i_c 比较。IRR_j 小于 i_c 的方案，即予淘汰；②将 $IRR_j \geq i_c$ 的方案按初始投资额由小到大依次排列；③按初始投资额由小到大依次计算相邻两个方案的增量投资内部收益率 ΔIRR，若 $\Delta IRR > i_c$，则说明初始投资额大的方案优于初始投资额小的方案，保留投资额大的方案；反之，若 $\Delta IRR < i_c$，则保留投资额小的方案。直至全部方案比较完毕，保留的方案就是最优方案。

10. ［答案］A

［解析］偿债备付率是指项目在借款偿还期内各年可用于还本付息的资金（$EBITDA - T_{AX}$）与当期应还本付息金额（PD）的比值。

11. ［答案］D

［解析］选项 A，对于某些不可再生资源开发型项目，不能用最小公倍数法确定计算期。选项 B，如果用最小公倍数法求得的计算期过长，也不适用最小公倍数法。选项 C，采用研究期法时需要考虑研究期以后的现金流量情况。

12. ［答案］B

［解析］当产品价格下降幅度为 5.91%、项目投资额降低幅度为 25.67%、经营成本上升幅度为 14.82% 时，该项目净现值为 0。说明临界点由大到小排序（不考虑正负）为投资额—经营成本—产品价格，所以敏感程度由大到小排序为产品价格—经营成本—投资额。

13. ［答案］C

［解析］用生产能力利用率表示的盈亏平衡点 BEP（%）＝年固定总成本/（年销售收入－年可变成本－年销售税金及附加）×100% ＝ 2800000/［（120 － 100 － 120 × 5%）×500000］×100%＝40%。

14. ［答案］A

［解析］盈亏平衡点反映了项目对市场变化的适应能力和抗风险能力，盈亏平衡点越低，达到此点的盈亏平衡产量和收益或成本就越少，项目投产后盈利的可能性越大，适应市场变化的能力越强，抗风险能力也越强。

15. ［答案］C

［解析］提高产品价值的途径有以下 5 种：①在提高产品功能的同时，又降低产品成本，这是提高价值最为理想的途径；②在产品成本不变的条件下，通过提高产品的功能，提高利用资源的效果或效用，达到提高产品价值的目的；③在保持产品功能不变的前提下，通过降低产品的寿命周期成本，达到提高产品价值的目的；④产品功能有较大幅度提高，产品成本有较少提高；⑤在产品功能略有下降、产品成本大幅度降低的情况下，也可以达到提高产品价值的目的。

16. ［答案］A

［解析］功能的价值系数计算结果有以下 3 种情况：①V＝1，即功能评价值等于功能现实成本。这表明评价对象的功能现实成本与实现功能所必需的最低成本大致相当。此时，说明评价对象的价值为最佳，一般无需改进。②V<1，即功能现实成本大于功能评价值。表明评价对象的现实成本偏高，而功能要求不高。这时，一种可能是由于存在着过剩的功能，另一种可能是功能虽无过剩，但实现功能的条件或方法不佳，以致使实现功能的成本大于功能的实际需要。这两种情况都应列入功能改进的范围，并且以剔除过剩功能及降低现实成本为改进方向，使成本与功能比例趋于合理。③V>1，即功能现实成本低于功能评价值，表明该部件功能比较重要，但分配的成本较少。此时，应进行具体分析，功能与成本的分配可能已较理想，或者有不必要的功能，或者应该提高成本。

17. ［答案］B

［解析］本题考核的是功能评价。功能区成本改善期望值大的为优先改进对象。功能区成本改善期望值＝功能区功能现实成本－目标成本×功能重要性系数，则 F_1：成本改善期望值＝2000－4500×0.34＝470；F_2：成本改善期望值 ＝ 1900 － 4500 × 0.42＝10；F_3：成本改善期望值＝1100－4500×0.24＝20。所以优先选择的改进对象依次为 F_1—F_3—F_2。

18. ［答案］A

［解析］根据功能的不同特性，可将功能从不同的角度进行分类：①按功能的重要程度分类，产品的功能一般可分为基本功能和辅助功能；②按功能的性质分类，产品的功能可分为使用功能和美学功能；③按用户的需求分类，功能可分为必要功能和不必要功能；④按功能的量化标准分类，产品的功能可分为过剩功能与不足功能。

19. ［答案］C

［解析］工程寿命周期经济成本包括建设成本和使用成本。建设成本是指建筑产品从

筹建到竣工验收为止所投入的全部成本费用。使用成本则是指建筑产品在使用过程中发生的各种费用，包括各种能耗成本、维护成本和管理成本等。从其性质上讲，这种投入可以是资金的直接投入，也包括资源性投入，如人力资源、自然资源等；从其投入时间上讲，可以是一次性投入，如建设成本；也可以是分批、连续投入，如使用成本。

20. ［答案］C

［解析］工程寿命周期成本分析法的局限性包括：①假定项目方案有确定的寿命周期；②在项目早期进行评价的准确性难以保证；③工程寿命周期成本分析的高成本未必适用于所有项目。

二、多项选择题

1. ［答案］ACD

［解析］本题考核的是利息和利率。利率随社会平均利润率的变化而变化，选项 A 正确；有效利率是指资金在计息中所发生的实际利率，选项 B 错误；通常，用利息作为衡量资金时间价值的绝对尺度，用利率作为衡量资金时间价值的相对尺度，选项 C 正确；在工程经济分析中，利息是指占用资金所付的代价或者是放弃近期消费所得的补偿，选项 D 正确。利率是在单位时间内（如年、半年、季、月、周、日等）所得利息与借款本金之比，计息周期通常为年、半年、季，也可以为月、周或日，选项 E 错误。

2. ［答案］ABE

［解析］影响资金等值的因素包括资金的多少、资金发生的时间、利率（或折现率）的大小。其中，利率是一个关键因素，在等值计算中，一般以同一利率为依据。

3. ［答案］ACE

［解析］偿债备付率是指投资方案在借款偿还期内各年可用于还本付息的资金（$EBITDA-T_{AX}$）与当期应还本付息金额（PD）的比值。其中，$EBITDA$ 表示息税前利润加折旧和摊销。

4. ［答案］BCE

［解析］确定基准收益率时应考虑以下因素：①资金成本和机会成本；②投资风险；③通货膨胀。

5. ［答案］BDE

［解析］内部收益率指标的优点包括：①内部收益率指标考虑了资金的时间价值以及项目在整个计算期内的经济状况；②能够直接衡量项目未回收投资的收益率；③不需要事先确定一个基准收益率，而只需要知道基准收益率的大致范围即可。内部收益率指标的不足包括：①内部收益率计算需要大量的与投资项目有关的数据，计算比较麻烦。②对于具有非常规现金流量的项目来讲，其内部收益率往往不是唯一的，在某些情况下甚至不存在。③内部收益率容易被人误解为是项目初期投资的收益率。事实上，内部收益率的经济含义是投资方案占用的尚未回收资金的获利能力。

6. ［答案］AC

［解析］选项 A，两者均全面考虑整个计算期内经济状况。选项 B，内部收益率与外部参数无关。选项 C，均可对独立方案进行评价，而且结论一致。选项 D，净现值仅仅反映全寿命周期的盈利能力，不能反映投资回收过程的收益程度。选项 E，NPV 法计算简便，但得不出投资过程收益程度，且受外部参数（i_c）的影响；IRR 法较为烦琐，但能反映投资过程的收益程度。

7. ［答案］ACE

［解析］互斥型方案评价方法包括静态的评价方法和动态的评价方法，静态的评价方法包括增量投资收益率法、增量投资回收期法、年折算费用法和综合总费用法。以上几种互斥方案静态评价方法，虽概念清晰，计算简便，但主要缺点是没有考虑资金的时间价值，对方案未来时期的发展变化情况，例如，投资方案的使用年限（选项 E）；投资回收以后方案的收益，方案使用年限终了时的残值（选项 A），方案在使用过程中更新和追加的投资及其效果（选项 C）等未能充

分地反映。因此，静态评价方法仅适用于方案初评或作为辅助评价方法采用。

8. [答案] ABE

[解析] 价值工程将产品价值、功能和成本作为一个整体同时来考虑。也就是说，价值工程中对价值、功能、成本的考虑，不是片面和孤立的，而是在确保产品功能的基础上综合考虑生产成本和使用成本，兼顾生产者和用户的利益，从而创造出总体价值最高的产品。价值工程的核心，是对产品进行功能分析。价值工程中的功能是指对象能够满足某种要求的一种属性，具体讲，功能就是效用。价值工程的目标，是以最低的寿命周期成本，使产品具备它所必须具备的功能。在提高产品功能的同时，又降低产品成本，这是提高价值最为理想的途径。

9. [答案] AC

[解析] 用于方案综合评价的方法有很多，常用的定性方法有德尔菲法、优缺点列举法（选项 A）等；常用的定量方法有直接评分法、加权评分法（又称矩阵评分法）（选项 C）、比较价值评分法、环比评分法、强制评分法、几何平均值评分法等。

10. [答案] ACDE

[解析] 必要功能是指用户所要求的功能以及与实现用户所需求功能有关的功能，使用功能、美学功能、基本功能、辅助功能等均为必要功能。

第五章　工程项目投融资

工程项目投融资是工程造价管理的基础和前提。这部分内容主要包括项目资本金制度、资金筹措的渠道与方式、资金成本与资本结构、项目融资的程序和方式，以及与工程项目有关的税收及保险规定等一系列跟项目投资和融资有关的内容。这部分内容多数章节考点相对比较清晰，比较好把握，属于容易得分章节，历年考查分值在20分左右。

知识脉络

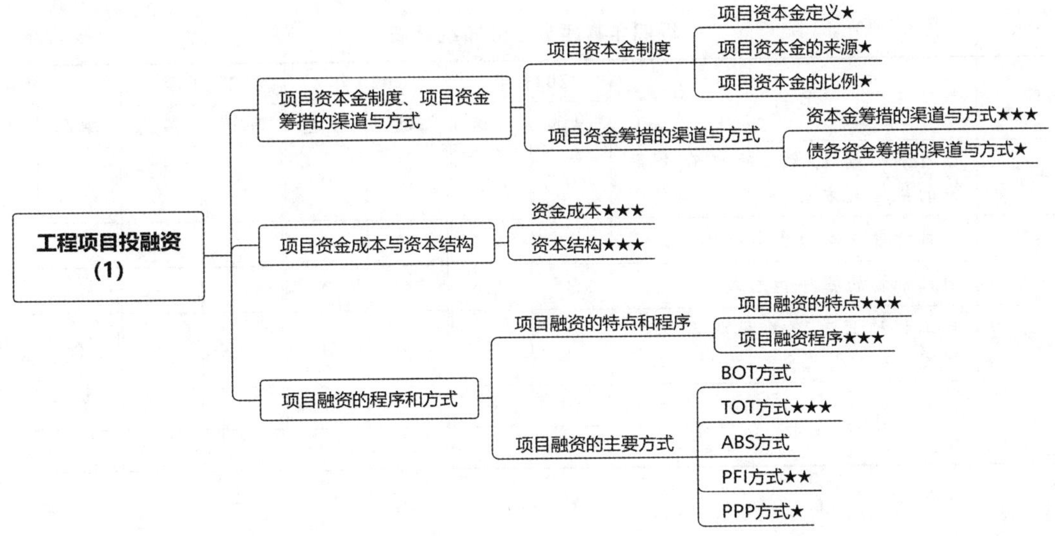

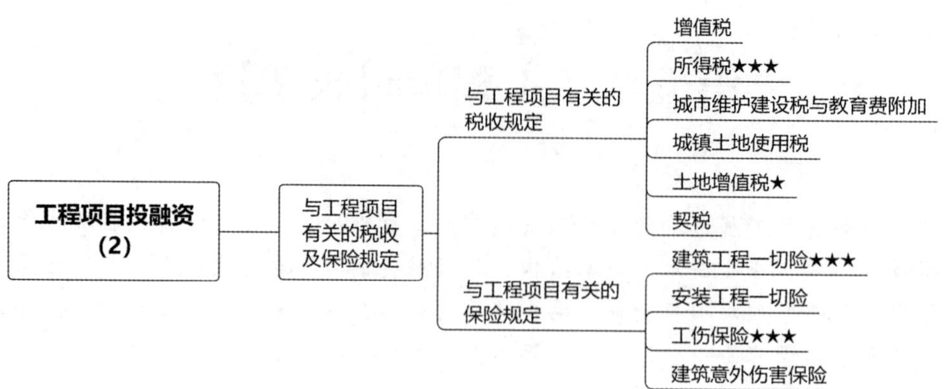

考情分析

近四年真题分值分布统计表

（单位：分）

节序	节名	2021 年		2020 年		2019 年		2018 年	
		单选	多选	单选	多选	单选	多选	单选	多选
第一节	项目资本金制度、项目资金筹措的渠道与方式	0	2	0	0	2	0	3	2
第二节	项目资金成本与资本结构	4	0	5	4	3	2	2	0
第三节	项目融资的程序和方式	3	2	4	0	4	2	5	2
第四节	与工程项目有关的税收及保险规定	3	2	3	0	3	2	3	2
小结		10	6	12	4	12	6	13	6
		16		16		18		19	

第一节　项目资本金制度、项目资金筹措的渠道与方式

知识点 1　项目资本金定义

项目资本金是指在项目总投资中由投资者认缴的出资额。对项目来说，项目资本金是非债务性资金，项目法人不承担这部分资金的任何利息和债务。

投资者可转让其出资，但不得以任何方式抽回。

➤ **考分统计**：统计近10年本知识点，在2011、2014、2016年进行考核，考核频次为30%，各年分别考核一道单选题。

典型例题

［**2016真题·单选**］关于项目资本金性质或特征的说法，正确的是（　　）。

A. 项目资本金是债务性资金

B. 项目法人不承担项目资本金的利息

C. 投资者不可转让其出资

D. 投资者可以任何方式抽回其出资

［**解析**］本题考查的是项目资本金制度。对项目来说，项目资本金是非债务性资金，项目法人不承担这部分资金的任何利息和债务。投资者可按其出资的比例依法享有所有者权益，也可转让其出资，但不得以任何方式抽回。

［**答案**］B

［**2014真题·单选**］关于项目资本金的说法，正确的是（　　）。

A. 项目资本金是债务性资金

B. 项目法人要承担项目资本金的利息

C. 投资者可转让项目资本金

D. 投资者可抽回项目资本金

［**解析**］本题考查的是项目资本金制度。项目资本金是指在项目总投资中由投资者认缴的出资额。对项目来说，项目资本金是非债务性资金，项目法人不承担这部分资金的任何利息和债务。投资者可按其出资的比例依法享有所有者权益，也可转让其出资，但不得以任何方式抽回。

［**答案**］C

［**2011真题·单选**］项目资本金是指（　　）。

A. 项目建设单位的注册资金

B. 项目总投资的固定资产投资部分

C. 项目总投资中由投资者认缴的出资额

D. 项目开工时已经到位的资金

［**解析**］本题考查的是项目资本金制度。项目资本金是指在项目总投资中由投资者认缴的出资额。对项目来说，项目资本金是非债务性资金，项目法人不承担这部分资金的任何利息和债务。投资者可按其出资的比例依法享有所有者权益，也可转让其出资，但不得以任何方式抽回。对于提供债务融资的债权人来说，项目的资本金可以视为负债融资的信用基础，项目资本金后于负债受偿，可以降低债权人债权的回收风险。

［**答案**］C

知识点 2 项目资本金的来源

项目资本金可以用货币出资，也可以用实物、工业产权、非专利技术、土地使用权作价出资。以工业产权、非专利技术作价出资的比例不得超过投资项目资本金总额的 20%，国家对采用高新技术成果有特别规定的除外。

➤ **考分统计**：统计近 10 年本知识点，在 2013、2015、2018 年进行考核，考核频次为 30%，其中，2013、2018 年分别考核一道多选题，2015 年考核一道单选题。

典型例题

[**2015 真题 · 单选**] 固定资产投资项目实行资本金制度，以工业产权、非专利技术作价出资的比例不得超过投资项目资本总金额的（　　）。

A. 20%　　B. 25%

C. 30%　　D. 35%

[**解析**] 本题考查的是项目资本金的来源。以工业产权、非专利技术作价出资的比例不得超过投资项目资本金总额的 20%，国家对采用高新技术成果有特别规定的除外。

[**答案**] A

[**2018 真题 · 多选**] 根据固定资产投资项目资本金制度相关规定，除用货币出资外，投资者还可以用（　　）作价出资。

A. 实物　　B. 工业产权　　C. 专利技术　　D. 非专利技术

E. 无形资产

[**解析**] 本题考查的是项目资本金的来源。资本金出资形态可以是现金，也可以是实物、工业产权、非专利技术、土地使用权作价出资，但必须经过有资格的资产评估机构评估作价。

[**答案**] ABD

[**2013 真题 · 多选**] 项目资本金可以用货币出资，也可以用（　　）作价出资。

A. 实物　　B. 工业产权

C. 专利技术　　D. 企业商誉

E. 土地所有权

[**解析**] 本题考查的是项目资本金的来源。项目资本金可以用货币出资，也可以用实物、工业产权、非专利技术、土地使用权作价出资。对作为资本金的实物、工业产权、非专利技术、土地使用权，必须经过有资格的资产评估机构依照法律、法规评估作价，不得高估或低估。以工业产权、非专利技术作价出资的比例不得超过投资项目资本金总额的 20%，国家对采用高新技术成果有特别规定的除外。

[**答案**] AB

知识点 3 项目资本金的比例

《国务院关于决定调整固定资产投资项目资本金比例的通知》（国发〔2009〕27 号）调整了固定资产投资项目的最低资本金比例。

2015 年，为了扩大有效投资需求、促进投资结构调整、保持经济平稳健康发展，《国务院关于调整和完善固定资产投资项目资本金制度的通知》（国发〔2015〕51 号）中再次调整了固定资产投资项目的最低资本金比例。

2019年，为更好地发挥投资项目资本金制度的作用，做到有保有控、区别对待，促进有效投资和风险防范紧密结合、协同推进，《国务院关于加强固定资产投资项目资本金管理的通知》（国发〔2019〕26号）发布，适当调整了基础设施项目最低资本金比例。目前，各类投资项目最低资本金比例见表5-1-1。

表5-1-1　项目资本金占项目总投资的最低比例

序号	投资项目	项目资本金占项目总投资最低比例
1	钢铁、电解铝项目	40%
	水泥项目	35%
	煤灰、电石、铁合金、烧碱、焦炭、黄磷、多晶硅项目	30%
	化肥（钾肥除外）项目	25%
2	电力等其他项目	20%
	保障性住房和普通商品住房项目	20%
3	城市轨道交通项目	20%
	港口、沿海及内河航运	
	铁路、公路项目	
	机场项目	25%
4	其他项目	25%
	玉米深加工项目	20%

作为计算资本金基数的总投资，是指投资项目的固定资产投资与铺底流动资金之和，具体核定时以经批准的动态概算为依据。

➤ **考分统计**：统计近10年本知识点，在2017、2018、2020年进行考核，考核频次为30%，其中，2018年考核一道单选题，2017、2020年考核两道单选题。

典型例题

［**2020真题·单选**］根据固定资产投资项目资本金制度，作为计算资本金基数的总投资是指投资项目的（　　）之和。

A. 建筑工程费和安装工程费　　B. 固定资产投资和铺底流动资金

C. 建筑工程费和设备工器具购置费　　D. 建筑工程费和建设工程其他费

［**解析**］作为计算资本金基数的总投资，是指投资项目的固定资产投资与铺底流动资金之和，具体核定时以经批准的动态概算为依据。

［**答案**］B

［**2020真题·单选**］根据《国务院关于调整和完善固定资产投资项目资本金制度的通知》，对于产能过剩行业中的水泥项目，项目资本金占项目总投资的最低比例为（　　）。

A. 40%　　B. 35%

C. 30%　　D. 25%

［**解析**］水泥项目资本金占项目总投资最低比例为35%。

［**答案**］B

知识点4　资本金筹措的渠道与方式

根据项目资本金筹措的主体不同，可分为既有法人项目资本金筹措和新设法人项目资本金筹措。

一、既有法人项目资本金筹措

（一）内部资金来源

（1）企业的现金。

（2）未来生产经营中获得的可用于项目的资金。

（3）企业资产变现。

（4）企业产权转让。

（二）外部资金来源

包括既有法人通过在资本市场发行股票和企业增资扩股，同时也包括接受国家预算内资金为来源的融资方式。

（1）企业增资扩股。

（2）优先股。

1）优先股与普通股相同的是没有还本期限，与债券特征相似的是股息固定。

2）优先股通常要优先受偿，是一种负债。

3）优先股是一种介于股本资金与负债之间的融资方式。

4）优先股股东不参与公司经营管理，没有公司控制权，不会分散普通股东的控股权。

5）发行优先股通常不需要还本，只需要支付固定股息，可减少公司的偿债风险和压力。

6）优先股融资成本较高，且股利不能像债券利息一样在税前扣除。

（3）国家预算内投资。

二、新设法人项目资本金筹措

由初期设立的项目法人进行的资本金筹措形式主要有：

（1）在资本市场募集股本资金。在资本市场募集股本资金可以采取两种基本方式，即私募与公开募集。

（2）合资合作。

➢ **考分统计**：统计近10年本知识点，在2012、2013、2014、2015、2016、2017、2018、2020、2021年进行考核，考核频次为90%，其中，2012、2014、2020年分别考核一道多选题，2013、2015年分别考核两道单选题，2016、2018、2021年分别考核一道单选题，2017年考核一道单选题、一道多选题。

典型例题

［**2021真题·单选**］下列资金筹措的方式中，可用来筹措项目资本金的是（　　）。

A. 私募　　B. 借贷

C. 发行债券　　D. 融资租赁

［**解析**］在资本市场募集股本资金可以采取两种基本方式，即私募与公开募集。其他属于债务资金的筹措。

［**答案**］A

［**2018真题·单选**］新设法人项目资本金的方式是（　　）。

A. 公开募集　　B. 增资扩股

C. 产权转让　　D. 银行贷款

［解析］本题考查的是资本金筹措的渠道与方式。在资本市场募集股本资金可以采取两种基本方式，即私募与公开募集。

［答案］A

［**2017 真题·单选**］与发行债券相比，发行优先股的特点是（　　）。

A. 融资成本较高　　B. 股东拥有公司控制权

C. 股息不固定　　D. 股利可在税前扣除

［解析］本题考查的是资本金筹措的渠道与方式。优先股与普通股相同的是没有还本期限，与债券特征相似的是股息固定。优先股是一种介于股本资金与负债之间的融资方式。优先股股东不参与公司经营管理，没有公司控制权，不会分散普通股东的控股权。发行优先股通常不需要还本，只需要支付固定股息，可减少公司的偿债风险和压力。但优先股融资成本较高，且股利不能像债券利息一样在税前扣除。

［答案］A

［**2015 真题·单选**］下列资金筹措渠道与方式中，新设项目法人可用来筹措项目资本金的是（　　）。

A. 发行债券　　B. 信贷融资

C. 融资租赁　　D. 合资合作

［解析］本题考查的是资本金筹措的渠道与方式。由初期设立的项目法人进行的资本金筹措形式主要有：①在资本市场募集股本资金；②合资合作。选项 A、B、C 属于负债融资方式。

［答案］D

［**2020 真题·多选**］既有法人筹措项目资本金的内部投资来源有（　　）。

A. 企业资产变现　　B. 企业产权转让

C. 企业发行债券　　D. 企业增资扩股

E. 企业发行股票

［解析］既有法人项目资本金筹措的内部资金来源主要包括以下几个方面：①企业的现金；②未来生产经营中获得的可用于项目的资金；③企业资产变现；④企业产权转让。

［答案］AB

［**2017 真题·多选**］既有法人作为项目法人筹措项目资金时，属于既有法人外部资金来源的有（　　）。

A. 企业增资扩股　　B. 企业资金变现

C. 企业产权转让　　D. 企业发行债券

E. 企业发行优先股股票

［解析］本题考查的是资本金筹措的渠道与方式。外部资金来源包括：①企业增资扩股；②优先股；③国家预算内投资。

［答案］AE

知识点 5　债务资金筹措的渠道与方式

债务资金是指项目投资中除项目资本金外，以负债方式取得的资金。债务资金是项目公司一项重要的资金来源。债务融资的优点是速度快、成本较低，缺点是融资风险较大，有还本付息的压力。

一、信贷方式融资

信贷方式融资是项目负债融资的重要组成部分，是公司融资和项目融资中最基本和最简单，也是比重最大的债务融资形式。

二、债券方式融资

（一）债券筹资的优点

（1）筹资成本较低。因为债券发行费用较低，其利息允许在所得税前支付，可以享受扣减所得税的优惠，因此，企业实际上负担的债券成本一般低于股票成本。

（2）保障股东控制权。债券持有人无权干涉管理事务。

（3）发挥财务杠杆作用。

（4）便于调整资本结构。

（二）债券筹资的缺点

（1）可能产生财务杠杆负效应。

（2）可能使企业总资金成本增大。

（3）经营灵活性降低。

三、租赁方式融资

租赁分为经营性租赁与融资性租赁两类。

（一）经营租赁

经营租赁是出租方以自己经营的设备租给承租方使用，出租方收取租金。

（二）融资租赁

融资租赁又称为金融租赁或财务租赁。采取这种租赁方式，通常由承租人选定需要的设备，由出租人购置后给承租人使用，承租人向出租人支付租金，承租人租赁取得的设备按照固定资产计提折旧，租赁期满，设备一般要由承租人所有，由承租人以事先约定的很低的价格向出租人收购的形式取得设备的所有权。

（1）融资租赁的优点。融资租赁作为一种融资方式，其优点主要有：

1）融资租赁是一种融资与融物相结合的融资方式，能够迅速获得所需资产的长期使用权。

2）融资租赁可以避免长期借款筹资所附加的各种限制性条款，具有较强的灵活性。

3）融资租赁的融资与进口设备都由有经验和对市场熟悉的租赁公司承担，可以减少设备进口费，从而降低设备取得成本。

（2）融资租赁的租金。融资租赁的租金包括以下三大部分：

1）租赁资产的成本：租赁资产的成本大体由资产的购买价、运杂费、运输途中的保险费等项目构成。

2）租赁资产的利息：承租人所实际承担的购买租赁设备的贷款利息。

3）租赁手续费：包括出租人承办租赁业务的费用以及出租人向承租人提供租赁服务所赚取的利润。

➤ **考分统计**：统计近 10 年本知识点，在 2013、2015、2018、2020、2021 年进行考核，考核频次为 50%，其中，2013 年考核一道单选题、一道多选题，2015、2018 年分别考核一道单选题，2020、2021 年考核一道多选题。

典型例题

［**2018 真题·单选**］企业通过发行债券进行筹资的特点是（　　）。

A. 增强企业经营灵活性　　B. 产生财务杠杆正效应

C. 降低企业总资金成本　　D. 企业筹资成本较低

［**解析**］本题考查的是债务资金筹措的渠道与方式。债券筹资的优点包括：①筹资成本较低；②保障股东控制权；③发挥财务杠杆作用；④便于调整资本结构。

［**答案**］D

［**2015 真题·单选**］在公司融资和项目融资中，所占比重最大的债务融资方式是（　　）。

A. 发行股票　　B. 信贷融资　　C. 发行债券　　D. 融资租赁

［**解析**］本题考查的是债务资金筹措的渠道与方式。信贷方式融资是项目负债融资的重要组成部分，是公司融资和项目融资中最基本和最简单，也是比重最大的债务融资形式。

［**答案**］B

［**2013 真题·单选**］与发行股票相比，发行债券融资的优点是（　　）。

A. 企业财务负担小　　B. 企业经营灵活性高

C. 便于调整资本结构　　D. 无须第三方担保

［**解析**］本题考查的是债务资金筹措的渠道与方式。债券筹资的优点包括：①筹资成本较低；②保障股东控制权；③发挥财务杠杆作用；④便于调整资本结构。

［**答案**］C

［**2021 真题·多选**］下列各项费用中，构成融资租赁租金的有（　　）。

A. 租赁资产的成本　　B. 承租人的使用成本

C. 出租人购买租赁资产的贷款利息　　D. 出租人的利润

E. 承租人承办租赁业务的费用

［**解析**］融资租赁的租金包括三大部分：①租赁资产的成本：租赁资产的成本大体由资产的购买价、运杂费、运输途中的保险费等项目构成；②租赁资产的利息：承租人所实际承担的购买租赁设备的贷款利息；③租赁手续费：包括出租人承办租赁业务的费用以及出租人向承租人提供租赁服务所赚取的利润。

［**答案**］ACD

［**2020 真题·多选**］关于融资租赁方式及其特点的说法，正确的有（　　）。

A. 由承租人选定所需设备　　B. 由出租人购置所需设备

C. 由出租人计提固定资产折旧　　D. 租赁期满后出租人收回设备所有权

E. 租金包括租赁设备的成本、利息及手续费

［**解析**］融资租赁又称为金融租赁或财务租赁。采取这种租赁方式，通常由承租人选定需要的设备，由出租人购置后给承租人使用，承租人向出租人支付租金，承租人租赁取得的设备按照固定资产计提折旧，租赁期满，设备一般要由承租人所有，由承租人以事先约定的很低的价格向出租人收购的形式取得设备的所有权。融资租赁的租金包括三大部分：①租赁资产的成本；②租赁资产的利息；③租赁手续费。

［**答案**］ABE

［**2013 真题·多选**］债务融资的优点有（　　）。

A. 融资速度快　　B. 融资成本低

C. 融资风险小　　D. 还本付息压力小

E. 企业控制权增大

[**解析**] 本题考查的是债务资金筹措的渠道与方式。债务资金是指项目投资中除项目资本金外，以负债方式取得的资金。债务资金是项目公司一项重要的资金来源。债务融资的优点是速度快、成本较低，缺点是融资风险较大，有还本付息的压力。

[**答案**] AB

第二节 项目资金成本与资本结构

知识点 1 资金成本

一、资金成本及其构成

资金成本是企业为筹集和使用资金而付出的代价。

资金成本一般包括资金筹集成本和资金使用成本两部分。

(1) 资金筹集成本是指企业在资金筹集过程中所支付的各种费用，如发行股票或债券支付的印刷费、发行手续费、律师费、资信评估费、公证费、担保费、广告费等。资金筹集成本一般属于一次性费用，筹资次数越多，资金筹集成本也就越大。

(2) 资金使用成本又称资金占用费，是企业因为占用资金而支付的费用，主要包括支付给股东的各种股息和红利、向债权人支付的贷款利息以及支付给其他债权人的各种利息费用等。资金使用成本一般与所筹集的资金多少以及使用时间的长短有关，具有经常性、定期性的特征，是资金成本的主要内容。

(3) 资金筹集成本与资金使用成本的区别。

1) 前者：是在筹措资金时一次支付的，在使用资金过程中不再发生，因此可作为筹资金额的一项扣除。

2) 后者：是在资金使用过程中多次、定期发生的。

二、资金成本的性质

(1) 资金成本是资金使用者向资金所有者和中介机构支付的占用费和筹资费。

(2) 资金成本与资金的时间价值既有联系又有区别。

两者的区别主要表现在两个方面：第一，资金的时间价值表现为资金所有者的利息收入，而资金成本是资金使用人的筹资费用和利息费用；第二，资金的时间价值一般表现为时间的函数，而资金成本则表现为资金占用额的函数。

(3) 资金成本具有一般产品成本的基本属性。

三、资金成本的作用

资金成本是比较筹资方式、选择筹资方案的依据。

资金成本有个别资金成本、综合资金成本、边际资金成本等形式。

(1) 个别资金成本主要用于比较各种筹资方式资金成本的高低，是确定筹资方式的重要依据。

(2) 综合资金成本是项目公司资本结构决策的依据。

(3) 边际资金成本是追加筹资决策的重要依据。

四、资金成本的计算

（一）资金成本计算的一般形式

资金成本的计算见下式：

$$K=\frac{D}{P-F}\text{或}K=\frac{D}{P(1-f)}$$

式中，K——资金成本率（一般也可称为资金成本）；P——筹资资金总额；D——使用费；F——筹资费；f——筹资费费率（即筹资费占筹资资金总额的比率）。

（二）个别资金成本

1. 权益资金成本

（1）优先股成本。

优先股成本的资金成本率的计算见下式：

$$K_P=\frac{P_0 i}{P_0(1-f)}=\frac{i}{1-f}$$

式中，K_P——优先股成本率；P_0——优先股票面值；D_p——优先股每年股息；i——股息率；f——筹资费费率。

（2）普通股成本。

股利增长模型法一般假定以固定的年增长率递增，则普通股成本的计算见下式：

$$K_s=\frac{D_c}{P_c(1-f)}+g=\frac{i_c}{1-f}+g$$

式中，K_s——普通股成本率；P_c——普通股票面值；D_c——普通股预计年股利额；i_c——普通股预计年股利率；g——普通股利年增长率；f——筹资费费率。

2. 债务资金成本

（1）长期贷款成本。

对每年年末支付利息、贷款期末一次全部还本的借款，其借款成本率的计算见下式：

$$K_g=\frac{I_t(1-T)}{G-F}=i_g\frac{1-T}{1-f}$$

式中，K_g——借款成本率；G——贷款总额；I_t——贷款年利息；i_g——贷款年利率；F——贷款费用；T——公司所得税税率；f——筹资费费率。

（2）债券成本。

债券成本率的计算见下式：

$$K_B=\frac{I_t(1-T)}{B(1-f)}=i_b\frac{1-T}{1-f}$$

式中，K_B——债券成本率；B——债券筹资额；I_t——债券年利息；i_b——债券年利息利率；T——公司所得税税率；f——筹资费费率。

3. 加权平均资金成本

企业可能不只使用某一种单一的筹资方式，通常需要通过多种方式筹集所需资金。为进行筹资决策，就要计算确定企业长期资金的总成本——加权平均资金成本。

加权平均资金成本一般是以各种资本占全部资本的比重为权重，对各类资金成本进行加权平均所确定的。其计算见下式：

$$K_w = \sum_{i=1}^{n} W_i \cdot K_i$$

式中，K_w——加权平均资金成本；W_i——各种资本占全部资本的比重；K_i——第 i 类资金成本。

➤ **考分统计**：统计近 10 年本知识点，在 2012、2013、2014、2015、2016、2017、2018、2020、2021 年进行考核，考核频次为 90%，2012、2013、2016、2017 年分别考核两道单选题，2014、2015、2018、2020、2021 年分别考核一道单选题。

典型例题

［**2021 真题·单选**］某公司为新建项目发行总额 4000 万元的 5 年期债券，利率 5%，筹资费 4%，所得税 25%，资金成本率为（　　）。

A. 3.16%　　B. 3.91%　　C. 5.21%　　D. 6.25%

［**解析**］资金成本率 $K_B = i_b \times (1-T)/(1-f) = 5\% \times (1-25\%)/(1-4\%) \approx 3.91\%$。

［**答案**］B

［**2020 真题·单选**］不同的资金成本形式有不同的作用，可作为追加筹资决策依据的资金成本是（　　）。

A. 边际资金成本　　B. 个别资金成本

C. 综合资金成本　　D. 加权资金成本

［**解析**］边际资金成本是追加筹资决策的重要依据。

［**答案**］A

［**2018 真题·单选**］某企业发行优先股股票，票面面值按正常市价计算为 500 万元，筹资费费率为 4%，年股息率为 10%，企业所得税为 25%，则其资金成本率为（　　）。

A. 7.81%

B. 10.42%

C. 11.50%

D. 14.00%

［**解析**］本题考查的是资金成本。根据公式：$K_P = \frac{i}{1-f} = \frac{10\%}{1-4\%} \approx 10.42\%$。

［**答案**］B

［**2016 真题·单选**］在比较筹资方式、选择筹资方案时，作为项目公司资本结构决策依据的资金成本是（　　）。

A. 个别资金成本

B. 筹集资金成本

C. 综合资金成本

D. 边际资金成本

［**解析**］本题考查的是资金成本。个别资金成本主要用于比较各种筹资方式资金成本的高低，是确定筹资方式的重要依据；综合资金成本是项目公司资本结构决策的依据；边际资金成本是追加筹资决策的重要依据。

［**答案**］C

［**2016 真题·单选**］关于资金成本性质的说法，正确的是（　　）。

A. 资金成本是指资金所有者的利息收入

B. 资金成本是指资金使用人的筹资费用和利息费用

C. 资金成本一般只表现为时间的函数

D. 资金成本表现为资金占用和利息额的函数

［**解析**］本题考查的是资金成本。资金成本的性质包括：①资金成本是资金使用者向资金所有者和中介机构支付的占用费和筹资费。②资金成本与资金的时间价值既有联系又有区别。两者的区别主要表现在两个方面：第一，资金的时间价值表现为资金所有者的利息收入，而资金成本是资金使用人的筹资费用和利息费用；第二，资金的时间价值一般表现为时间的函数，而资金成本则表现为资金占用额的函数。③资金成本具有一般产品成本的基本属性。

［**答案**］B

知识点 2　资本结构

资本结构是指项目融资方案中各种资金来源的资本的价值构成及其比例关系，又称资金结构，是企业一定时期筹资组合的结果。

广义的资本结构是指项目公司全部资本的构成及其比例关系，既包括长期资本，还包括短期资本，主要是短期债务资本。

狭义的资本结构是指项目公司所拥有的各种长期资本的构成及其比例关系，尤其是指长期的债务资本与股权资本的构成及其比例关系。

一、项目资本金与债务资金比例

（1）项目资本金比例越高，贷款的风险越低，贷款的利率可以越低，如果权益资金过大，风险可能会过于集中，财务杠杆作用下滑。

（2）项目资本金占的比重太少，会导致负债融资的难度提升和融资成本的提高。

二、项目资本金结构

项目资本金内部结构比例是指项目投资各方的出资比例。

采用新设法人筹资方式的项目，应根据投资各方在资本、技术、人力和市场开发等方面的优势，通过协商确定各方的出资比例、出资形式和出资时间。

三、项目债务资金结构

（1）项目债务资金的筹集是解决项目融资的资金结构问题的核心。

（2）选择债务融资的结构应该考虑以下几个方面：

1）债务期限配比。

在项目负债结构中，长短期负债借款需要合理搭配。

①短期借款利率低于长期借款，适当安排一些短期融资可以降低总的融资成本。

②过多地采用短期融资，会使项目公司的财务流动性不足，项目的财务稳定性下降，产生过高的财务风险。

2）债务偿还顺序。

①在多种债务中，对于借款人来讲，在时间上，由于较高的利率意味着较重的利息负担，所以应当先偿还利率较高的债务，后偿还利率较低的债务。

②对于有外债的项目，由于有汇率风险，通常应先偿还硬货币的债务，后偿还软货币的债务。

3）境内外借款占比。

4）利率结构。项目融资中的债务资金利率主要为浮动利率、固定利率以及浮动/固定利率三种机制。评价项目融资中应该采用何种利率结构，需要综合考虑以下三个方面的因素：

①项目现金流量的特征起着决定性的作用。

对于一些工程项目而言，项目的现金流量相对稳定，可预测性很强。采用固定利率机制有许多优点，有利于项目现金流量的预测，减少项目风险。

②对进入市场中利率的走向分析在决定债务资金利率结构时也起到很重要的作用。

③任何一种利率结构都有可能为借款人带来一定的利益，但也会相应增加一定的成本，最终取决于借款人如何在控制融资风险和减少融资成本之间的权衡。

5）货币结构。

四、资本结构的比选方法

项目公司资本结构是否合理，一般通过分析每股收益的变化进行衡量。

每股收益分析是利用每股收益的无差别点进行的。

➤ **考分统计**：统计近 10 年本知识点，在 2013、2014、2015、2016、2017、2018、2019、2020、2021 年进行考核，考核频次为 90%，其中 2013、2014、2015、2017、2018、2019、2020、2021 年分别考核一道单选题，2016 年考核一道单选题、一道多选题。

典型例题

［**2021 真题·单选**］在确定项目债务资金结构比例时，重要的是在（　　）之间取得平衡。

A. 债务期限和融资成本　　B. 融资成本和融资风险

C. 融资风险和债务额度　　D. 债务额度和债务期限

［**解析**］在确定项目债务资本结构比例时，需要在融资成本和融资风险之间取得平衡，既要降低融资成本，又要控制融资风险。

［**答案**］B

［**2020 真题·单选**］项目的资本结构是否合理，可通过分析（　　）来衡量。

A. 负债融资成本　　B. 权益融资成本

C. 每股收益变化　　D. 权益融资比例

［**解析**］资本结构是否合理一般是通过分析每股收益的变化来进行衡量的。

［**答案**］C

［**2019 真题·单选**］关于融资中每股收益与资本结构、销售水平之间关系的说法，正确的是（　　）。

A. 受资本结构的影响，也受销售水平的影响

B. 受资本结构的影响，不受销售水平的影响

C. 不受资本结构的影响，受销售水平的影响

D. 不受资本结构的影响，也不受销售水平的影响

［**解析**］一般来说，每股收益一方面受资本结构的影响，同样也受销售水平的影响。

［**答案**］A

［2018 真题·单选］项目债务融资规模一定时，增加短期债务资本比重产生的影响是（　　）。

A. 提高总的融资成本
B. 增强项目公司的财务流动性
C. 提升项目的财务稳定性
D. 增加项目公司的财务风险

［解析］本题考查的是资本结构。譬如增加短期债务资本能降低总的融资成本，但会增大公司的财务风险；而增加长期债务虽然能降低公司的财务风险，但会增加公司的融资成本。

［答案］D

［2017 真题·单选］为新建项目筹集债务资金时，对利率结构起决定性作用的因素是（　　）。

A. 进入市场的利率走向
B. 借款人对于融资风险的态度
C. 项目现金流量的特征
D. 资金筹集难易程度

［解析］本题考查的是资本结构。评价项目融资中应该采用何种利率结构，需要综合考虑以下三方面的因素：①项目现金流量的特征起着决定性的作用；②对进入市场中利率的走向分析在决定债务资金利率结构时也起到很重要的作用；③任何一种利率结构都有可能为借款人带来一定的利益，但也会相应增加一定的成本，最终取决于借款人如何在控制融资风险和减少融资成本之间的权衡。

［答案］C

［2016 真题·多选］对于采用新设法人进行筹资的项目，在确定项目资本金结构时，应通过协商确定投资各方的（　　）。

A. 出资比例
B. 出资形式
C. 出资顺序
D. 出资性质
E. 出资时间

［解析］本题考查的是资本结构。采用新设法人筹资方式的项目，应根据投资各方在资本、技术、人力和市场开发等方面的优势，通过协商确定各方的出资比例、出资形式和出资时间。

［答案］ABE

第三节　项目融资的程序和方式

项目融资分为广义和狭义两种理解。

广义的项目融资是指“为项目而融资”，包括新建项目、收购现有项目或对现有项目进行债务重组等。

狭义的项目融资是指一种有限追索（极端情况下为无追索）的融资活动，是以项目的资产、预期收益、预期现金流量等作为偿还贷款的资金来源。

知识点 1　项目融资的特点

一、项目导向

项目融资主要以项目的资产、预期收益、预期现金流等来安排融资，而不是以项目的投资者或发起人的资信为依据。

二、有限追索

贷款人对项目借款人的追索形式和程度是区分融资是属于项目融资还是属于传统形式融资的重要标志。

有限追索融资的实质是由于项目本身的经济强度还不足以支撑一个“无追索”的结构，因而还需要项目的借款人在项目的特定阶段提供一定形式的信用支持。

三、风险分担

项目融资在风险分担方面具有投资风险大、风险种类多的特点。

一个成功的项目融资结构应该是在项目中没有任何一方单独承担起全部项目债务的风险责任。

四、非公司负债型融资（资产负债表之外的融资）

根据项目融资风险分担原则，贷款人对于项目的债务追索权主要被限制在项目公司的资产和现金流量中，项目投资者（借款人）所承担的是有限责任，因而有条件使融资被安排成为一种不需要进入项目投资者（借款人）资产负债表的贷款形式。

非公司负债型融资对于项目投资者的价值在于使得这些公司有可能以有限的财力从事更多的投资，同时将投资的风险分散和限制在更多的项目之中。

五、信用结构多样化

在项目融资中，用于支持贷款的信用结构的安排是灵活、多样的，一个成功的项目融资，可以将贷款的信用支持分配到与项目有关的各个关键方面。

六、融资成本较高

与传统的融资方式比较，项目融资相对筹资成本较高，组织融资所需时间较长，涉及面广，结构复杂。

融资的前期费用与项目的规模有直接关系，一般占贷款金额的0.5%～2%，项目规模越小，前期费用所占融资总额的比例就越大；项目融资的利息成本一般要高出同等条件公司贷款的0.3%～1.5%。

七、充分利用税务优势

充分利用税务优势降低融资成本，提高项目的综合收益率和偿债能力，是项目融资的一个重要特点。

所谓充分利用税务优势，是在项目所在国法律允许的范围内，通过精心设计的投资结构、融资模式，将该国政府对投资的税务鼓励政策在项目中最大限度地加以利用和分配，以此降低筹资成本、提高项目的偿债能力。通常包括加速折旧、利息成本等。

➢ **考分统计**：统计近10年本知识点，在2012、2014、2015、2016、2017、2018年进行考核，考核频次为60%，其中，2012、2014、2015、2016年分别考核一道单选题，2017年考核一道多选题，2018年考核一道单选题、一道多选题。

典型例题

[**2018真题·单选**] 项目融资属于“非公司负债型融资”，其含义是指（　　）。

A. 项目借款不会影响项目投资人（借款人）的利润和收益水平

B. 项目借款可以不在项目投资人（借款人）的资产负债表中体现

C. 项目投资人（借款人）在短期内不需要偿还借款

D. 项目借款的法律责任应当由借款人法人代表而不是项目公司承担

[**解析**] 本题考查的是项目融资的特点。非公司负债型融资，亦称为资产负债表之外的融资，是指项目的债务不表现在项目投资者（即实际借款人）的公司资产负债表中负债栏的一种融资形式。

[**答案**] B

[**2016真题·单选**] 与传统融资方式相比较，项目融资的特点是（　　）。

A. 融资涉及面较小

B. 前期工作量较少

C. 融资成本较低

D. 融资时间较长

[**解析**] 本题考查的是项目融资的特点。项目融资涉及面广，结构复杂，故选项A错误。项目融资需要大量的前期工作，故选项B错误。与传统的融资方式比较，项目融资的一个主要问题是相对筹资成本较高，组织融资所需要的时间较长，故选项C错误。

[**答案**] D

[**2015真题·单选**] 与传统贷款方式相比，项目融资的特点是（　　）。

A. 贷款人有资金的实权

B. 风险种类多

C. 对投资人信用要求高

D. 融资成本低

[**解析**] 本题考查的是项目融资的特点。项目融资在风险分担方面具有投资风险大、风险种类多的特点，此外，由于建设项目的参与方较多，可以通过严格的法律合同实现风险的分担。

[**答案**] B

[**2014真题·单选**] 与传统的贷款融资方式不同，项目融资主要是以（　　）来安排融资。

A. 项目资产和预期收益

B. 项目投资者的资信水平

C. 项目第三方担保

D. 项目管理的能力和水平

[**解析**] 本题考查的是项目融资的特点。与其他融资过程相比，项目融资主要以项目的资产、预期收益、预期现金流等来安排融资，而不是以项目的投资者或发起人的资信为依据。

[**答案**] A

[**2018真题·多选**] 与传统的贷款方式相比，项目融资的优点有（　　）。

A. 融资成本较低

B. 信用结构多样化

C. 投资风险小

D. 可利用税务优势

E. 属于资产负债表外融资

[**解析**] 本题考查的是项目融资的特点。项目融资主要具有项目导向、有限追索、风险分担、非公司负债型融资、信用结构多样化、融资成本高、可利用税务优势的特点。

[**答案**] BDE

知识点 2 项目融资程序

从项目投资决策至选择项目融资方式为项目建设筹措资金，直到完成该项目融资为止，项目融资大致可分为五个阶段，即投资决策分析、融资决策分析、融资结构设计、融资谈判及融资执行。

一、投资决策分析

(1) 工业部门（技术、市场）分析。
(2) 项目可行性研究。
(3) 投资决策。

二、融资决策分析

(1) 选择项目的融资方式。
(2) 任命项目融资顾问。

三、融资结构设计

(1) 评价项目风险因素。
(2) 评价项目的融资结构和资金结构。

四、融资谈判

(1) 选择银行、发出项目融资建议书。
(2) 组织贷款银团。
(3) 起草融资法律文件。
(4) 融资谈判。

五、融资执行

(1) 签署项目融资文件。
(2) 执行项目投资计划。
(3) 贷款银团经理人监督并参与项目决策。
(4) 项目风险控制与管理。

➤ **考分统计**：统计近 10 年本知识点，在 2014、2015、2016、2017、2018、2019、2020、2021 年进行考核，考核频次为 80%，各年分别考核一道单选题。

典型例题

[**2021 真题·单选**] 根据项目融资程序，分析项目所在行业状况、技术水平和市场情况，应在（　　）阶段完成。

A. 投资决策分析　　B. 融资结构设计
C. 融资决策分析　　D. 融资谈判

[**解析**] 在进行项目投资决策之前，投资者需要对一个项目进行相当周密的投资决策分析，这些分析包括宏观经济形势的趋势判断，项目的行业、技术和市场分析，以及项目的可行性研究等标准内容。

[**答案**] A

［**2018 真题·单选**］在项目融资程序中，需要在融资结构设计阶段进行的工作是（　　）。

A. 起草融资法律文件　　B. 评价项目风险因素

C. 控制与管理项目风险　　D. 选择项目融资方式

［**解析**］本题考查的是项目融资程序。融资结构设计阶段的工作内容包括评价项目风险因素、评价项目的融资结构和资金结构。

［**答案**］B

［**2017 真题·单选**］下列项目融资工作中，属于融资决策分析阶段的是（　　）。

A. 评价项目风险因素　　B. 进行项目可行性研究

C. 分析项目融资结构　　D. 选择项目融资方式

［**解析**］本题考查的是项目融资程序。融资决策分析阶段的主要内容是项目投资者将决定采用何种融资方式为项目开发筹集资金。

［**答案**］D

［**2016 真题·单选**］下列项目融资工作中，属于融资结构设计阶段工作内容的是（　　）。

A. 进行融资谈判　　B. 评价项目风险因素

C. 选择项目融资方式　　D. 组织贷款银团

［**解析**］本题考查的是项目融资程序。融资结构设计阶段的工作内容包括评价项目风险因素、评价项目的融资结构和资金结构。

［**答案**］B

［**2015 真题·单选**］根据项目融资程序，评价项目风险因素应在（　　）阶段进行。

A. 投资决策分析　　B. 融资评判　　C. 融资决策分析　　D. 融资结构设计

［**解析**］本题考查的是项目融资程序。融资结构设计阶段的工作内容包括评价项目风险因素、评价项目的融资结构和资金结构。

［**答案**］D

［**2014 真题·单选**］项目融资过程中，投资决策后首先应进行的工作是（　　）。

A. 融资谈判　　B. 融资决策分析　　C. 融资执行　　D. 融资结构设计

［**解析**］本题考查的是项目融资程序。项目融资大致可分为五个阶段，即投资决策分析、融资决策分析、融资结构设计、融资谈判和融资执行。

［**答案**］B

知识点 3　项目融资的主要方式——BOT 方式

BOT（Build－Operate－Transfer，建设－运营－移交）是一类项目融资方式的总称。典型 BOT 方式的基本思路是，由项目所在国政府或其所属机构为项目的建设和经营提供一种特许权协议（Concession Agreement）作为项目融资的基础，由本国公司或者外国公司作为项目的投资者和经营者安排融资，承担风险，开发建设项目并在特许权协议期间经营项目获取商业利润。特许期满后，根据协议将该项目转让给相应的政府机构。

知识点 4　项目融资的主要方式——TOT 方式

一、TOT 的运作程序

（1）制定 TOT 方案并报批。

（2）项目发起人（同时又是投产项目的所有者）设立 SPC 或 SPV（特殊目的公司或特殊目的机构），发起人把完工项目的所有权和新建项目的所有权均转让给 SPC 或 SPV，以确保有专门机构对两个项目的管理、转让、建造负有全权，并对出现的问题加以协调。

SPC 或 SPV 通常是政府设立或政府参与设立的具有特许权的机构。

（3）TOT 项目招标。

（4）SPV 与投资者洽谈以达成转让投产运行项目在未来一定期限内全部或部分经营权的协议，并取得资金。

（5）转让方利用获得的资金建设新项目。

（6）新项目投入使用。

（7）转让项目经营期满后，收回转让的项目。

二、TOT 方式的特点

与 BOT 相比，TOT 主要有下列特点：

（1）从项目融资的角度看，TOT 是通过已建成项目为其他新项目进行融资，BOT 则是为筹建中的项目进行融资。

（2）从具体运作过程看，TOT 由于避开了建造过程中所包含的大量风险和矛盾（如建设成本超支、延期、停建、无法正常运营等），并且只涉及转让经营权，不存在产权、股权等问题，在项目融资谈判过程中比较容易使双方意愿达成一致，并且不会威胁国内基础设施的控制权与国家安全。

（3）从东道国政府的角度看，可以缓解中央和地方政府财政支出的压力。

（4）从投资者角度看，TOT 方式既可回避建设中的超支、停建或者建成后不能正常运营、现金流量不足以偿还债务等风险，又能尽快取得收益。采用 BOT 方式，投资者先要投入资金建设，并要设计合理的信用保证结构，花费时间很长，承担风险大；采用 TOT，投资者购买的是正在运营的资产和对资产的经营权，资产收益具有确定性，也不需要太复杂的信用保证结构。

➤ **考分统计**：统计近 10 年本知识点，在 2015、2016、2017、2018、2020、2021 年进行考核，考核频次为 60%，2015、2016、2017、2018、2020 年分别考核一道单选题，2021 年考核一道多选题。

典型例题

［**2020 真题·单选**］下列项目融资方式中，需要通过转让已建成项目的产权和经营权来进行拟建项目融资的是（　　）。

A. BOT　　B. TOT　　C. ABS　　D. PFI

［**解析**］从项目融资的角度看，TOT 是通过转让已建成项目的产权和经营权来融资的。

［**答案**］B

［**2018 真题·单选**］采用 TOT 方式进行项目融资需要设立 SPC（或 SPV）。SPC（或 SPV）的性质是（　　）。

A. 借款银团设立的项目监督机构　　B. 项目发起人聘请的项目建设顾问机构

C. 政府设立或参与设立的具有特许权的机构　　D. 社会资本投资人组建的特许经营机构

［**解析**］本题考查的是 TOT 方式。SPC 或 SPV 通常是政府设立或政府参与设立的具有特许权的机构。

［**答案**］C

［**2016 真题·单选**］从投资者角度看，既能回避建设过程风险，又能尽快取得收益的项目融资方式是（　　）方式。

A. BT　　B. BOO　　C. BOOT　　D. TOT

［**解析**］本题考查的是 TOT 方式。从投资者的角度看，TOT 方式既可回避建设中的超支、停建或者建成后不能正常运营、现金流量不足以偿还债务等风险，又能尽快取得收益。

［**答案**］D

［**2015 真题·单选**］与 BOT 融资方式相比，TOT 融资方式的特点是（　　）。

A. 信用保证结构简单　　B. 项目产权结构易于稳定

C. 不需要设立具有特许权的专门机构　　D. 项目招标程序大为简化

［**解析**］本题考查的是 TOT 方式。采用 TOT，投资者购买的是正在运营的资产和对资产的经营权，资产收益具有确定性，也不需要太复杂的信用保证结构。

［**答案**］A

［**2021 真题·多选**］与 BOT 融资方式相比，TOT 融资方式的优点有（　　）。

A. 通过已建成项目与其他项目融资建设　　B. 不影响东道国对国内基础设施的控制权

C. 投资者对移交项目拥有自主处置权　　D. 投资者可规避建设超支、停建风险

E. 投资者的收益具有较高确定性

［**解析**］与 BOT 相比，TOT 主要有下列特点：①TOT 是通过转让已建成项目的产权和经营权来融资的；②TOT 避开了建造过程中所包含的大量风险和矛盾（如建设成本超支、延期、停建、无法正常运营等），并且不会威胁国内基础设施的控制权与国家安全；③通过 TOT 吸引社会资本购买现有的资产，将大大缓解中央和地方政府财政支出的压力；④TOT 方式既可回避建设中的超支、停建或者建成后不能正常运营、现金流量不足以偿还债务等风险，又能尽快取得收益（采用 TOT，投资者购买的是正在运营的资产和对资产的经营权，资产收益具有确定性，也不需要太复杂的信用保证结构）。

［**答案**］ABDE

知识点 5　项目融资的主要方式——ABS 方式（资产证券化）

一、ABS 融资方式的运作过程

（1）组建特殊目的机构 SPV。该机构可以是一个信托机构，如信托投资公司、信用担保公司、投资保险公司或其他独立法人，该机构应能够获得国际权威资信评估机构较高级别的信用等级（AAA 或 AA 级），由于 SPV 是进行 ABS 融资的载体，成功组建 SPV 是 ABS 能够成功运作的基本条件和关键因素。

（2）SPV 与项目结合。一般来说，投资项目所依附的资产只要在未来一定时期内能带来现金收入，就可以进行 ABS 融资。拥有这种未来现金流量所有权的企业（项目公司）成为原始权益人。这些未来现金流量所代表的资产，是 ABS 融资方式的物质基础。

（3）进行信用增级。利用信用增级手段使该项目资产获得预期的信用等级。SPV 通过提供专业化的信用担保进行信用升级，之后委托资信评估机构进行信用评级，确定 ABS 债券的资信等级。

（4）SPV 发行债券。SPV 直接在资本市场上发行债券募集资金，或者经过 SPV 通过信用担保，由其他机构组织债券发行，并将通过发行债券筹集的资金用于项目建设。

（5）SPV 偿债。由于项目原始收益人已将项目资产的未来现金收入权利让渡给 SPV，因此，SPV 就能利用项目资产的现金流入量，清偿其在国际高等级投资证券市场上所发行债券的本息。

二、BOT 方式与 ABS 方式的比较

BOT 与 ABS 融资方式在项目所有权、运营权归属、适用范围、资金来源、对项目所在国的影响、融资方式、风险分散度、融资成本等方面都有不同之处。具体内容见表 5-3-1。

表 5-3-1 BOT 方式与 ABS 方式的比较

项目	BOT	ABS
项目所有权、运营权归属	所有权、运营权在特许期内属于项目公司，特许期经营结束，移交给政府	债券存续期内项目所有权由原始权益人转至 SPV，经营权与决策权仍属于原始权益人
适用范围	某些关系国计民生的要害部门是不能采用 BOT 方式的	使用范围要比 BOT 方式广泛
资金来源	主要是民间资本	主要是民间资本，但 ABS 方式强调通过证券市场发行债券这一方式筹集资金
对项目所在国的影响	会给东道国带来一定负面效应	ABS 则较少出现负面效应
风险分散度	风险主要由政府、投资者/经营者、贷款机构承担	由众多的投资者承担
融资成本	过程复杂，成本较高	过程简单，成本较低

➢ **考分统计**：统计近 10 年本知识点，在 2014、2016、2020 年进行考核，考核频次为 30%，各年分别考核一道单选题。

典型例题

[**2020 真题·单选**] 下列项目融资方式中，通过证券市场发行债券进行筹集资金的是（　　）。

A. BOT　　B. TOT

C. ABS　　D. PFI

[**解析**] ABS（Asset-BackedSecuritization，资产证券化）是通过发行债券的方式进行融资的一种融资方式。

[**答案**] C

[**2016 真题·单选**] 关于项目融资 ABS 方式特点的说法，正确的是（　　）。

A. 项目经营权与决策权属特殊目的机构（SPV）

B. 债券存续期内资产所有权归特殊目的机构（SPV）

C. 项目资金主要来自项目发起人的自有资金和银行贷款

D. 复杂的项目融资过程增加了融资成本

[**解析**] 本题考核的是 ABS 融资。在 ABS 融资方式中，根据合同规定，项目的所有权在债券存续期内由原始权益人转至 SPV，而经营权与决策权仍属于原始权益人，故选项 A 错误；BOT 与 ABS 融资方式的资金来源主要都是民间资本，可以是国内资金，也可以是外资，如项目发起人自有资金、银行贷款等，但 ABS 方式强调通过证券市场发行债券这一方式筹集资金，故选项 C 错误；ABS 方式只涉及原始权益人、SPV、证券承销商和投资者，无须政府的许可、授权、担保等，过程简单，降低了融资成本，故选项 D 错误。

［答案］B

［2014 真题·单选］采用 ABS 融资方式进行项目融资的物质基础是（　　）。

A. 债券发行机构的注册资金

B. 项目原始权益人的全部资产

C. 债券承销机构的担保资产

D. 具有可靠未来现金流量的项目资产

［解析］本题考核的是 ABS 融资。一般来说，投资项目所依附的资产只要在未来一定时期内能带来现金收入，就可以进行 ABS 融资。拥有这种未来现金流量所有权的企业（项目公司）成为原始权益人。这些未来现金流量所代表的资产，是 ABS 融资方式的物质基础。

［答案］D

知识点 6　项目融资的主要方式——PFI 方式

一、PFI 的典型模式

PFI（私人主动融资）是指由私营企业进行项目的建设与运营，从政府方或接受服务方收取费用以回收成本，在运营期结束时，私营企业应将所运营的项目完好地、无债务地归还政府。

二、PFI 的优点

PFI 在本质上是一个设计、建设、融资和运营模式，政府与私营企业是一种合作关系，对 PFI 项目服务的购买是由有采购特权的政府与私营企业签订的。

三、BOT 方式与 PFI 方式的比较

PFI 与 BOT 方式在本质上没有太大区别，但在一些细节上仍存在不同，主要表现在适用领域、合同类型、承担风险、合同期满处理方式等方面。

BOT 方式与 PFI 方式的比较见表 5-3-2。

表 5-3-2　BOT 方式与 PFI 方式的比较

项目	BOT	PFI
适用领域	主要适用于基础设施或市政设施	PFI 方式应用更广，可以用于非营利性的、公共服务设施等
合同类型	特许经营合同	服务合同
合同期满处理方式	结束后无偿交给政府	如果没有达到合同规定的收益，私营企业可以继续保持运营权

➤ **考分统计**：统计近 10 年本知识点，在 2013、2014、2017、2018 年进行考核，考核频次为 40%，各年分别考核一道单选题。

典型例题

［2018 真题·单选］采用 PFI 融资方式的特点是（　　）。

A. 可能降低公共项目投资效率

B. 私营企业与政府签署特许经营合同

C. 特许经营期满后将项目移交政府

D. 私营企业参与项目设计并承担风险

[解析] 本题考查的是PFI方式。PFI项目由于私营企业参与项目设计，需要其承担设计风险。选项A，PFI方式可提高公共项目的效率和降低产出成本；选项B、C属于BOT方式的特点。

[答案] D

[2017真题·单选] PFI融资方式与BOT融资方式的相同点是（　　）。

A. 适用领域

B. 融资本质

C. 承担风险

D. 合同类型

[解析] 本题考查的是PFI方式。PFI与BOT方式在本质上没有太大区别，但在一些细节上仍存在不同，主要表现在适用领域、合同类型、承担风险、合同期满处理方式等方面。

[答案] B

[2014真题·单选] 采用PFI融资方式，政府部门与私营部门签署的合同类型是（　　）。

A. 服务合同　　B. 特许经营合同

C. 承包合同　　D. 融资租赁合同

[解析] 本题考查的是PFI方式。两种融资方式中，政府与私营部门签署的合同类型不尽相同，BOT项目的合同类型是特许经营合同，而PFI项目中签署的是服务合同，PFI项目的合同中一般会对设施的管理、维护提出特殊要求。

[答案] A

知识点7 项目融资的主要方式——PPP方式（政府和社会资本合作模式）

狭义上强调政府通过商业而非行政的方法，如在项目公司中占股份来加强对项目的控制，以及与企业合作过程中的优势互补、风险共担和利益共享。

目前，国际学术界和企业界较为认同的是广义的PPP，即将PPP认定为政府与企业长期合作的一系列方式的统称，包含BOT、TOT、PFI等多种方式，并特别强调合作过程中政企双方的平等、风险分担、利益共享、效率提高和保护公众利益。

适用范围：投资规模较大、需求长期稳定、价格调整机制灵活、市场化程度较高的基础设施及公共服务类项目，适宜采用政府和社会资本合作模式。

政府和社会资本合作项目由政府或社会资本发起，以政府发起为主。

一、PPP项目实施方案的内容

PPP项目实施方案包括项目概况、风险分配基本框架、项目运作方式、交易结构、合同体系、监管架构、采购方式选择等。

二、物有所值（VFM）评价

物有所值（Value for Money，VFM）评价是判断是否采用PPP模式代替政府传统投资运营方式提供公共服务项目的一种评价方法。在中国境内拟采用PPP模式实施的项目，应在项目识别或准备阶段开展物有所值评价。

物有所值评价包括定性评价和定量评价，见表5-3-3，结论分为“通过”和“未通过”。“通过”的项目，可进行财政承受能力论证。

表 5-3-3　PPP 项目物有所值评价

<table>
<tr><th>项目</th><th colspan="2">内容</th></tr>
<tr><td rowspan="2">定性评价</td><td>基本指标</td><td>全寿命期整合程度、风险识别与分配、绩效导向与鼓励创新、潜在竞争程度、政府机构能力、可融资性等</td></tr>
<tr><td>补充指标</td><td>项目规模大小、预期使用寿命长短、主要固定资产种类、全寿命期成本测算准确性、运营收入增长潜力、行业示范性等</td></tr>
<tr><td>定量评价</td><td colspan="2">通过对 PPP 项目全寿命期内政府方净成本的现值（PPP 值）与公共部门比较值（PSC 值）进行比较，判断 PPP 模式能否降低项目全寿命期成本</td></tr>
</table>

三、PPP 项目财政承受能力论证

财政部门识别和测算单个项目的财政支出责任后，汇总年度已实施和拟实施的 PPP 项目，进行财政承受能力评估。

每一年度全部 PPP 项目需要从预算中安排的支出责任，占一般公共预算支出比例应当不超过 10%。

➤ **考分统计**：统计近 10 年本知识点，在 2014、2017、2018、2020 年进行考核，考核频次为 40%，其中，2017 年考核一道多选题，2014、2018、2020 年分别考核一道单选题。

典型例题

［**2020 真题·单选**］为了判断能否采用 PPP 模式代替传统的政府投资运营方式提供公共服务项目，应采用的评价方法是（　　）。

A. 项目经济评价

B. 财政承受能力评价

C. 物有所值评价

D. 项目财务评价

［**解析**］物有所值（ValueforMoney，VFM）评价是判断是否采用 PPP 模式代替政府传统投资运营方式提供公共服务项目的一种评价方法。

［**答案**］C

［**2018 真题·单选**］PPP 项目财政承受能力论证中，确定年度折现率时应考虑财政补贴支出年份，并参照（　　）。

A. 行业基准收益率

B. 同期国债利率

C. 同期地方政府债券收益率

D. 同期当地社会平均利润率

［**解析**］本题考查的是 PPP 方式。年度折现率应考虑财政补贴支出发生年份，并参照同期地方政府债券收益率合理确定。

［**答案**］C

［**2017 真题·多选**］对 PPP 项目进行物有所值（VFM）定性评价的基本指标有（　　）。

A. 运营收入增长潜力

B. 潜在竞争程度

C. 项目建设规模

D. 政府机构能力

E. 风险识别与分配

［解析］本题考查的是PPP方式。物有所值定性评价指标包括全寿命期整合程度、风险识别与分配、绩效导向与鼓励创新、潜在竞争程度、政府机构能力、可融资性等六项基本评价指标，以及根据具体情况设置的补充评价指标。

［答案］BDE

第四节　与工程项目有关的税收及保险规定

知识点 1　与工程项目有关的税收规定——增值税

一、纳税人

纳税人分为一般纳税人和小规模纳税人。

二、应纳税额计算

应纳税额的计算见下式：

应纳税额＝当期销项税额－当期进项税额

销项税额的计算见下式：

销项税额＝销售额×税率

建筑业增值税为9%，其计算见下式：

增值税＝税前造价×9%

税前造价为人工费、材料费、施工机具使用费、企业管理费、利润和规费之和，各费用项目均以不包含增值税可抵扣进项税额的价格计算。

当采用简易计税方法时，建筑业增值税税率为3%。其计算见下式：

增值税＝税前造价×3%

税前造价为人工费、材料费、施工机具使用费、企业管理费、利润和规费之和，各费用项目均以包含增值税进项税额的含税价格计算。

➤ **考分统计**：统计近10年本知识点，在2018、2021年各考核一道单选题，考核频次为20%。

典型例题

［2021真题·单选］一般纳税人采用简易计税方法，建筑税收为（　　）。

A. 3%　　B. 6%　　C. 9%　　D. 10%

［解析］当采用简易计税方法时，建筑业增值税征收率为3%。

［答案］A

［2018真题·单选］对小规模纳税人而言，增值税应纳税额的计算式是（　　）。

A. 销售额×征收率　　B. 销项税额－进项税额

C. 销售额/（1－征收率）×征收率　　D. 销售额×（1－征收率）×征收率

［解析］本题考查的是增值税。增值税的计税方法，包括一般计税方法和简易计税方法。小规模纳税人发生应税行为适用简易计税方法计税。简易计税方法的应纳税额，是指按照销售额和增值税征收率计算的增值税额，不得抵扣进项税额。应纳税额计算公式：应纳税额＝销售额×征收率。

［答案］A

知识点 2　与工程项目有关的税收规定——所得税

一、纳税人和纳税对象

企业所得税的纳税人是指企业或其他取得收入的组织。可分为居民企业和非居民企业。

二、计税依据和税率

（一）计税依据

应纳税所得额＝收入总额－不征税收入－免税收入－各项扣除－弥补以前年度亏损

（1）收入总额。

（2）不征税收入。

财政拨款；依法收取并纳入财政管理的行政事业性收费、政府性基金；国务院规定的其他不征税收入。

（3）免税收入。

国债利息收入；符合条件的居民企业之间的股息、红利等权益性投资收益；在中国境内设立机构、场所的非居民企业从居民企业取得与该机构、场所有实际联系的股息、红利等权益性投资收益；符合条件的非营利组织的收入。

（4）各项扣除。

企业实际发生的与取得收入有关的、合理的支出，包括成本、费用、税金、损失和其他支出，准予在计算应纳税所得额时扣除。

（5）弥补以前年度亏损。

根据利润的分配顺序，企业发生的年度亏损，在连续5年内可以用税前利润弥补亏损。

（6）在计算应纳税所得额时不得扣除的支出。

（二）税率

企业所得税实行25％的比例税率。

符合条件的小型微利企业，减按20％的税率征收企业所得税。

国家需要重点扶持的高新技术企业，减按15％的税率征收企业所得税。

➤ **考分统计**：统计近10年本知识点，在2012、2013、2014、2017、2018、2021年进行考核，考核频次为60％，其中2012、2013、2014、2017、2018、2021年分别考核一道单选题。

典型例题

［**2021真题·单选**］下列收入中，属于企业所得税免税收入的是（　　）。

A. 转让财产收入　　B. 接受捐赠收入　　C. 国债利息收入　　D. 提供劳务收入

［**解析**］企业的下列收入为免税收入：国债利息收入；符合条件的居民企业之间的股息、红利等权益性投资收益；在中国境内设立机构、场所的非居民企业从居民企业取得与该机构、场所有实际联系的股息、红利等权益性投资收益；符合条件的非营利组织的收入。

［**答案**］C

［**2018真题·单选**］计算企业应纳税所得额时，可以作为免税收入从企业收入总额中扣除的是（　　）。

A. 特许权使用费收入　　B. 国债利息收入　　C. 财政拨款　　D. 接受捐赠收入

[解析] 本题考查的是所得税。企业的下列收入为免税收入：①国债利息收入；②符合条件的居民企业之间的股息、红利等权益性投资收益；③在中国境内设立机构、场所的非居民企业从居民企业取得与该机构、场所有实际联系的股息、红利等权益性投资收益；④符合条件的非营利组织的收入。选项 A、D 属于收入总额；选项 C 属于不征税收入。

[答案] B

[2017 真题·单选] 企业所得税应实行 25%的比例税率。但对于符合条件的小型微利企业，减按（　　）的税率征收企业所得税。

A. 5%　　B. 10%　　C. 15%　　D. 20%

[解析] 本题考查的是所得税。企业所得税实行 25%的比例税率。对于非居民企业取得的应税所得额，适用税率为 20%。符合条件的小型微利企业，减按 20%的税率征收企业所得税。国家需要重点扶持的高新技术企业，减按 15%的税率征收企业所得税。

[答案] D

[2013 真题·单选] 对于需要国家重点扶持的高新技术企业，减按（　　）的税率征收企业所得税。

A. 12%　　B. 15%　　C. 20%　　D. 25%

[解析] 本题考查的是所得税。符合条件的小型微利企业，减按 20%的税率征收企业所得税。国家需要重点扶持的高新技术企业，减按 15%的税率征收企业所得税。

[答案] B

[2011 真题·单选] 企业计算应纳税所得额时，下列项目中，允许从收入中扣除的是（　　）。

A. 向投资者支付的股息　　B. 向银行支付的短期借款利息

C. 由公益性赞助支出　　D. 税收滞纳金

[解析] 本题考查的是所得税。企业实际发生的与取得收入有关的、合理的支出，包括成本、费用、税金、损失和其他支出，准予在计算应纳税所得额时扣除。同时，企业发生的公益性捐赠支出，在年度利润总额 12%以内的部分，准予在计算应纳税所得额时扣除。不得扣除的支出：①向投资者支付的股息、红利等权益性投资收益款项；②企业所得税税款；③税收滞纳金；④罚金、罚款和被没收财物的损失；⑤允许扣除范围以外的捐赠支出；⑥赞助支出；⑦未经核定的准备金支出；⑧与取得收入无关的其他支出。

[答案] B

知识点 3 与工程项目有关的税收规定——城市维护建设税与教育费附加

一、城市维护建设税

城市维护建设税的内容见表 5-4-1。

表 5-4-1　城市维护建设税

项目	内容
纳税人	实际缴纳增值税、消费税的单位和个人
计算公式	应纳税额＝实际缴纳的增值税、消费税税额之和×适用税率
税率	差别比例税率：①纳税人所在地区为市区的，税率为 7%；②纳税人所在地区为县城、镇的，税率为 5%；③纳税人所在地区不在市区、县城或镇的，税率为 1%

二、教育费附加

教育费附加的内容见表 5-4-2。

表 5-4-2　教育费附加

项目	内容
纳税人	实际缴纳增值税、消费税的单位和个人
计算公式	应纳税额＝实际缴纳的增值税、消费税税额之和×征收税率
税率	教育费附加：3%；地方教育费附加：2%

➤ **考分统计**：统计近 10 年本知识点，在 2013、2015、2020、2021 年进行考核，考核频次为 40%，其中 2015 年考核一道多选题，2013、2020、2021 年各考核一道单选题。

典型例题

[**2021 真题・单选**] 某项目处于市区，城市维护建设税征收税率为（　　）。

A. 1%　　B. 3%　　C. 5%　　D. 7%

[**解析**] 城市维护建设税实行差别比例税率。按照纳税人所在地区的不同，设置了三档比例税率：①纳税人所在地区为市区的，税率为 7%；②纳税人所在地区为县城、镇的，税率为 5%；③纳税人所在地区不在市区、县城或镇的，税率为 1%。

[**答案**] D

[**2020 真题・单选**] 下列税种中，实行差别比例税率的是（　　）。

A. 土地增值税　　B. 城镇土地使用税

C. 建筑业增值税　　D. 城市维护建设税

[**解析**] 城市维护建设税实行差别比例税率。

[**答案**] D

[**2015 真题・多选**] 教育费附加是以纳税人实际缴纳的（　　）税额之和作为计税依据。

A. 所得税　　B. 增值税　　C. 消费税　　D. 营业税

E. 契税

[**解析**] 本题考查的是城市维护建设税与教育费附加。教育费附加以纳税人实际缴纳的增值税、消费税税额之和作为计税依据。

[**答案**] BC

知识点 4　与工程项目有关的税收规定——城镇土地使用税

城镇土地使用税的内容见表 5-4-3。

表 5-4-3　城镇土地使用税

项目	内容
纳税人	城镇土地使用税的纳税义务人，是指在城市、县城、建制镇、工矿区范围内使用土地的单位和个人
纳税对象	城镇土地使用税的纳税对象包括在城市、县城、建制镇和工矿区内的国有和集体所有土地，但不包括农村土地
计税依据	城镇土地使用税以纳税人实际占用的土地面积（m^2）为计税依据 全年应纳税额＝实际占用应税土地面积（m^2）×适用税额 城镇土地使用税采用定额税率 按大、中、小城市和县城、建制镇和工矿区分别规定每平方米土地使用税年应纳税额

➤ **考分统计**：统计近 10 年本知识点，在 2017 年考核一道单选题，考核频次为 10%。

典型例题

[**2017真题·单选**] 我国城镇土地使用税采用的税率是（　　）。

A. 定额税率　　B. 超率累进税率

C. 幅度税率　　D. 差别比例税率

[**解析**] 本题考查的是城镇土地使用税。城镇土地使用税采用定额税率。

[**答案**] A

知识点 5 与工程项目有关的税收规定——土地增值税

土地增值税的内容见表5-4-4。

表5-4-4　土地增值税

项目	内容
纳税人	土地增值税的纳税人是转让国有土地使用权、地上建筑物及其附着物并取得收入的单位和个人（卖方）
纳税对象	转让国有土地使用权、地上建筑物及其附属物连同国有土地使用权转让所取得的增值额
计税依据	土地增值税以纳税人转让房地产所取得的收入减除税法规定的扣除项目金额后的余额为计税依据
税率	四级超率累进税率

➤ **点拨**：土地增值税实行四级超率累进税率，具体税率见表5-4-5。

表5-4-5　土地增值税税率

增值额占扣除项目金额比例	土地增值税税率	速算扣除系数
50%以下（含50%）	30%	0
超过50%～100%（含100%）	40%	5%
超过100%～200%（含200%）	50%	15%
200%以上	60%	35%

➤ **考分统计**：统计近10年本知识点，在2011、2012、2015年进行考核，考核频次为30%，其中，2012、2015年分别考核一道单选题，2011年考核一道多选题。

典型例题

[**2015真题·单选**] 土地增值税实行的税率是（　　）。

A. 差别比例税率

B. 三级超率累进税率

C. 固定比例税率

D. 四级超率累进税率

[**解析**] 本题考查的是土地增值税。土地增值税实行四级超率累进税率。

[**答案**] D

知识点 6 与工程项目有关的税收规定——契税

契税的内容见表5-4-6。

表 5-4-6 契税

项目	内容
纳税人	境内转移土地、房屋权属承受的单位和个人（买方）
纳税对象	在境内转移土地、房屋权属的行为。包括土地使用出让、转让；房屋买卖、赠与、交换
计税依据	（1）土地使用权出让、出售、房屋买卖，以成交价格计税 （2）土地使用权、房屋赠与，参照土地使用权出售、房屋买卖的市场价计格核定 （3）土地使用权、房屋交换，以所交换的土地使用权、房屋的价格差额计税
税率	3%～5%的幅度税率

➤ **考分统计**：统计近 10 年本知识点，在 2016 年考核一道多选题，考核频次为 10%。

典型例题

［**2016 真题·多选**］按现行规定，属于契税征收对象的行为有（　　）。

A. 房屋建造

B. 房屋买卖

C. 房屋出租

D. 房屋赠与

E. 房屋交换

［**解析**］本题考查的是契税。契税的纳税对象是在境内转移土地、房屋权属的行为，具体包括以下 5 种情况：①国有土地使用权出让（转让方不交土地增值税）。②国有土地使用权转让（转让方还应交土地增值税）。③房屋买卖（转让方符合条件的还需交土地增值税）。以下几种特殊情况也视同买卖房屋：以房产抵债或实物交换房屋；以房产做投资或做股权转让；买房拆料或翻建新房。④房屋赠与，包括以获奖方式承受土地房屋权属。⑤房屋交换（单位之间进行房地产交换还应交土地增值税）。

［**答案**］BDE

知识点 7 与工程项目有关的保险规定——建筑工程一切险

建筑工程一切险是承保以土木建筑为主体的工程项目在整个建筑期间因自然灾害或意外事故造成的物质损失，以及依法应承担的第三者责任的保险。

一、保险项目与保险金额（三部分）

建筑工程一切险的保险项目包括物质损失部分、第三者责任及附加险三部分。

（1）建筑工程，包括永久和临时性工程及物料。该部分保险金额为承包工程合同的总金额，即建成该项工程的实际价格。

（2）业主提供的物料及项目，是指为包括在工程合同价格之内的，由业主提供的物料及负责建筑的项目。该项保险金额应按这部分标的的重置价值确定。

（3）安装工程项目，是指承包工程合同中未包含的机器设备安装工程项目。该项目的保险金额为其重置价值。所占保额不应超过总保险金额的 20%。超过 20%的，按安装工程一切险费率计收保费；超过 50%，则另投保安装工程一切险。

二、保险责任与除外责任

（1）物质损失的保险责任与除外责任。

1）责任范围。

①在保险期限内，若保险单列明的被保险财产在列明的工地范围内，因发生除外责任之外的任何自然灾害或意外事故造成的物质损失，保险人应负责赔偿。

②上述有关费用包括必要的场地清理费用和专业费用等，也包括被保险人采取施救措施而支出的合理费用。

2）除外责任。保险人对以下情况不承担赔偿责任：

①设计错误引起的损失和费用。

②自然磨损、内在或潜在缺陷、物质本身变化、自燃、自热、氧化、锈蚀、渗漏、鼠咬、虫蛀、大气（气候或气温）变化、正常水位变化或其他渐变原因造成的被保险财产自身的损失和费用。

③因原材料缺陷或工艺不善引起的被保险财产本身的损失以及为换置、修理或矫正这些缺点错误所支付的费用。

④非外力引起的机械或电气装置的本身损失，或施工用机具、设备、机械装置失灵造成的本身损失。

⑤维修保养或正常检修的费用。

⑥档案、文件、账簿、票据、现金、各种有价证券、图表资料及包装物料的损失。

⑦盘点时发现的短缺。

⑧领有公共运输行驶执照的，或已由其他保险予以保障的车辆、船舶和飞机的损失。

⑨除已将工地内现成的建筑物或其他财产列入保险范围，在被保险工程开始以前已经存在或形成的位于工地范围内或其周围的属于被保险人的财产的损失。

⑩除非另有约定，在保险期限终止以前，被保险财产中已由工程所有人签发完工验收证书或验收合格、或实际占有、或使用、或接收的部分。

（2）第三者责任的保险责任与除外责任。

（3）总除外责任。

➢ **点拨**：建筑工程一切险的责任范围中，正常工作中的失误和正常磨损不承担责任。

三、保险期限

保险期限是在保险单列明的建筑期限内，自投保工程动工日或自被保险项目被卸至建筑工地时起生效，直至建筑工程完毕经验收合格时终止。生效与终止日期见表 5-4-7。

表 5-4-7　建筑工程一切险的保险期限

项目	内容
生效	①工程破土动工之日；②保险工程材料、设备运抵至工地时。以先发生着为准，但不得超过保单规定的生效日期
终止	①工程所有人对部分或全部工程签发验收证书或验收合格时；②工程所有人实际占有或使用或接受该部分或全部工程时。以先发生者为准且最迟不得超过保单规定的终止日期

➢ **考分统计**：统计近 10 年本知识点，在 2012、2013、2014、2015、2016、2018、2020、2021 年进行考核，考核频次为 80%，其中，2013、2015、2020 年分别考核一道单选题，2012、2014、2018、2021 年分别考核一道多选题，2016 年考核两道单选题。

典型例题

[2020 真题·单选] 对于投保建筑工程一切险，保险人不应承担赔偿责任的是（　　）。

A. 因暴雨造成的物质损失　　B. 发生火灾引起的场地清理费用

C. 工程设计错误引起的损失　　D. 因地面下沉引起的物质损失

[解析] 选项 A、D 属于自然灾害，选项 B 属于意外事故，保险人承担赔偿责任。选项 C 属于保险人的除外责任。

[答案] C

[2016 真题·单选] 建筑工程一切险中，安装工程项目的保险金额是该项目的（　　）。

A. 概算造价　　B. 结算造价　　C. 重置价值　　D. 实际价值

[解析] 本题考查的是建筑工程一切险。安装工程项目的保险金额为其重置价值。

[答案] C

[2015 真题·单选] 建筑工程一切险中，安装工程项目的保险金额不应超过总保险金额的（　　）。

A. 10%　　B. 20%　　C. 30%　　D. 50%

[解析] 本题考查的是建筑工程一切险。安装工程项目所占保额不应超过总保险金额的 20%。超过 20%的，按安装工程一切险费率计收保费；超过 50%的，则另投保安装工程一切险。

[答案] B

[2021 真题·多选] 对于投保建筑工程一切险的工程项目，下列情形中，保险人不承担赔偿责任的有（　　）。

A. 因台风使工地范围内建筑物损毁　　B. 工程停工引起的任何损失

C. 因暴雨引起地面下陷，造成施工用吊车损毁　　D. 因恐怖袭击引起的任何损失

E. 工程设计错误引起的损失

[解析] 保险人对以下情况不承担赔偿责任：①设计错误引起的损失和费用。②战争、类似战争行为、敌对行为、武装冲突、恐怖活动、谋反、政变引起的任何损失、费用和责任；政府命令或任何公共当局的没收、征用、销毁或毁坏；罢工、暴动、民众骚乱引起的任何损失、费用和责任。③工程部分停工或全部停工引起的任何损失、费用和责任。

[答案] BDE

[2018 真题·多选] 投保建筑工程一切险时，不能作为保险项目的有（　　）。

A. 现场临时建筑　　B. 现场的技术资料、账簿

C. 现场使用的施工机械　　D. 领有公共运输执照的车辆

E. 现场在建的分部工程

[解析] 本题考查的是建筑工程一切险。货币、票证、有价证券、文件、账簿、图表、技术资料，领有公共运输执照的车辆、船舶以及其他无法鉴定价值的财产，不能作为建筑工程一切险的保险项目。

[答案] BD

[2014 真题·多选] 建筑工程一切险中物质损失的除外责任有（　　）。

A. 台风引起水灾的损失　　B. 设计错误引起损失

C. 原材料缺陷引起损失　　D. 现场火灾造成损失

E. 维修保养发生的费用

[解析] 本题考查的是建筑工程一切险。选项A、D属于自然灾害和意外事故造成的损失，属于保险责任；保险人对以下情况不承担赔偿责任：①设计错误引起的损失和费用；②自然磨损、内在或潜在缺陷、物质本身变化、自燃、自热、氧化、锈蚀、渗漏、鼠咬、虫蛀、大气（气候或气温）变化、正常水位变化或其他渐变原因造成的被保险财产自身的损失和费用；③因原材料缺陷或工艺不善引起的被保险财产本身的损失以及为换置、修理或矫正这些缺点错误所支付的费用；④非外力引起的机械或电气装置的本身损失，或施工用机具、设备、机械装置失灵造成的本身损失；⑤维修保养或正常检修的费用；⑥档案、文件、账簿、票据、现金、各种有价证券、图表资料及包装物资料的损失；⑦盘点时发现的短缺；⑧领有公共运输行驶执照的，或已由其他保险予以保障的车辆、船舶和飞机的损失；⑨除已将工地内现成的建筑物或其他财产列入保险范围，在被保险工程开始以前已经存在或形成的位于工地范围内或其周围的属于被保险人的财产的损失；⑩除非另有约定，在保险期限终止以前，被保险财产中已由工程所有人签发完工验收证书或验收合格、或实际占有、或使用、或接收的部分。

[答案] BCE

知识点 8 与工程项目有关的保险规定——安装工程一切险

与建筑工程一切险相比，安装工程一切险具有下列特点：由于风险集中，试车期的安装工程一切险的保险费通常占整个工期的保费的1/3左右。在一般情况下，建筑工程一切险承担的风险主要为自然灾害，安装工程一切险承担的风险主要为人为事故损失。

一、保险项目与保险金额

（1）安装项目。

（2）土木建筑工程项目。

该项保险金额不能超过安装工程一切险金额的20%，超过20%时，应按建筑工程保险费率计收保险费。超过50%时，则需单独投保建筑工程一切险。

（3）安装施工用机器设备。保险金额按重置价值计算。

（4）业主或承包商在工地上的其他财产。

（5）清理费用。

二、保险责任与除外责任

（1）因设计错误、铸造或原材料缺陷或工艺不善引起的保险财产本身的损失以及为置换、修理或矫正这些缺点错误所支付的费用，都属于除外责任范围。

（2）由于超负荷、超电压、碰线等电气原因造成电气设备或电气用具本身的损失，安装工程一切险不予负责。

三、保险期限

试车考核期的保险责任一般不超过3个月，若超过3个月，应另行加费。

四、保险费率

安装工程险的费率与建筑工程一切险基本相同，只是对试车期设定单独费率，是一次性费率。

➤ **考分统计**：统计近10年本知识点，在2014、2016年进行考核，考核频次为20%，各年分别考核一道单选题。

典型例题

［**2016真题·单选**］一般情况下，安装工程一切险承保的风险主要是（　　）。
A. 自然灾害损失
B. 人为事故损失
C. 社会动乱损失
D. 设计错误损失
［**解析**］本题考查的是安装工程一切险。在一般情况下，建筑工程一切险承担的风险主要为自然灾害，而安装工程一切险承担的风险主要为人为事故损失。设计错误是除外责任，社会动乱是总除外责任。
［**答案**］B

［**2014真题·单选**］投保安装工程一切险时，安装施工用机械设备的保险额应按（　　）计算。
A. 实际价值
B. 损失价值
C. 重置价值
D. 账面原值
［**解析**］本题考查的是安装工程一切险。安装施工用机器设备，保险金额按重置价值计算。
［**答案**］C

知识点 9　与工程项目有关的保险规定——工伤保险

一、被保险人与投保人

投保人是中华人民共和国境内的用人单位。

被保险人则是其用人单位的全部职工或者雇工。

只要与用人单位形成劳动关系的职工，均享有工伤保险待遇的权利。

二、责任范围

（一）工伤责任范围

《工伤保险条例》（以下简称《条例》）明确规定了认定工伤的七种情形，具体包括：

（1）在工作时间和工作场所内，因工作原因受到事故伤害的。

（2）工作时间前后在工作场所内，从事与工作有关的预备性或者收尾性工作受到事故伤害的。

（3）在工作时间和工作场所内，因履行工作职责受到暴力等意外伤害的。

（4）患职业病的。

（5）因工外出期间，由于工作原因受到伤害或者发生事故下落不明的。

（6）在上下班途中，受到非本人主要责任的交通事故或者城市轨道交通、客运轮渡、火车事故伤害的。

（7）法律、行政法规规定应当认定为工伤的其他情形。

（二）视同工伤范围

（1）在工作时间和工作岗位，突发疾病死亡或者在48小时之内经抢救无效死亡的。

（2）在抢险救灾等维护国家利益、公共利益活动中受到伤害的。

（3）职工原在军队服役，因战、因公负伤致残，已取得革命伤残军人证，到用人单位后旧伤复发的。

三、工伤保险基金与费率

（一）工伤保险基金

工伤保险费由企业按照职工工资总额的一定比例缴纳，职工个人不缴纳工伤保险费。

（二）费率

工伤保险费率见表5-4-8。

表5-4-8　工伤保险费率

项目	内容
保险基准费率	根据不同行业工伤风险程度，由低到高，依次将行业工伤风险划分为一至八类：（房屋建筑业、土木工程建筑业属于六类；建筑安装业、建筑装饰和其他建筑业属于五类），对应的全国工伤保险行业基准费率分别控制在该行业用人单位职工工资总额的0.2%、0.4%、0.7%、0.9%、1.1%、1.3%、1.6%、1.9%左右
保险费	用人单位通过费率浮动的办法确定每个行业的费率档次 一类行业分为三个档次，即在基准费率基础上，可向上浮动至120%、150% 二类至八类行业分为五个档次，即在基准费率基础上，可分别向上浮动至120%、150%或向下浮动至80%、50%

➤ **考分统计**：统计近10年本知识点，在2014、2015、2017、2018年进行考核，考核频次为40%，各年分别考核一道单选题。

典型例题

［**2018真题·单选**］关于中华人民共和国境内用人单位投保工伤保险的说法，正确的是（　　）。

A. 需为本单位全部职工缴纳工伤保险费

B. 只需为与本单位订有书面劳动合同的职工投保

C. 只需为本单位的长期用工缴纳工伤保险费

D. 可以只为本单位危险作业岗位人员投保

［**解析**］本题考查的是工伤保险。选项A正确、选项D错误，根据《工伤保险条例》第二条规定，用人单位应当依照本条例规定参加工伤保险，为本单位全部职工或者雇工缴纳工伤保险费。选项B、C错误，无论劳动者与用人单位订立了书面劳动合同还是未签订劳动合同，劳动者的用工形式无论是长期工、季节工、临时工，只要形成了劳动关系或事实上形成了劳动关系的职工，均享有工伤保险待遇的权利。

［**答案**］A

［**2017真题·单选**］根据《关于工伤保险费率问题的通知》，建筑业用人单位缴纳工伤保险费最高可上浮到本行业基准费率的（　　）。

A. 120%　　　　B. 150%

C. 180%　　　　D. 200%

[解析] 用人单位通过费率浮动的办法确定每个行业的费率档次。一类行业分为三个档次，即在基准费率基础上，可向上浮动至120%、150%。二类至八类行业分为五个档次，即在基准费率基础上，可分别向上浮动至120%、150%或向下浮动至80%、50%。

[答案] B

[2014真题·单选] 根据《工伤保险条例》，工伤保险费的缴纳和管理方式是（　　）。

A. 由企业按职工工资总额的一定比例缴纳，存入社会保障基金财政专户

B. 由企业按职工工资总额的一定比例缴纳，存入企业保险基金专户

C. 由企业按当地社会平均工资的一定比例缴纳，存入社会保障基金财政专户

D. 由企业按当地社会平均工资的一定比例缴纳，存入企业保险基金专户

[解析] 本题考查的是工伤保险。工伤保险费由企业按照职工工资总额的一定比例缴纳，职工个人不缴纳工伤保险费。企业缴纳的工伤保险费按照国家规定的渠道列支，企业的开户银行按规定代为扣缴。工伤保险基金存入社会保障基金财政专户，用于《工伤保险条例》规定的工伤保险待遇，劳动能力鉴定，工伤预防的宣传、培训等费用，以及法律、法规规定的用于工伤保险的其他费用的支付。

[答案] A

知识点 10　与工程项目有关的保险规定——建筑意外伤害保险

建筑意外伤害保险的内容见表5-4-9。

表5-4-9　建筑意外伤害保险

项目	内容
被保险人与投保人	建筑意外伤害保险是以工程项目作为投保单位的，凡从事土木、水利、道路、桥梁等建筑工程施工、线路管道设备安装、构筑物、建筑物拆除和建筑装饰装修的企业，均可作为投保人为其在工程项目施工现场人员投保。实行不记名投保方式
保险范围	施工单位为施工现场从事施工作业和管理的人员受到的意外伤害，以及由于施工现场施工直接给其他人员造成的意外伤害
保险期限	从项目被批准正式开工，并且投保人已缴付保险费的次日（或约定起保日）零时起，至施工合同规定的工程竣工之日24时止 提前竣工的，保险责任自行终止 工程因故延长工期或停工的，需书面通知保险人并办理保险期间顺延手续，但保险期间自开工之日起最长不超过5年
保险费率	施工单位和保险公司双方根据各类风险因素商定施工人员意外伤害保险费率，实行差别费率和浮动费率

➤ **考分统计**：统计近10年本知识点，在2013、2015年进行考核，考核频次为20%，其中，2013年考核一道单选题，2015年考核一道多选题。

典型例题

[2013真题·单选] 投保施工人员意外伤害险，施工单位与保险公司双方应根据各类风险因素商定保险费率，实行（　　）。

A. 差别费率和最低费率

B. 浮动费率和标准费率

C. 标准费率和浮动费率

D. 差别费率和浮动费率

[解析] 本题考查的是建筑意外伤害保险。施工单位和保险公司双方根据各类风险因素商定施工人员意外伤害保险费率，实行差别费率和浮动费率。

[答案] D

[**2019 真题 · 多选**] 关于建筑意外伤害保险的说法，正确的有（　　）。

A. 建筑意外伤害保险以工程项目为投保单位

B. 建筑意外伤害保险应实行记名制投保方式

C. 建筑意外伤害保险实行固定费率

D. 建筑意外伤害保险不只局限于施工现场作业人员

E. 建筑意外伤害保险期间自开工之日起最长不超过五年

[解析] 选项 B 错误，有关文件规定，建筑意外伤害保险实行不记名的投保方式。选项 C 错误，施工单位和保险公司双方根据各类风险因素商定施工人员意外伤害保险费率，实行差别费率和浮动费率。

[答案] ADE

同步强化训练

一、单项选择题（每题的备选项中，只有 1 个最符合题意）

1. 根据我国现行规定，对某些投资回报率稳定、收益可靠的基础设施、基础产业投资项目，以及经济效益好的竞争性投资项目，经国务院批准，可以通过（　　）方式筹措资本金。

A. 银行贷款　　B. 国外借款

C. 发行可转换债券　　D. 融资租赁

2. 下列关于项目资本金的表述，错误的是（　　）。

A. 项目资本金是指投资项目总投资中必须包括一定比例的由出资方实缴的资金，这部分资金对项目的法人而言属于非负债资金

B. 除了主要由中央和地方政府用财政预算投资建设的公益性项目等部分特殊项目外，大部分项目实行资本金制度

C. 项目资本金形式，可以是现金、实物、无形资产，各部分所占比例没有特殊要求

D. 根据出资方的不同，项目资本金分为国家出资、法人出资和个人出资

3. 根据《国务院关于固定资产投资项目试行资本金制度的通知》，各种经营性固定资产投资项目必须实行资本金制度，用来计算资本金基数的总投资是指投资项目的（　　）。

A. 静态投资与动态投资之和

B. 固定资产投资与铺底流动资金之和

C. 固定资产总投资

D. 建筑安装工程总造价

4. 在下列筹资方式中，可能改变企业控制权，不能将资金使用代价计入产品成本的是（　　）。

A. 发行股票和债券

B. 银行贷款和发行债券

C. 合作经营和发行债券

D. 发行股票和合作经营

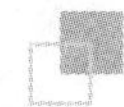

5. 下列关于优先股的说法，错误的是（　　）。
   A. 优先股股息固定，与债券特征相似
   B. 与普通股相同，没有还本期限
   C. 相对于其他借款融资，优先股通常处于优先的受偿顺序
   D. 优先股股东不参与公司的经营管理，没有公司的控制权
6. 与发行股票相比，债券融资的优点是（　　）。
   A. 利息允许在所得税后支付，债券成本一般低于股票成本
   B. 债券发行费用较低，其利息允许在所得税前支付
   C. 利息固定，降低融资企业的风险
   D. 更多的收益可用于分配给股东，同时分散股东对企业的控制权
7. 某企业发行普通股正常市价为 20 元，估计年增长率为 10%，第一年预计发放股利 1 元，筹资费用为股票市价的 12%，则新发行普通股的成本率为（　　）。
   A. 11.36%　　B. 13.33%
   C. 15.56%　　D. 15.68%
8. 企业账面反映的长期资金 4000 万元，其中优先股 1200 万元，应付长期债券 2800 万元，发行优先股的筹资费费率 3%，年股息率 9%；发行长期债券的票面利率 7%，筹资费费率 5%，企业所得税税率 25%，则该企业的加权平均资金成本率为（　　）。
   A. 3.96%　　B. 6.11%
   C. 6.65%　　D. 8.15%
9. 在融资的每股收益分析中，根据每股收益的无差别点，可以分析判断（　　）。
   A. 企业长期资金的加权平均资金成本
   B. 市场投资组合条件下股东的预期收益率
   C. 不同销售水平下适用的资本结构
   D. 债务资金比率的变化所带来的风险
10. （　　）的高低是做出最佳资本结构决策的基本依据。
   A. 综合资金成本
   B. 个别资金成本
   C. 边际资金成本
   D. 资金筹集成本
11. 某公司发行优先股股票，票面金额按正常市价计算为 300 万元，筹资费费率为 5%，股息年利率为 14.25%，则资金成本率为（　　）。
   A. 14.25%　　B. 15.00%
   C. 16.75%　　D. 18.00%
12. 某期间市场发行普通股票，社会无风险投资收益率为 10%，市场投资组合预期收益率为 12%，某公司普通股的投资风险系数为 1.1，则该普通股的成本率为（　　）。
   A. 12.2%　　B. 22.2%
   C. 21.0%　　D. 14.6%
13. 项目资金结构中，如果项目资本金所占比重太少，则对项目的可能影响是（　　）。
   A. 财务杠杆作用下滑
   B. 负债融资成本降低

C. 负债融资难度提升

D. 市场风险承受力增强

14. 在项目融资过程中，评价项目风险因素和选择项目融资方式所处的项目融资阶段分别为（　　）阶段。

A. 融资结构设计和融资决策分析

B. 融资决策分析和融资执行

C. 融资决策分析和融资结构设计

D. 投资决策分析和融资执行

15. 在下列融资方式中，需要组建一个特殊项目的公司 SPV 进行运作的是（　　）。

A. BOT 和 ABS

B. ABS 和 TOT

C. TOT 和 PFI

D. PFI 和 BOOT

16. 对于非居民企业取得的应税所得额，适用的利率为（　　）。

A. 12%

B. 15%

C. 20%

D. 25%

17. 下列关于安装工程一切险保险期限的说法，正确的是（　　）。

A. 试车考核期的保险责任一般不超过 6 个月

B. 保证期的保险期限一般与工程合同中规定的质量保修期一致

C. 保证期自工程验收合格或工程所有人使用时开始，以后发生者为准

D. 安装期保险责任的终止是安装工程质量保修期结束之日

18. 下列关于建筑职工意外伤害保险的说法，正确的是（　　）。

A. 建筑意外伤害保险以企业为单位进行投保

B. 建筑意外伤害保险投保应实行不记名方式

C. 已在企业所在地参加工伤保险的人员，从事现场施工作业时不可以参加建筑意外伤害保险

D. 建筑意外伤害保险费率实行定额费率

19. 建筑工程一切险是承保以土木建筑为主体的工程项目在整个建筑期间因自然灾害或意外事故造成的物质损失，以及依法应承担的第三者责任的保险。其保险项目包括物质损失部分、第三者责任及附加险三部分，其中物质损失部分不应当包括（　　）。

A. 业主提供的物料及项目

B. 施工用的机器、设备、装置

C. 工地内现成的建筑物

D. 建筑工程的技术资料

20. 由于风险集中，试车期安装工程一切险的保险费通常大约占整个工期的保险费的（　　）。

A. 1/5　　B. 1/3

C. 1/2　　D. 2/3

二、多项选择题（每题的备选项中，有 2 个或 2 个以上符合题意，至少有 1 个错项）

1. 债务资金筹措应考虑的主要因素包括（　　）。
   A. 合资合作　　　　B. 银行贷款
   C. 债务偿还　　　　D. 违约风险
   E. 债务期限
2. 由初期设立的项目法人进行的资本金筹措形式主要有（　　）。
   A. 在资本市场募集股本资金
   B. 银行借款
   C. 发行债券
   D. 国外政府贷款
   E. 合资合作
3. 下列属于资金使用成本的有（　　）。
   A. 股票发行广告费
   B. 贷款利息
   C. 股息和红利
   D. 债券印刷费
   E. 资信评估费
4. 与传统的贷款相比较，项目融资具有的特点包括（　　）。
   A. 资金的来源主要是依赖项目的现金流量
   B. 贷款人对项目的借款人具有完全追索权
   C. 资金的来源主要依赖于项目的投资者的资信
   D. 用于支持贷款的信用结构的安排是灵活和多样化的
   E. 项目的债务不表现在项目借款人的公司资产负债表中
5. 下列项目中，适合以 PFI 典型模式实施的有（　　）。
   A. 向公共部门出售服务的项目
   B. 私营企业与公共部门合资经营的项目
   C. 在经济上自立的项目
   D. 由政府部门掌握项目经营权的项目
   E. 由私营企业承担全部经营风险的项目
6. 影响 PPP 项目具体运作方式选择的因素主要包括（　　）。
   A. 收费定价机制
   B. 项目投资收益水平
   C. 风险分配基本框架
   D. 融资需求
   E. 公司股权结构
7. 根据我国现行规定，在计算应纳税所得额时，不得扣除的支出有（　　）。
   A. 向投资者支付的股息
   B. 企业所得税税款
   C. 各种捐赠支出
   D. 国债利息收入

E. 赞助支出

8. 计算工地增值税时，允许从房地产转让收入中扣除的项目有（　　）。

A. 取得土地使用权支付的金额

B. 旧房及建筑物的评估价格

C. 与转让房地产有关的税金

D. 房地产开发利润

E. 房地产开发成本

9. 下列关于建筑工程一切险的表述，正确的有（　　）。

A. 工地内现成的建筑物的保险金额由双方共同商定，但最高不得超过该建筑物的实际价值

B. 第三者责任的保险是建筑工程一切险之内的保险项目

C. 建筑工程一切险的保险范围包括被保险人的重大过失引起的任何损失

D. 如工程不能在保险单规定的保险期内完工，经投保人申请并加缴规定的保费后，可签发批单延长保险期限

E. 建筑工程一切险的保证期费率，是整个保证期一次性费率

10. 与建筑工程一切险比较，安装工程一切险的特点包括（　　）。

A. 保险期限设在机械设备安装之后

B. 一般情况下，保险费率比较高

C. 保险公司从保险标的存放于工地起就承担全部货价的风险

D. 在机器安装好之后，试车、考核和保证阶段风险最大

E. 风险主要是人为事故

参考答案及解析

一、单项选择题

1. [答案] C

[解析] 根据我国现行规定，对某些投资回报率稳定、收益可靠的基础设施、基础产业投资项目，以及经济效益好的竞争性投资项目，经国务院批准，可以试行通过发行可转换债券或组建股份制公司发行股票方式筹措资本金。

2. [答案] C

[解析] 本题考核的是项目资本金。根据国家规定，项目资本金可以用货币出资，也可以用实物、工业产权、非专利技术、土地使用权、资源开采权作价出资，但除国家对采用高新技术成果有特别规定的外，其比例不得超过投资项目资本金总额的20%。选项C错误。

3. [答案] B

[解析] 本题考核的是项目资本金制度。计算资本金基数的总投资，是指投资项目的固定资产投资与铺底流动资金之和。

4. [答案] D

[解析] 可能改变企业控制权，不能将资金使用代价计入产品成本的筹资方式属于资本金融资模式：发行股票和合作经营。

5. [答案] C

[解析] 优先股与普通股相同的是没有还本期限，与债券特征相似的是股息固定。相对于其他借款融资，优先股的受偿顺序通常靠后，对于项目公司其他债权人来说，可视为项目资本金。而对于普通股股东来说，优先股通常要优先受偿，是一种负债。因此，优先股是一种介于股本资金与负债之间的融资方式。优先股股东不参与公司经营管理，没有公司控制权，不会分散普通股东的控股权。发行优先股通常不需要还本，只需要支付固定股息，可减少公司的偿债风险和压

力。但优先股融资成本较高，且股利不能像债券利息一样在税前扣除。

6. ［答案］B

［解析］债券筹资的优点包括：①筹资成本较低；②保障股东控制权；③发挥财务杠杆作用；④便于调整资本结构。

7. ［答案］D

［解析］$K_S=\frac{D_c}{P_c\ (1-f)}+g=\frac{1}{20\times\ (1-12\%)}+10\%\approx15.68\%$。

8. ［答案］C

［解析］企业的加权平均资金成本率 $=\frac{1200\times9\%}{4000\times(1-3\%)}+\frac{2800\times7\%\times(1-25\%)}{4000\times(1-5\%)}\approx6.65\%$。

9. ［答案］C

［解析］每股收益分析是利用每股收益的无差别点进行的。根据每股收益无差别点，可以分析判断不同销售水平下适用的资本结构。

10. ［答案］A

［解析］综合资金成本的高低就是比较各个筹资方案，做出最佳资本结构决策的基本依据。

11. ［答案］B

［解析］优先股资金成本率 $K=\frac{D}{P\ (1-f)}=\frac{300\times14.25\%}{300\times\ (1-5\%)}=15.00\%$。

12. ［答案］A

［解析］资本资产定价模型法是根据投资者对股票的期望收益来确定资金成本，在这种前提下，普通股成本的计算公式为：$K=R+\beta\ (R_m-R)$。式中，K——普通股成本率；R——社会无风险投资收益率；β——股票的投资风险系数；R_m——市场投资组合预期收益率。则该普通股的成本率为：$K=10\%+1.1\times\ (12\%-10\%)=12.2\%$。

13. ［答案］C

［解析］本题考查的是资金成本与资本结构。如果项目资本金占的比重太少，会导致负债融资的难度提升和融资成本的提高。

14. ［答案］A

［解析］评价项目风险因素属于融资结构设计阶段，选择项目融资方式属于融资决策分析阶段。

15. ［答案］B

［解析］ABS 融资方式的具体运作过程主要包括：①组建特殊项目的机构 SPV；②SPV与项目结合；③进行信用增级；④SPV发行债券；⑤SPV 偿债。TOT 的运作程序相对比较简单，一般包括：①制定 TOT 方案并报批；②项目发起人（同时又是投产项目的所有者）设立 SPC 或 SPV；③TOT 项目招标；④SPV 与投资者洽谈以达成转让投产运行项目在未来一定期限内全部或部分经营权的协议，并取得资金；⑤转让方利用获得的资金建设新项目；⑥新项目投入使用；⑦转让项目经营期满后，收回转让的项目。

16. ［答案］C

［解析］企业所得税实行 25%的比例税率；对于非居民企业取得的应税所得额，适用税率为 20%；符合条件的小型微利企业，减按 20%的税率征收企业所得税；国家需要重点扶持的高新技术企业，减按 15%的税率征收企业所得税。

17. ［答案］B

［解析］选项 A，试车考核期是指工程安装完毕后的冷试、热试和试生产。其长短由保险人与被保险人商定或根据工程合同上的规定来决定，并在保单上列明。试车考核期的保险责任一般不超过 3 个月，若超过 3 个月，应另行加费。选项 B、C，保证期的保险期限一般与工程合同中规定的质量保修期一致。保证期自工程验收合格或工程所有人使用时开始，以先发生者为准。选项 D，安装期保险责任的终止有两种情况：①安装完毕签发验收证书或验收合格时终止；②工程所有人实际占有或使用或接受该部分或全部工程之时，最晚终止日不超过保险单中列明的终止日期。

18. ［答案］B

［解析］本题考查的是与工程项目有关的保险规定。选项A，建筑意外伤害保险以工程项目作为投保单位；选项C，已在企业所在地参加工伤保险的人员，从事现场施工时仍可参加施工人员意外伤害保险；选项D，施工单位和保险公司双方根据各类风险因素商定施工人员意外伤害保险费率，实行差别费率和浮动费率。

19. ［答案］D

［解析］建筑工程物质损失部分包括：①建筑工程（包括永久和临时性工程及物料）；②业主提供的物料及项目；③安装工程项目；④施工用机器、装置及设备；⑤场地清理费；⑥工地内建成的建筑物；⑦业主或承包商在工地上的其他财产。以上各部分之和为建筑工程一切险物质损失部分的总保险金额。货币、票证、有价证券、文件、账簿、图表、技术资料，领有公共运输执照的车辆、船舶以及其他无法鉴定价值的财产，不能作为建筑工程一切险的保险项目。

20. ［答案］B

［解析］在机器安装好之后，试车、考核和保证阶段风险最大。由于风险集中，试车期的安装工程一切险的保险费通常占整个工期的保险费的1/3左右。

二、多项选择题

1. ［答案］CDE

［解析］本题考查的是项目资金筹措的渠道与方式。债务资金筹措应考虑的主要因素包括债务期限、债务偿还、债务序列、债权保证、违约风险、利率结构、货币结构与国家风险。

2. ［答案］AE

［解析］由初期设立的项目法人进行的资本金筹措形式主要有：①在资本市场募集股本资金。在资本市场募集股本资金可以采取两种基本方式，即私募与公开募集。②合资合作。通过在资本投资市场上寻求新的投资者，由初期设立的项目法人与新的投资者以合资合作等多种形式，重新组建新的法人，或者由设立初期项目法人的发起人和投资人与新的投资者进行资本整合，重新设立新的法人，使重新设立的新法人拥有的资本达到或满足项目资本金投资的额度要求。

3. ［答案］BC

［解析］资金使用成本又称为资金占用费，是指占用资金而支付的费用。它主要包括支付给股东的各种股息和红利、向债权人支付的贷款利息以及支付给其他债权人的各种利息费用等。

4. ［答案］ADE

［解析］项目融资主要以项目的资产、预期收益、预期现金流等来安排融资，而不是以项目的投资者或发起人的资信为依据。贷款人对项目的借款是有限追索。在项目融资中，用于支持贷款的信用结构的安排是灵活的和多样化的，项目的债务不表现在项目投资者（即实际借款人）的公司资产负债表中。

5. ［答案］ABC

［解析］PFI模式最早出现在英国，在英国的实践中，通常有3种典型模式：①在经济上自立的项目。②向公共部门出售服务的项目。③合资经营项目。这种形式的项目中，公共部门与私营企业共同出资、分担成本和共享收益。但是，为了使项目成为一个真正的PFI项目，项目的控制权必须是由私营企业来掌握，公共部门只是一个合伙人的角色。

6. ［答案］ABCD

［解析］PPP项目具体运作方式的选择主要由收费定价机制、项目投资收益水平、风险分配基本框架、融资需求、改扩建需求和期满处置等因素决定。

7. ［答案］ABE

［解析］在计算应纳税所得额时，不得扣除的支出包括：①向投资者支付的股息、红利等权益性投资收益款项；②企业所得税税款；③税收滞纳金；④罚金、罚款和被没收财物的损失；⑤允许扣除范围以外的捐赠支

出；⑥赞助支出；⑦未经核定的准备金支出；⑧与取得收入无关的其他支出。

8. [答案] ABCE

[解析] 税法准予纳税人从转让收入中扣除的项目包括下列几项：①取得土地使用权支付的金额；②房地产开发成本；③房地产开发费用；④与转让房地产有关的税金；⑤其他扣除项目；⑥旧房及建筑物的评估价格。

9. [答案] ABDE

[解析] 选项C，建筑工程一切险的保险范围不包括被保险人的重大过失引起的任何损失。被保险人的重大过失引起的任何损失属于建筑工程一切险的除外责任。

10. [答案] BCDE

[解析] 本题考查的是与工程项目有关的保险规定。选项A，保险期包括安装过程。

第六章　工程建设全过程造价管理

工程建设全过程造价管理是造价管理全过程的全面解析，详细介绍了项目建设从决策、设计、发承包、施工到竣工验收全过程各个阶段造价管理的关键和侧重点。这部分内容繁多，知识点琐碎，因此，大家在学习的时候抓大放小，争取做到性价比的最大化。历年考查分值在20分左右。

知识脉络

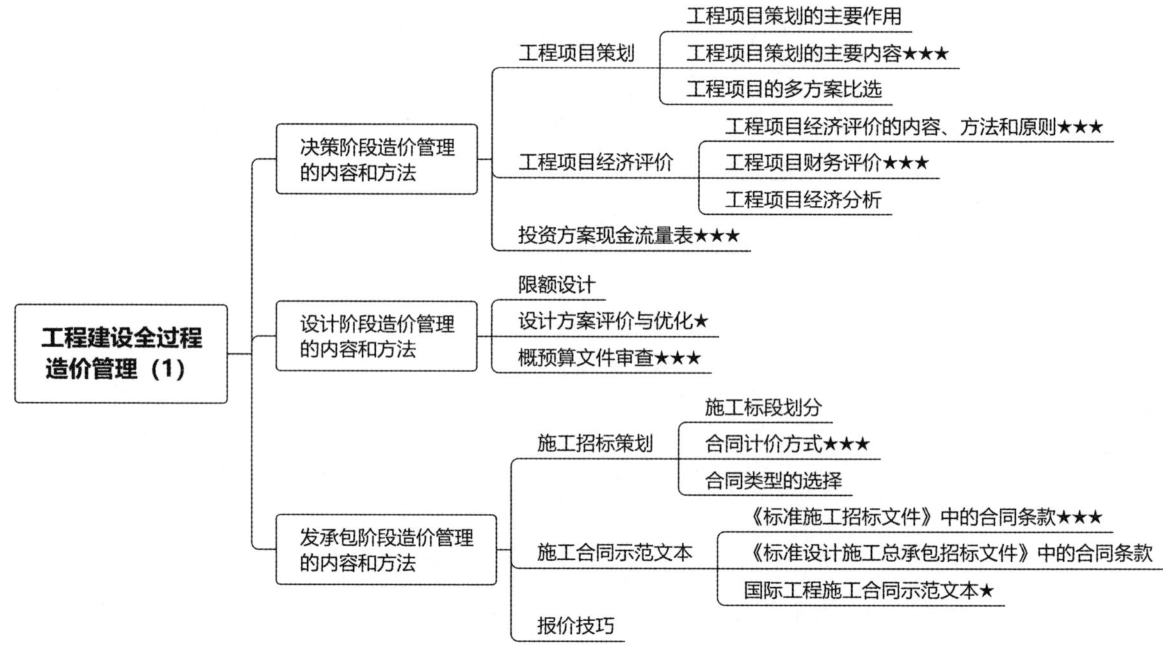

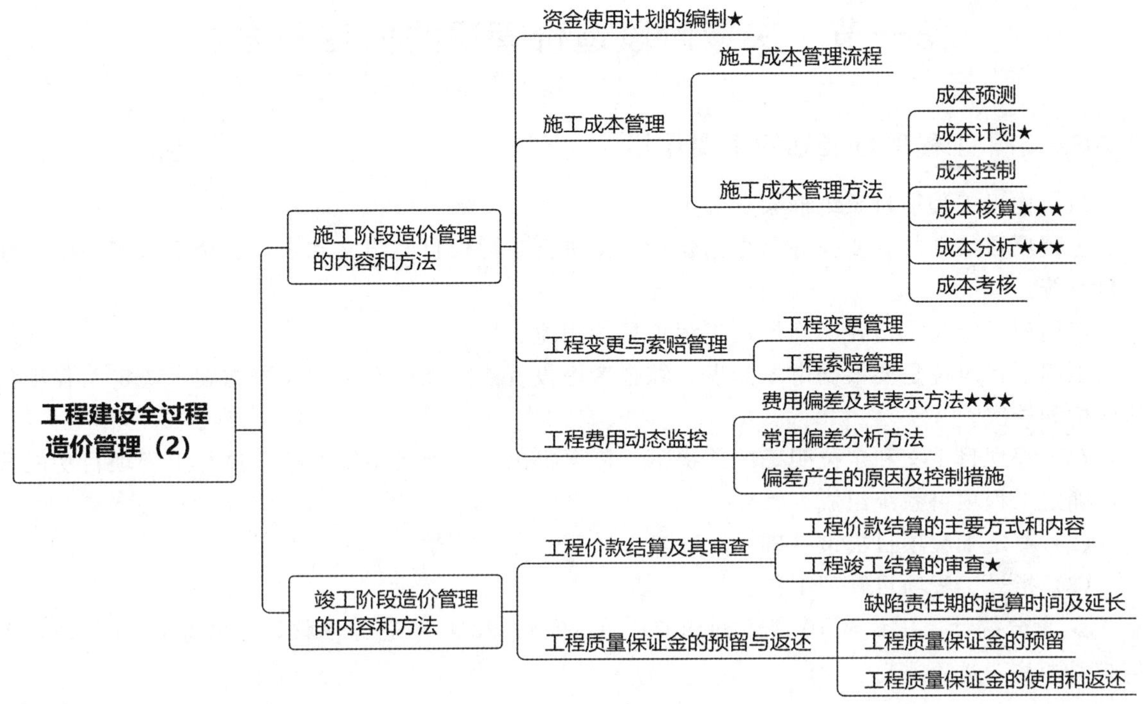

考情分析

近四年真题分值分布统计表　　（单位：分）

节序	节名	2021年		2020年		2019年		2018年	
		单选	多选	单选	多选	单选	多选	单选	多选
第一节	决策阶段造价管理的内容和方法	3	4	3	2	1	4	3	2
第二节	设计阶段造价管理的内容和方法	2	0	2	2	2	0	3	2
第三节	发承包阶段造价管理的内容和方法	6	4	4	0	2	2	3	2
第四节	施工阶段造价管理的内容和方法	2	2	2	4	3	4	3	2
第五节	竣工阶段造价管理的内容和方法	3	0	1	0	2	0	0	0
小结		16	10	12	8	10	10	12	8
		26		20		20		20	

第一节　决策阶段造价管理的内容和方法

知识点 1　工程项目策划的主要作用

（1）构思工程项目系统框架。

工程项目策划的首要任务是根据建设意图进行工程项目的定义和定位，全面构想一个待建项目系统。

工程项目定义是指要明确界定工程项目的用途、性质。

工程项目定位是要根据市场需求，综合考虑投资能力和最有利的投资方案，决定工程项目的规格和档次。

在工程项目定义和定位明确的前提下，需要提出工程项目系统框架，进行工程项目功能分析，确定工程项目系统组成。

（2）奠定工程项目决策基础。

（3）指导工程项目管理工作。

➤ **考分统计**：统计近10年本知识点，在2014、2016年进行考核，考核频次为20%，各年分别考核一道单选题。

典型例题

[**2016真题·单选**] 工程项目策划中，需要通过项目定位策划确定工程项目的（　　）。

A. 系统框架　　B. 系统组成

C. 规格和档次　　D. 用途和性质

[**解析**] 本题考查的是工程项目策划的主要作用。在工程项目定义和定位明确的前提下，需要提出工程项目系统框架，进行工程项目功能分析，确定工程项目系统组成；工程项目定位是要根据市场需求，综合考虑投资能力和最有利的投资方案，决定工程项目的规格和档次；工程项目定义是指要明确界定工程项目的用途、性质。

[**答案**] C

[**2014真题·单选**] 工程项目策划的首要任务是根据建设意图进行工程项目的（　　）。

A. 定义和定位　　B. 功能分析

C. 方案比选　　D. 经济评价

[**解析**] 本题考查的是工程项目策划的主要作用。工程项目策划的首要任务是根据建设意图进行工程项目的定义和定位，全面构想一个待建项目系统。工程项目定义是指要明确界定工程项目的用途、性质，如某类工业项目、交通运输项目、公共项目、房地产开发项目等，具体描述工程项目的主要用途和目的。

[**答案**] A

知识点 2　工程项目策划的主要内容

一、工程项目构思策划

项目构想策划的主要内容包括：

（1）工程项目的定义。即描述工程项目的性质、用途和基本内容。

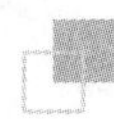

（2）工程项目的定位。即描述工程项目的建设规模、建设水准，工程项目在社会经济发展中的地位、作用和影响力，并进行工程项目定位依据及必要性和可能性分析。

（3）工程项目的系统构成。描述系统的总体功能，系统内部各单项工程、单位工程的构成，各自作用和相互联系，内部系统与外部系统的协调、协作和配套的策划思路及方案的可行性分析。

（4）其他。

二、工程项目实施策划

工程项目实施策划旨在将体现建设意图的工程项目构思，变成有实现可能性和可操作性的行动方案，提出带有谋略性和指导性的设想。

（一）工程项目组织策划——实施主体

对于政府投资的经营性项目，需要实行项目法人责任制，应该按《公司法》要求组建项目法人。对于政府投资的非经营性项目，可以实行代建制，也可以采用其他实施方式。

（二）工程项目融资策划——物质基础

资金是工程项目实施的物质基础。融资方案的策划是控制资金使用成本，进而控制工程造价、降低工程项目风险所不可忽视的环节。

（三）工程项目目标策划——质量、造价、进度

工程项目必须具有明确的目的和要求、明确的建设任务量和时间界限、明确的项目系统构成和组织关系，才能进行有效的项目目标控制。

（四）工程项目实施过程策划——具体方法

工程项目实施过程策划是对工程项目实施的任务分解和组织工作策划，包括设计、施工、采购任务的招投标，合同结构，项目管理机构设置、工作程序、制度及运行机制，项目管理组织协调，管理信息收集、加工处理和应用等。

➤ **考分统计**：统计近10年本知识点，在2014、2015、2016、2017、2018、2021年进行考核，考核频次为60%，其中，2014、2017年分别考核一道多选题，2015年考核一道单选题、一道多选题，2016、2018、2021年分别考核一道单选题。

典型例题

［**2021真题·单选**］下列工程项目策划的内容中，属于实施策划内容的是（　　）。

A. 项目系统构成策划　　B. 项目定位策划

C. 项目的定义　　D. 工程项目融资策划

［**解析**］工程项目实施策划包括：①工程项目组织策划；②工程项目融资策划；③工程项目目标策划；④工程项目实施过程策划。

［**答案**］D

［**2018真题·单选**］针对政府投资的非经营性项目是否采用代建制的策划，属于工程项目的（　　）策划。

A. 目标　　B. 构思

C. 组织　　D. 控制

［**解析**］本题考查的是工程项目策划的主要内容。工程项目组织策划：对于政府投资的非经营性项目，可以实行代建制，也可以采用其他实施方式。

［**答案**］C

［**2016 真题·单选**］下列策划内容中，属于工程项目实施策划的是（　　）。

A. 项目规模策划　　B. 项目功能策划　　C. 项目定义策划　　D. 项目目标策划

［**解析**］本题考查的是工程项目策划的主要内容。工程项目实施策划包括工程项目组织策划、工程项目融资策划、工程项目目标策划和工程项目实施过程策划。

［**答案**］D

［**2015 真题·单选**］工程项目构思策划需要完成的工作内容是（　　）。

A. 论证项目目标及其相互关系　　B. 比选项目融资方案

C. 描述项目系统的总体功能　　D. 确定项目实施组织

［**解析**］本题考查的是工程项目策划的主要内容。项目构想策划的主要内容包括：①工程项目的定义。即描述工程项目的性质、用途和基本内容。②工程项目的定位。即描述工程项目的建设规模、建设水准，工程项目在社会经济发展中的地位、作用和影响力，并进行工程项目定位依据及必要性和可能性分析。③工程项目的系统构成。描述系统的总体功能，系统内部各单项工程、单位工程的构成，各自作用和相互联系，内部系统与外部系统的协调、协作和配套的策划思路及方案的可行性分析。④其他。与工程项目实施及运行有关的重要环节策划，均可列入工程项目构思策划的范畴。

［**答案**］C

［**2017 真题·多选**］下列工程项目策划内容中，属于工程项目实施策划的有（　　）。

A. 工程项目组织策划　　B. 工程项目定位策划

C. 工程项目目标策划　　D. 工程项目融资策划

E. 工程项目功能策划

［**解析**］本题考查的是工程项目策划的主要内容。工程项目实施策划包括：①工程项目组织策划；②工程项目融资策划；③工程项目目标策划；④工程项目实施过程策划。

［**答案**］ACD

［**2014 真题·多选**］下列工程项目策划内容中，属于工程项目构思策划的有（　　）。

A. 工程项目组织系统　　B. 工程项目系统构成

C. 工程项目发包模式　　D. 工程项目建设规模

E. 工程项目融资方案

［**解析**］本题考查的是工程项目策划的主要内容。项目构想策划的主要内容包括：①工程项目的定义。即描述工程项目的性质、用途和基本内容。②工程项目的定位。即描述工程项目的建设规模、建设水准，工程项目在社会经济发展中的地位、作用和影响力，并进行工程项目定位依据及必要性和可能性分析。③工程项目的系统构成。描述系统的总体功能，系统内部各单项工程、单位工程的构成，各自作用和相互联系，内部系统与外部系统的协调、协作和配套的策划思路及方案的可行性分析。④其他。与工程项目实施及运行有关的重要环节策划，均可列入工程项目构思策划的范畴。

［**答案**］BD

知识点 3 工程项目的多方案比选

工程项目的多方案比选主要包括工艺方案比选、规模方案比选、选址方案比选，甚至包括污染防治措施方案比选等。无论哪一类方案比选，均包括技术方案比选和经济效益比选两个方面。

➤ **考分统计**：统计近 10 年本知识点，在 2018 年考核一道多选题，考核频次为 10%。

典型例题

［**2018 真题·多选**］工程项目多方案比选的内容有（　　）。

A. 选址方案　B. 规模方案　C. 污染防治措施方案　D. 投产后经营方案

E. 工艺方案

［**解析**］本题考查的是工程项目多方案比选。工程项目多方案比选主要包括工艺方案比选、规模方案比选、选址方案比选，甚至包括污染防治措施方案比选等。无论哪一类方案比选，均包括技术方案比选和经济效益比选两个方面。

［**答案**］ABCE

知识点 4　工程项目经济评价的内容、方法和原则

一、工程项目经济评价的内容

工程项目经济评价包括财务分析和经济分析，具体内容见表 6-1-1。

表 6-1-1　财务分析和经济分析

项目	前提	出发角度	计算内容	分析内容	评价内容
财务分析	在国家现行财税制度和价格体系的前提下	从项目的角度出发	计算项目范围内的财务效益和费用	分析项目的盈利能力和清偿能力	评价项目在财务上的可行性
经济分析	在合理配置社会资源的前提下	从国家经济整体利益的角度出发	计算项目对国民经济的贡献	分析项目的经济效率、效果对社会的影响	评价项目在宏观经济上的合理性

二、财务分析与经济分析的联系和区别

（一）财务分析与经济分析的联系

（1）财务分析是经济分析的基础。

（2）大型工程项目中，经济分析是财务分析的前提。

（二）财务分析与经济分析的区别

财务分析与经济分析的区别见表 6-1-2。

表 6-1-2　财务分析与经济分析的区别

区别	财务分析	经济分析
出发点和目的	在企业或投资人立场上评价项目	从国家或地区的角度评价对国民经济的影响
费用和效益的组成	流入或流出的项目货币收支	能给国民经济带来贡献的投入或产出
对象	企业或投资人的财务收益和成本	由项目带来的国民收入增值情况
衡量费用和效益的价格尺度	根据预测的市场交易价格	体现资源合理有效配置的影子价格
内容和方法	企业成本和效益分析方法	费用和效益分析、成本和效益分析、多目标分析
评价标准和参数	净利润、财务净现值、市场利率	净收益、经济净现值、社会折现率
时效性	随着财税制度的变更而变化	按照经济原则评价

三、工程项目经济评价的内容和方法的选择

工程项目的类型、性质、目标和行业特点等都会影响项目评价的方法、内容和参数。

四、工程项目经济评价应遵循的基本原则

(1)“有无对比”原则。

(2)效益与费用计算口径对应一致的原则。

(3)收益与风险权衡的原则。

(4)定量分析与定性分析相结合，以定量分析为主的原则。

(5)动态分析与静态分析相结合，以动态分析为主的原则。

➤ **考分统计**：统计近 10 年本知识点，在 2013、2014、2015、2017、2020、2021 年进行考核，考核频次为 60%，其中，2013、2014、2017、2021 年分别考核一道单选题，2015 年考核两道单选题，2020 年考核一道多选题，2021 年考核一道单选题、一道多选题。

典型例题

[**2021 真题·单选**] 下列工程项目经济评价标准或参数中，用于项目财务分析的是(　　)。

A. 市场利率　B. 社会折现率　C. 经济净现值　D. 净收益

[**解析**] 项目财务分析的主要标准和参数有净利润、财务净现值、市场利率等。

[**答案**] A

[**2017 真题·单选**] 工程项目经济评价包括财务分析和经济分析，其中财务分析采用的标准和参数是(　　)。

A. 市场利率和净收益　B. 社会折现率和净收益

C. 市场利率和净利润　D. 社会折现率和净利润

[**解析**] 本题考查的是工程项目经济评价的内容、方法和原则。项目财务分析的主要标准和参数是净利润、财务净现值、市场利率等，而项目经济分析的主要标准和参数是净收益、经济净现值、社会折现率等。

[**答案**] C

[**2015 真题·单选**] 与工程项目财务分析不同，工程项目经济分析的主要标准和参数是(　　)。

A. 净利润和财务净现值　B. 净收益和经济净现值

C. 净利润和社会折现率　D. 市场利率和经济净现值

[**解析**] 本题考查的是工程项目经济评价的内容、方法和原则。项目财务分析的主要标准和参数是净利润、财务净现值、市场利率等，而项目分析的主要标准和参数是净收益、经济净现值、社会折现率等。

[**答案**] B

[**2013 真题·单选**] 在工程项目财务分析和经济分析中，下列关于工程项目投入和产出物价值计量的说法，正确的是(　　)。

A. 经济分析采用影子价格计量，财务分析采用预测的市场交易价格计量

B. 经济分析采用预测的市场交易价格计量，财务分析采用影子价格计量

C. 经济分析和财务分析均采用预测的市场交易价格计量

D. 经济分析和财务分析均采用影子价格计量

[**解析**] 本题考查的是工程项目经济评价的内容、方法和原则。财务分析和经济分析中衡量费用和效益的价格尺度不同。项目财务分析关注的是项目的实际货币效果，它根据预测的市场交易价格去计量项目投入和产出物的价值，而项目国民经济评价关注的是对国民经济的贡献，采用体现资源合理有效配置的影子价格去计量项目投入和产出物的价值。

[**答案**] A

[**2021 真题 · 多选**] 关于工程项目经济评价中财务分析和经济分析区别的说法，正确的有（ ）。

A. 财务分析是从企业或投资人角度，经济分析是从国家或地区角度

B. 财务分析的对象是项目本身的财务收益和成本，经济分析的对象是由项目给企业带来的收入增值

C. 财务分析是用预测的市场价格去计量项目投入和产出物的价值，经济分析是用影子价格计量项目投入和产出物的价值

D. 财务分析主要采用企业成本和效益的分析方法，经济分析主要采用费用和效益等分析方法

E. 财务分析的主要参数用财务净现值等，经济分析的主要参数用经济净现值等

[**解析**] 选项 B 错误，项目财务分析的对象是企业或投资人的财务收益和成本，而项目经济分析的对象是由项目带来的国民收入增值情况。

[**答案**] ACDE

[**2020 真题 · 多选**] 工程项目经济评价应遵循的基本原则有（ ）。

A. 以财务效率为主

B. 效益与费用计算口径对应一致

C. 收益与风险权衡

D. 以定量分析为主

E. 动态分析与静态分析相结合，以动态分析为主

[**解析**] 工程项目经济评价应遵循的基本原则：①“有无对比”的原则；②效益与费用计算口径对应一致的原则；③收益与风险权衡的原则；④定量分析与定性分析相结合，以定量分析为主的原则；⑤动态分析与静态分析相结合，以动态分析为主的原则。

[**答案**] BCE

知识点 5 工程项目财务评价

一、财务效益和费用的估算

财务效益和费用是财务分析的重要基础，其估算的准确性与可靠程度直接影响财务分析结论。

二、财务评价参数

（1）基准收益率。

（2）计算期。

（3）财务评价判断参数。

财务评价判断参数见表 6-1-3。

表 6-1-3 财务评价判断参数

项目	内容
判断盈利能力的参数	财务内部收益率（*FIRR*）、总投资收益率、项目资本金净利润率
判断偿债能力的参数	利息备付率、偿债备付率、资产负债率、流动比率、速动比率

三、财务分析

经营性项目，应分析项目的盈利能力、偿债能力和财务生存能力，判断项目的财务可接受性。

非经营性项目，应主要分析项目的财务生存能力。

（一）经营性项目财务分析

财务分析可分为融资前分析和融资后分析。

（1）融资前分析应以动态分析（考虑资金的时间价值）为主，静态分析（不考虑资金的时间价值）为辅。

（2）融资后分析。融资后分析应以融资前分析和初步的融资方案为基础，考察项目在拟定融资条件下的盈利能力、偿债能力和财务生存能力。

融资后的盈利能力分析包括动态分析和静态分析。

（二）非经营性项目财务分析

（1）对没有营业收入的项目，不进行盈利能力分析，主要考察项目财务生存能力。

（2）对有营业收入的项目，财务分析应根据收入抵补支出的程度，区别对待。收入补偿费用的顺序应为：补偿人工、材料等生产经营耗费，缴纳流转税，偿还借款利息，计提折旧和偿还借款本金。

➤ **考分统计**：统计近 10 年本知识点，在 2013、2014、2015、2016、2017、2020、2021 年进行考核，考核频次为 70%，其中 2013、2014、2015、2016、2017、2020 年分别考核一道单选题，2021 年考核一道多选题。

典型例题

［**2020 真题·单选**］对非经营性项目进行财务分析时，主要考察的内容是（　　）。

A. 项目静态盈利能力　　B. 项目偿债能力

C. 项目抗风险能力　　D. 项目财务生存能力

［**解析**］对于非经营性项目，财务分析应主要分析项目的财务生存能力。

［**答案**］D

［**2017 真题·单选**］对有营业收入的非经营性项目进行财务分析时，应以营业收入抵补下列支出：①生产经营耗费；②偿还借款利息；③缴纳流转税；④计提折旧和偿还借款本金，正常的收入补偿顺序是（　　）。

A. ①②③④　　B. ①③②④　　C. ③①②④　　D. ①③④②

［**解析**］本题考查的是工程项目财务评价。对有营业收入的项目，财务分析应根据收入抵补支出的程度，区别对待。收入补偿费用的顺序应为：补偿人工、材料等生产经营耗费，缴纳流转税，偿还借款利息，计提折旧和偿还借款本金。

［**答案**］B

[**2016 真题·单选**] 进行工程项目财务评价时，可用于判断项目偿债能力的指标是（　　）。

A. 基准收益率　　B. 财务内部收益率

C. 资产负债率　　D. 项目资本金净利润率

[**解析**] 本题考查的是工程项目财务评价。判断项目偿债能力的参数主要包括利息备付率、偿债备付率、资产负债率、流动比率、速动比率等指标的基准值或参考值。

[**答案**] C

[**2015 真题·单选**] 经营性项目财务分析可分为融资前分析和融资后分析，关于融资前分析和融资后分析的说法中，正确的是（　　）。

A. 融资前分析应以静态分析为主，动态分析为辅

B. 融资后分析只进行动态分析，不考虑静态分析

C. 融资前分析应以动态分析为主，静态分析为辅

D. 融资后分析只进行静态分析，不考虑动态分析

[**解析**] 本题考查的是工程项目财务评价。财务分析可分为融资前分析和融资后分析，一般宜先进行融资前分析，在融资前分析结论满足要求的情况下，初步设定融资方案，再进行融资后分析。在项目建议书阶段，可只进行融资前分析。融资前分析应以动态分析（考虑资金的时间价值）为主，静态分析（不考虑资金的时间价值）为辅。融资后的盈利能力分析包括动态分析和静态分析。

[**答案**] C

[**2021 真题·多选**] 下列财务评价指标中，适用于评价项目偿债能力的指标有（　　）。

A. 流动比率　　B. 资本金净利润率　　C. 资产负债率　　D. 财务内部收益率

E. 总投资收益率

[**解析**] 判断项目偿债能力的参数主要包括利息备付率、偿债备付率、资产负债率、流动比率、速动比率等指标的基准值或参考值。

[**答案**] AC

知识点 6　工程项目经济分析

一、经济分析的范围

下列类型项目应进行经济费用效益分析：

（1）具有垄断特征的项目。

（2）产出具有公共产品特征的项目。

（3）外部效果显著的项目。

（4）资源开发项目。

（5）涉及国家经济安全的项目。

（6）受过度行政干预的项目。

二、经济效益和费用的识别和计算

项目经济效益和费用的识别应符合下列规定：

（1）遵循有无对比的原则。

（2）对项目所涉及的所有成员及群体的费用和效益进行全面分析。

(3) 正确识别正面和负面外部效果，防止误算、漏算或重复计算。

(4) 合理确定效益和费用的空间范围和时间跨度。

(5) 正确识别和调整转移支付，根据不同情况区别对待。

经济效益的计算应遵循支付意愿（WTP）原则和（或）接受补偿意愿（WTA）原则。

经济费用的计算应遵循机会成本原则。

经济效益和经济费用应采用影子价格计算，具体包括货物影子价格、影子工资、影子汇率等。

三、经济费用效益分析

(1) 经济费用效益分析应采用以影子价格体系为基础的预测价格，不考虑价格总水平变动因素。

(2) 分析项目投资的经济效率，具体可以采用经济净现值（*ENPV*）、经济内部收益率（*EIRR*）、经济效益费用比（*RBC*）等指标。

四、费用效果分析

(1) 对于效益和费用可以货币化的项目应采用上述经济费用效益分析方法。

(2) 对于效益难于货币化的项目，应采用费用效果分析方法。

(3) 对于效益和费用均难于量化的项目，应进行定性经济费用效益分析。

五、区域经济与宏观经济影响分析

（一）区域经济与宏观经济影响分析的内容

(1) 分析重点应是项目与区域发展战略和国家长远规划的关系。

(2) 分析内容应包括直接贡献和间接贡献、有利影响和不利影响等方面。

（二）区域经济与宏观经济影响分析的指标

1. 经济总量指标

反映项目对国民经济总量的贡献，包括增加值、净产值、纯收入、财政收入等经济指标。经济总量指标可使用当年值、净现值总额和折现年值。

2. 经济结构指标

反映项目对经济结构的影响，主要包括三次产业结构、就业结构、影响力系数等指标。

3. 社会与环境指标

主要包括就业效果指标、收益分配效果指标、资源合理利用指标和环境影响效果指标等。为了分析项目对贫困地区经济的贡献，可设置贫困地区收益分配比重指标。

➢ **考分统计**：统计近 10 年本知识点，在 2018 年考核一道单选题，考核频次为 10%。

典型例题

［**2018 真题・单选**］工程项目经济分析中，属于社会与环境分析指标的是（　　）。

A. 就业结构　　B. 收益分配效果　　C. 财政收入　　D. 三次产业结构

［**解析**］本题考查的是工程项目经济分析。社会与环境指标主要包括就业效果指标、收益分配效果指标、资源合理利用指标和环境影响效果指标等。为了分析项目对贫困地区经济的贡献，可设置贫困地区收益分配比重指标。选项 A、D 属于经济结构指标；选项 C 属于经济总量指标。

［**答案**］B

知识点 7　投资方案现金流量表

一、投资现金流量表

投资现金流量表以投资方案建设所需的总投资作为计算基础，反映投资方案在整个计算期（包括建设期和生产运营期）内现金的流入和流出。用来考察投资方案融资前的盈利能力。

二、资本金现金流量表

资本金现金流量表是从投资方案权益投资者整体（即项目法人）角度出发，以投资方案资本金作为计算的基础，把借款本金偿还和利息支付作为现金流出。

三、投资各方现金流量表

投资各方现金流量表是分别从投资方案各个投资者的角度出发，以投资者的出资额作为计算的基础。

四、财务计划现金流量表

财务计划现金流量表反映投资方案计算期各年的投资、融资及经营活动的现金流入和流出，用于计算累计盈余资金，分析投资方案的财务生存能力。

五、投资方案现金流量表的构成要素

（1）营业收入。

（2）补贴收入。

（3）投资。

投资方案经济效果评价中的总投资是建设投资、建设期利息和流动资金之和。

流动资产的构成要素一般包括存货、库存现金、应收账款和预付账款。

流动负债的构成要素一般只考虑应付账款和预收账款。

（4）投资方案资本金。

（5）维持运营投资。

（6）总成本。

总成本的计算见下式：

总成本费用＝外购原材料、燃料及动力费＋工资及福利费＋修理费＋折旧费＋摊销费＋财务费用（利息支出）＋其他费用

1）修理费允许直接在成本中列支，如果当期发生的修理费用数额较大，可采用预提或摊销的办法。

2）无形资产的摊销一般采用平均年限法，不计残值。其他资产的摊销可以采用平均年限法，不计残值。

3）利息支出是指按照会计法规，企业为筹集所需资金而发生的费用称为借款费用，又称财务费用，包括利息支出（减利息收入）、汇兑损失（减汇兑收益）以及相关的手续费等。在投资方案的经济效果分析中，通常只考虑利息支出。

（7）经营成本。

经营成本的计算见下式：

经营成本＝总成本费用－折旧费－摊销费－利息支出

或

经营成本＝外购原材料、燃料及动力费＋工资及福利费＋修理费＋其他费用

（8）税金。

➢ **考分统计**：统计近10年本知识点，在2012、2013、2016、2018、2020、2021年进行考核，考核频次为60%，各年分别考核一道单选题。

典型例题

[**2021真题·单选**] 在投资方案经济效果评价中，下列费用属于经营成本的是（　　）。

A. 固定资产折旧费　　B. 利息支出　　C. 无形资产摊销费　　D. 职工福利

[**解析**] 经营成本＝外购原材料、燃料及动力费＋工资及福利费＋修理费＋其他费用。

[**答案**] D

[**2020真题·单选**] 投资方案现金流量表中，可用来考察投资方案融资前的盈利能力，为比较各投资方案建立共同基础的是（　　）。

A. 资本金现金流量表　　B. 投资各方现金流量表

C. 财务计划现金流量表　　D. 投资现金流量表

[**解析**] 通过投资现金流量表可计算投资方案的财务内部收益率、财务净现值和静态投资回收期等经济效果评价指标，并可考察投资方案融资前的盈利能力，为各个方案进行比较建立共同的基础。

[**答案**] D

[**2018真题·单选**] 下列投资方案现金流量表中，用来计算累计盈余资金、分析投资方案财务生存能力的是（　　）。

A. 投资现金流量表　　B. 资本金现金流量表

C. 投资各方现金流量表　　D. 财务计划现金流量表

[**解析**] 本题考查的是投资现金流量表。财务计划现金流量表反映投资方案计算期各年的投资、融资及经营活动的现金流入和流出，用于计算累计盈余资金，分析投资方案的财务生存能力。

[**答案**] D

[**2016真题·单选**] 下列现金流量表中，用来反映投资方案在整个计算期内现金流入和流出的是（　　）。

A. 投资各方现金流量表　　B. 资本金现金流量表

C. 投资现金流量表　　D. 财务计划现金流量表

[**解析**] 本题考查的是投资现金流量表。投资现金流量表以投资方案建设所需的总投资作为计算基础，反映投资方案在整个计算期（包括建设期和生产运营期）内现金的流入和流出。

[**答案**] C

[**2011真题·单选**] 某工程项目建设投产后，正常生产年份的总成本费用为1000万元，期间费用150万元，借款利息20万元，固定资产折旧80万元，无形资产销费50万元，则其经营成本为（　　）万元。

A. 700　　B. 850　　C. 870　　D. 900

[**解析**] 本题考查的是投资现金流量表。经营成本是指总成本费用扣除固定资产折旧费、摊销费和财务费用后的成本费用。其计算公式为：经营成本＝总成本费用－折旧费－摊销费－财务费用＝1000－80－20－50＝850（万元）。

[**答案**] B

第二节　设计阶段造价管理的内容和方法

知识点 1 限额设计

限额设计中，工程使用功能不能减少，技术标准不能降低，工程规模也不能削减。因此，限额设计需要在投资额度不变的情况下，实现使用功能和建设规模的最大化。

一、限额设计的工作内容

合理确定设计限额目标，投资决策阶段是限额设计的关键；确定合理的初步设计方案；在概算范围内进行施工图设计。

二、限额设计的实施程序

限额设计的实施是建设工程造价目标的动态反馈和管理过程，可分为目标制订、目标分解、目标推进和成果评价四个阶段。

（1）目标制订。限额设计的目标包括造价目标、质量目标、进度目标、安全目标及环境目标。在分析论证限额设计目标时，应统筹兼顾，全面考虑，追求技术经济合理的最佳整体目标。

（2）目标分解。分解工程造价目标是实行限额设计的一个有效途径和主要方法。

（3）目标推进。目标推进通常包括限额初步设计和限额施工图设计两个阶段。

（4）成果评价。成本评价是目标管理的总结阶段。

当考虑建设工程全寿命期成本时，按照限额要求设计出的方案可能不一定具有最佳的经济性，此时亦可考虑突破原有限额，重新选择设计方案。

➤ **考分统计**：统计近 10 年本知识点，在 2016、2018 年进行考核，考核频次为 20%，其中 2016 年考核一道单选题，2018 年考核一道多选题。

典型例题

[**2016 真题・单选**] 限额设计需要在投资额度不变的情况下，实现（　　）的目标。

A. 设计方案和施工组织最优化

B. 总体布局和设计方案最优化

C. 建设规模和投资效益最大化

D. 使用功能和建设规模最大化

[**解析**] 本题考查的是限额设计。限额设计需要在投资额度不变的情况下，实现使用功能和建设规模的最大化。

[**答案**] D

[**2018 真题・多选**] 关于建设工程限额设计的说法，正确的有（　　）。

A. 限额设计应遵循全寿命期费用最低原则

B. 限额设计的重要依据是批准的投资总额

C. 限额设计时工程使用功能不能减少

D. 限额设计应追求技术经济合理的最佳整体目标

E. 限额设计可分为限额初步设计和限额施工图设计

［解析］本题考查的是限额设计。选项A错误，限额设计需要在投资额度不变的情况下，实现使用功能和建设规模的最大化。选项B正确，投资决策阶段是限额设计的关键。对政府工程而言，投资决策阶段的可行性研究报告是政府部门核准投资总额的主要依据，而批准的投资总额则是进行限额设计的重要依据。选项C正确，限额设计中，工程使用功能不能减少，技术标准不能降低，工程规模也不能削减。选项D正确，限额设计的目标制订阶段应统筹兼顾，全面考虑，追求技术经济合理的最佳整体目标。选项E错误，限额设计的工作内容分为三个阶段：①投资决策阶段；②初步设计阶段；③施工图设计阶段。限额设计的目标推进阶段通常包括限额初步设计和限额施工图设计两个阶段。

［答案］BCD

知识点 2 设计方案评价与优化

一、设计方案评价指标体系

指标体系应包括以下内容：

（1）使用价值指标，即工程项目满足需要程度（功能）的指标。

（2）反映创造使用价值所消耗的社会劳动消耗量的指标。

（3）其他指标。

二、设计方案的评价方法

设计方案的评价方法主要有多指标法、单指标法以及多因素评分法。

（一）多指标法

多指标法就是采用多个指标，将各个对比方案的相应指标值逐一进行分析比较，按照各种指标数值的高低对其做出评价。评价指标包括：

（1）工程造价指标。

（2）主要材料消耗指标。

（3）劳动消耗指标。

（4）工期指标。

（二）单指标法

单指标法是以单一指标为基础对建设工程技术方案进行综合分析与评价的方法。常用的有以下几种：

1. 综合费用法

（1）基本出发点在于将建设投资和使用费结合起来考虑，同时考虑建设周期对投资效益的影响，以综合费用最小为最佳方案。

（2）综合费用法是一种静态价值指标评价方法，没有考虑资金的时间价值，只适用于建设周期较短的工程。

2. 全寿命期费用法

（1）全寿命期费用评价法考虑了资金的时间价值，是一种动态的价值指标评价方法。

（2）由于不同技术方案的寿命期不同，因此，应用全寿命期费用评价法计算费用时，不用净现值法，而用年度等值法，以年度费用最小者为最优方案。

3. 价值工程法

价值工程法主要是对产品进行功能分析，研究如何以最低的全寿命期成本实现产品的必要功能，从而提高产品价值。

在工程设计阶段，应用价值工程法对设计方案进行评价的步骤如下：

（1）功能分析。

（2）功能评价。

（3）计算功能评价系数（F）。

（4）计算成本系数（C）。

（5）求出价值系数（V）并对方案进行评价。

（三）多因素评分优选法

多因素评分法是多指标法与单指标法相结合的一种方法。

多因素评分优选法综合了定量分析评价与定性分析评价的优点，可靠性高，应用较广泛。

➤ **考分统计**：统计近 10 年本知识点，在 2014、2016、2018、2020 年进行考核，考核频次为 30%，其中 2014、2018 年分别考核两道单选题，2016 年考核一道单选题，2020 年考核一道多选题。

典型例题

［**2018 真题·单选**］采用全寿命周期费用法进行设计方案评价时，宜选用的费用指标是（　　）。

A. 正常生产年份总成本费用　　B. 项目累计净现金流量

C. 年度等值费用　　D. 运营期费用现值

［**解析**］本题考查的是设计方案评价与优化。应用全寿命周期费用法进行设计方案评价时，不用净现值法，而用年度等值法，以年度费用最小者为最优方案。

［**答案**］C

［**2018 真题·单选**］应用价值工程法对设计方案运行评价时包括下列工作内容：①功能评价；②功能分析；③计算价值系数。仅就此三项工作而言，正确的顺序是（　　）。

A. ①→②→③　　B. ②→①→③

C. ③→②→①　　D. ②→③→①

［**解析**］本题考查的是设计方案评价与优化。在工程设计阶段，应用价值工程法对设计方案进行评价的步骤如下：①功能分析；②功能评价；③计算功能评价系数（F）；④计算成本系数（C）；⑤求出价值系数（V）并对方案进行评价。

［**答案**］B

［**2016 真题·单选**］应用价值工程评价设计方案的首要步骤是进行（　　）。

A. 功能分析　　B. 功能评价　　C. 成本分析　　D. 价值分析

［**解析**］本题考查的是设计方案评价与优化。在工程设计阶段，应用价值工程法对设计方案进行评价的步骤有：①功能分析；②功能评价；③计算功能评价系数（F）；④计算成本系数（C）；⑤求出价值系数（V），并对方案进行评价。

［**答案**］A

［**2014 真题·单选**］限额设计方式中，采用综合费用法评价设计方案的不足是没有考虑（　　）。

A. 投资方案全寿命期费用

B. 建设周期对投资效益的影响

C. 投资方案投产后的使用费

D. 资金的时间价值

[解析] 本题考查的是设计方案评价与优化。综合费用法的费用包括方案投产后的年度使用费、方案的建设投资以及由于工期提前或延误而产生的收益或亏损等。该方法的基本出发点在于将建设投资和使用费结合起来考虑，同时考虑建设周期对投资效益的影响，以综合费用最小为最佳方案。综合费用法是一种静态价值指标评价方法，没有考虑资金的时间价值，只适用于建设周期较短的工程。

[答案] D

[**2020 真题 · 多选**] 采用单指标法评价设计方案时，可采用的评价方法有（　　）。

A. 重点抽查法　　B. 综合费用法　　C. 价值工程法　　D. 分类整理法

E. 全寿命期费用法

[解析] 单指标法是以单一指标为基础对建设工程技术方案进行综合分析与评价的方法。单指标法有很多种类，各种方法的使用条件也不尽相同，较常用的有以下几种：①综合费用法；②全寿命期费用法；③价值工程法。

[答案] BCE

知识点 3 概预算文件审查

一、设计概算审查

（一）设计概算的审查内容

（1）对设计概算编制依据的审查：

1）审查编制依据的合法性。

2）审查编制依据的时效性。

3）审查编制依据的适用范围。

（2）对设计概算编制深度的审查。

（3）对设计概算主要内容的审查：

1）概算编制是否符合法律、法规及相关规定。

2）对总概算投资超过批准投资估算 10%以上的，应进行技术经济论证，需重新上报进行审批。

（二）设计概算的审查方法

设计概算的审查方法及其特点见表 6-2-1。

表 6-2-1　设计概算的审查方法及其特点

方法	特点
对比分析法	通过对比分析建设规模、建设标准、概算编制内容和编制方法、人材机单价等，发现设计概算存在的主要问题和偏差
主要问题复核法	对审查中发现的主要问题以及有较大偏差的设计进行复核，对重要、关键设备和生产装置或投资较大的项目进行复查
查询核实法	对一些关键设备和设施、重要装置以及图纸不全、难以核算的较大投资进行多方查询核对，逐项落实
分类整理法	对审查中发现的问题和偏差，对照单项工程、单位工程的顺序目录分类整理，汇总核增或核减的项目及金额，最后汇总审核后的总投资及增减投资额
联合会审法	在设计单位自审、承包单位初审、咨询单位评审、邀请专家预审、审批部门复审等层层把关后. 由有关单位和专家共同审核

二、施工图预算审查

(一) 施工图预算的审查内容

重点应审查：工程量的计算，定额的使用，设备材料及人工、机械价格的确定，相关费用的选取和确定。

(1) 工程量的审查。

工程量计算是编制施工图预算的基础性工作之一，对施工图预算的审查，应首先从审查工程量开始。

(2) 定额使用的审查。

(3) 设备材料及人工、机械价格的审查。

(4) 相关费用的审查。

(二) 施工图预算审查的方法

施工图预算审查的方法及其特点见 6-2-2。

表 6-2-2　施工图预算审查的方法及其特点

审查方法	特点
全面审查法	优点：全面、细致，审查的质量高 缺点：工作量大，审查时间较长
标准预算审查法	优点：审查时间较短，审查效果好 缺点：应用范围较小
分组计算审查法	优点：可加快工程量审查的速度 缺点：审查的精度较差
对比审查法	优点：审查速度快，但同时需要具有较为丰富的相关工程数据库作为开展工作的基础
筛选审查法	优点：便于掌握，审查速度较快 缺点：有局限性，较适用于住宅工程或不具备全面审查条件的工程项目
重点抽查法	优点：重点突出，审查时间较短，审查效果较好 缺点：对审查人员的专业素质要求较高，在审查人员经验不足或了解情况不够的情况下，极易造成判断失误，严重影响审查结论的准确性
利用手册审查法	指将工程常用的构配件事先整理成预算手册，按手册对照审查
分解对比审查法	按直接费和间接费进行分解，然后再将直接费按工种和分部工程进行分解

➤ **考分统计**：统计近 10 年本知识点，在 2013、2014、2015、2016、2017、2018、2021 年进行考核，考核频次为 70%，其中，2013、2014、2015、2017、2018、2021 年分别考核一道单选题，2016 年考核一道多选题。

典型例题

[**2021 真题 · 单选**] 下列施工图预算审查方法中，审查质量高，但审查工作量大、时间相对较长的是（　　）。

A. 对比审查法　　B. 全面审查法　　C. 分组计算审查法　　D. 标准预算审查法

[**解析**] 全面审查法，又称逐项审查法，是指按预算定额顺序或施工的先后顺序，逐一进行全部审查。其优点是全面、细致，审查的质量高；缺点是工作量大，审查时间较长。

[**答案**] B

[2018 真题·单选] 审查建设工程设计概算的编制范围时，应审查的内容是（　　）。

A. 各项费用是否符合现行市场价格　　B. 是否存在擅自提高费用标准的情况

C. 是否符合国家对于环境治理的要求　　D. 是否存在多列或遗漏的取费项目

[解析] 本题考查的是概预算文件审查。设计概算主要审查的内容之一是概算项目是否符合国家对于环境治理的要求和相关规定。

[答案] C

[2017 真题·单选] 施工图预算审查方法中，审查速度快，但审查精度较差的是（　　）。

A. 标准预算审查法　　B. 对比审查法

C. 分组计算审查法　　D. 全面审查法

[解析] 本题考查的是概预算文件审查。分组计算审查法是指将相邻且有一定内在联系的项目编为一组，审查某个分量，并利用不同量之间的相互关系判断其他几个分项工程量的准确性。其优点是可加快工程量审查的速度；缺点是审查的精度较差。

[答案] C

[2014 真题·单选] 审查工程设计概算时，总概算投资超过批准投资估算（　　）以上的，需重新上报审批。

A. 5%　　B. 8%　　C. 10%　　D. 15%

[解析] 本题考查的是概预算文件审查。对总概算投资超过批准投资估算 10%以上的，应进行技术经济论证，需重新上报进行审批。

[答案] C

[2016 真题·多选] 施工图预算的审查内容有（　　）。

A. 工程量计算的准确性　　B. 定额的准确性

C. 施工图纸的准确性　　D. 材料价格确定的合理性

E. 相关费用确定的准确性

[解析] 本题考查的是概预算文件审查。施工图预算的审查内容包括：①工程量的计算；②定额的使用；③设备材料及人工、机械价格的确定；④相关费用的选取和确定。

[答案] ADE

第三节　发承包阶段造价管理的内容和方法

知识点 1 施工标段划分

对于工程规模大、专业复杂的工程项目，建设单位的管理能力有限时，应考虑采用施工总承包的招标方式选择施工队伍。这样，有利于减少各专业之间因配合不当造成的窝工、返工、索赔风险。但采用这种承包方式，有可能使工程报价相对较高。

对于工艺成熟的一般性项目，涉及专业不多时，可考虑采用平行承包的招标方式，分别选择各专业承包单位并签订施工合同。采用这种承包方式，建设单位一般可得到较为满意的报价，有利于控制工程造价。

划分施工标段时，应考虑以下因素：

（1）工程特点。

（2）对工程造价的影响。

（3）承包单位专长的发挥。

（4）工地管理。从现场布置的角度看，承包单位越少越好。

（5）其他因素。

➤ **考分统计**：统计近 10 年本知识点，在 2014、2016 年进行考核，考核频次为 20%，其中 2014 年考核一道单选题，2016 年考核一道多选题。

典型例题

［**2014 真题 · 单选**］对于大型复杂工程项目，施工标段划分较多时，对建设单位的影响是（　　）。

A. 有利于工地现场的布置与协调　　B. 有利于得到较为合理的报价

C. 不利于选择有专长的承包单位　　D. 不利于设计图纸的分期供应

［**解析**］本题考查的是施工标段划分。对于工程规模大、专业复杂的工程项目，建设单位的管理能力有限时，应考虑采用施工总承包的招标方式选择施工队伍。这样，有利于减少各专业之间因配合不当造成的窝工、返工、索赔风险。但采用这种承包方式，有可能使工程报价相对较高。对于工艺成熟的一般性项目，涉及专业不多时，可考虑采用平行承包的招标方式，分别选择各专业承包单位并签订施工合同。采用这种承包方式，建设单位一般可得到较为满意的报价，有利于控制工程造价。

［**答案**］B

［**2016 真题 · 多选**］关于施工标段划分的说法，正确的有（　　）。

A. 标段划分多，业主协调工作量小　　B. 承包单位管理能力强，标段划分宜多

C. 业主管理能力有限，标段划分宜少　　D. 标段划分少，会减少投标者数量

E. 标段划分多，有利于施工现场布置

［**解析**］本题考查的是施工标段划分。选项 A，标段划分多，业主协调工作量大；选项 B，承包单位管理能力强弱不是标段划分的原因；选项 C，对于工程规模大、专业复杂的工程项目，建设单位的管理能力有限时，应考虑采用施工总承包的招标方式选择施工队伍，或者标段划分少有利于业主协调管理；选项 D，按照标段投标，标段划分少，会减少投标者数量；选项 E，从现场布置的角度看，承包单位越少越好，应考虑少划分标段。

［**答案**］CD

知识点 2　合同计价方式

施工合同中，计价方式可分为三种，即总价方式、单价方式和成本加酬金方式。相应的施工合同也称为总价合同、单价合同和成本加酬金合同。其中，成本加酬金的计价方式又可根据酬金的计取方式不同，分为百分比酬金、固定酬金、浮动酬金和目标成本加奖罚四种计价方式。具体内容见表 6-3-1。

表 6-3-1　合同计价方式

合同类型	应用范围	建设单位造价控制	施工承包单位风险
总价合同	广泛	易	大
单价合同	广泛	较易	小

续表

合同类型		应用范围	建设单位造价控制	施工承包单位风险
成本加酬金合同	百分比酬金	有局限性	最难	基本没有
	固定酬金		难	
	浮动酬金		不易	不大
	目标成本加奖罚	酌情	有可能	有

➢ **考分统计**：统计近 10 年本知识点，在 2013、2014、2015、2017、2018、2020 年进行考核，考核频次为 60%，各年分别考核一道单选题。

典型例题

［**2020 真题·单选**］下列合同计价方式中，建设单位容易控制造价，施工承包单位风险大的是（　　）。

A. 总价合同

B. 目标成本加奖罚合同

C. 单价合同

D. 成本加固定酬金合同

［**解析**］总价合同建设单位容易控制造价，施工承包单位风险大。

［**答案**］A

［**2017 真题·单选**］下列不同计价方式的合同中，建设单位最难控制工程造价的是（　　）。

A. 成本加百分比酬金合同

B. 单价合同

C. 目标成本加奖罚合同

D. 总价合同

［**解析**］本题考查的是合同计价方式。详见表 6-3-1。

［**答案**］A

［**2014 真题·单选**］对施工承包单位而言，承担风险大的合同计价方式是（　　）方式。

A. 总价

B. 单价

C. 成本加百分比酬金

D. 成本加固定酬金

［**解析**］本题考查的是合同计价方式。详见表 6-3-1。

［**答案**］A

［**2013 真题·单选**］下列不同计价方式的合同中，施工承包单位承担风险相对较大的是（　　）。

A. 成本加固定酬金合同

B. 成本加浮动酬金合同

C. 单价合同

D. 总价合同

［**解析**］本题考查的是合同计价方式。详见表 6-3-1。

［**答案**］D

知识点 3 合同类型的选择

建设单位应综合考虑以下因素来选择适合的合同类型，见表 6-3-2。

表 6-3-2　合同类型的选择

考虑因素	类型选择
工程项目复杂程度	(1) 不宜采用固定总价合同：建设规模大且技术复杂的工程项目，承包风险较大，各项费用不易准确估算 (2) 固定总价合同：对有把握的部分采用 (3) 单价合同或成本加酬金合同：估算不准的部分采用
工程项目设计深度	(1) 总价合同：施工图纸和工程量清单详细而明确 (2) 单价合同：实际工程量与预计工程量可能有较大出入 (3) 单价合同或成本加酬金合同：只完成了初步设计，工程量清单不明确时
施工技术先进程度	工程施工中有较大部分采用新技术、新工艺，不宜采用固定总价合同，应选用成本加酬金合同
施工工程紧迫程度	成本加酬金合同：紧急工程（如灾后恢复工程等）

➤ **考分统计**：统计近 10 年本知识点，在 2013、2015 年进行考核，考核频次为 20%，其中 2013 年考核一道多选题，2015 年考核一道单选题。

典型例题

[**2015 真题·单选**] 实际工程量与统计工程量可能有较大出入时，建设单位应采用的合同计价方式是（　　）。

A. 单价合同

B. 成本加固定酬金合同

C. 总价合同

D. 成本加浮动酬金合同

[**解析**] 本题考查的是合同类型的选择。工程项目的设计深度是选择合同类型的重要因素。如果已完成工程项目的施工图设计，施工图纸和工程量清单详细而明确，则可选择总价合同；如果实际工程量与预计工程量可能有较大出入时，应优先选择单价合同；如果只完成工程项目的初步设计，工程量清单不够明确时，则可选择单价合同或成本加酬金合同。

[**答案**] A

[**2013 真题·多选**] 下列工程项目中，不宜采用固定总价合同的有（　　）。

A. 建设规模大且技术复杂的工程项目

B. 施工图纸和工程量清单详细而明确的项目

C. 施工中有较大部分采用新技术，且施工单位缺乏经验的项目

D. 施工工期紧的紧急工程项目

E. 承包风险不大，各项费用易于准确估算的项目

[**解析**] 本题考查的是合同类型的选择。选项 A 正确，建设规模大且技术复杂的工程项目，承包风险较大，各项费用不易准确估算，因而不宜采用固定总价合同。选项 C 正确，如果在工程施工中有较大部分采用新技术、新工艺，建设单位和施工承包单位对此缺乏经验，又无国家标准时，为了避免投标单位盲目地提高承包价款，或由于对施工难度估计不足而导致承包亏损，不宜采用固定总价合同，而应选用成本加酬金合同。选项 D 正确，对于一些紧急工程（如灾后恢复工程等），要去尽快开工且工期较紧时，可能仅有实施方案，还没有施工图纸，施工承包单位不可能报出合理的价格，选择成加酬金合同较为合适。

[**答案**] ACD

知识点 4 《标准施工招标文件》(2017 年版) 中的合同条款

《标准施工招标文件》适用于设计和施工不是由同一承包商承担的工程施工招标。

通用合同条款同时适用于单价合同和总价合同。

一、合同价格和费用

(1) 签约合同价是指签定合同时合同协议书中写明的，包括暂列金额、暂估价的合同总金额。

(2) 合同价格是指承包人按合同约定完成包括缺陷责任期内的全部承包工作后，发包人应付给承包人的金额，包括在履行合同过程中按合同约定进行的变更、价款调整、通过索赔应予补偿的金额。合同价格也是承包人完成全部承包工作后的工程结算价格。

(3) 费用是指为履行合同所发生的或将要发生的所有合理开支，包括管理费和应分摊的其他费用，但不包括利润。

二、涉及费用的主要条款

(1) 化石、文物。在施工场地发掘的所有文物、古迹以及具有地质研究或考古价值的其他遗迹、化石、钱币或物品属于国家所有。由此导致费用增加和（或）工期延误由发包人承担。

(2) 专利技术。

(3) 不利物质条件。

(4) 材料和工程设备。

1) 承包人提供的材料和工程设备。

对承包人提供的材料和工程设备，承包人应会同监理人进行检验和交货验收，查验材料合格证明和产品合格证书，并按合同约定和监理人指示，进行材料的抽样检验和工程设备的检验测试，检验和测试结果应提交监理人，所需费用由承包人承担。

2) 发包人提供的材料和工程设备。

发包人要求向承包人提前交货的，承包人不得拒绝，但发包人应承担承包人由此增加的费用。承包人要求更改交货日期或地点的，应事先报请监理人批准。由于承包人要求更改交货时间或地点所增加的费用和（或）工期延误由承包人承担。

3) 禁止使用不合格的材料和工程设备。

(5) 施工设备和临时设施。

1) 承包人提供的施工设备和临时设施。除专用合同条款另有约定外，承包人应自行承担修建临时设施的费用，需要临时占地的，应由发包人办理申请手续并承担相应费用。

2) 要求承包人增加或更换施工设备。

(6) 交通运输。

1) 场内施工道路。

2) 场外交通。承包人车辆外出行驶所需的场外公共道路的通行费、养路费和税款等由承包人承担。

3) 超大件和超重件的运输。

4) 道路和桥梁的损坏责任。

(7) 测量放线。

1) 施工测量。

2）基准资料错误的责任。

3）监理人使用施工控制网。监理人需要使用施工控制网的，承包人应提供必要的协助，发包人不再为此支付费用。

（8）施工安全责任。

（9）工期延误。

由于承包人原因造成工期延误，承包人应支付逾期竣工违约金。承包人支付逾期竣工违约金，不免除承包人完成工程及修补缺陷的义务。

（10）暂停施工。

（11）工程质量。

1）工程质量要求。

2）工程隐蔽部位覆盖前的检查。

①监理人重新检查。经检验证明工程质量符合合同要求的，由发包人承担由此增加的费用和（或）工期延误，并支付承包人合理利润；经检验证明工程质量不符合合同要求的，由此增加的费用和（或）工期延误由承包人承担。

②承包人私自覆盖。

（12）材料、工程设备和工程的试验和检验。

三、竣工验收

（1）竣工验收申请报告。

（2）竣工验收过程。

监理人收到承包人提交的竣工验收申请报告后，应审查申请报告的各项内容，并按以下不同情况处理：

1）监理人审查后认为尚不具备竣工验收条件的，应在收到竣工验收申请报告后的28天内通知承包人，指出在颁发接收证书前承包人还需进行的工作内容。承包人完成监理人通知的全部工作内容后，应再次提交竣工验收申请报告，直至监理人同意为止。

2）监理人审查后认为已具备竣工验收条件的，应在收到竣工验收申请报告后的28天内提请发包人进行工程验收。

3）发包人经过验收后同意接收工程的，应在监理人收到竣工验收申请报告后的56天内，由监理人向承包人出具经发包人签认的工程接收证书。

四、缺陷责任与保修责任

缺陷责任期自实际竣工日期起计算。

（一）缺陷责任

承包人应在缺陷责任期内对已交付使用的工程承担缺陷责任。

缺陷责任期内，发包人对已接收使用的工程负责日常维护工作。

（二）缺陷责任期的延长

缺陷责任期最长不超过2年。在缺陷责任期（或延长的期限）终止后14天内，由监理人向承包人出具经发包人签认的缺陷责任期终止证书，并退还剩余的质量保证金。

（三）保修责任

保修期自实际竣工日期起计算。

五、不可抗力

不可抗力是指承包人和发包人在订立合同时不可预见，在工程施工过程中不可避免发生并不能克服的自然灾害和社会性突发事件，如地震、海啸、瘟疫、水灾、骚乱、暴动、战争和专用合同条款约定的其他情形。

六、争议的解决

（1）争议的解决方式。

（2）争议评审。

除专用合同条款另有约定外，争议评审组在收到合同双方报告后的14天内，邀请双方代表和有关人员举行调查会，向双方调查争议细节；必要时争议评审组可要求双方进一步提供补充材料。在调查会结束后的14天内，争议评审组应在不受任何干扰的情况下进行独立、公正的评审，作出书面评审意见，并说明理由。在争议评审期间，争议双方暂按总监理工程师的确定执行。

➤ **考分统计**：统计近10年本知识点，在2013、2015、2016、2017、2018、2021年进行考核，考核频次为60%，其中2013、2016年分别考核一道单选题，2015年考核一道单选题、一道多选题，2017年考核两道单选题、一道多选题，2018年考核两道单选题，2021年考核一道多选题。

典型例题

[**2017真题·单选**] 根据《标准施工招标文件》，合同双方发生争议采用争议评审的，除专用合同条款另有约定外，争议评审组应在（　　）内作出书面评审意见。

A. 收到争议评审申请报告后28天

B. 收到被申请人答辩报告后28天

C. 争议调查会结束后14天

D. 收到合同双方报告后14天

[**解析**] 本题考查的是《标准施工招标文件》中的合同条款。除专用合同条款另有约定外，争议评审组在收到合同双方报告后的14天内，邀请双方代表和有关人员举行调查会，向双方调查争议细节；必要时争议评审组可要求双方进一步提供补充材料。在调查会结束后的14天内，争议评审组应在不受任何干扰的情况下进行独立、公正的评审，作出书面评审意见，并说明理由。在争议评审期间，争议双方暂按总监理工程师的确定执行。

[**答案**] C

[**2017真题·单选**] 关于《标准施工招标文件》中通用合同条款的说法，正确的是（　　）。

A. 通用合同条款适用于设计和施工同属于一个承包商的施工招标

B. 通用合同条款同时适用于单价合同和总价合同

C. 通用合同条款只适用于单价合同

D. 通用合同条款只适用于总价合同

[**解析**] 本题考查的是《标准施工招标文件》中的合同条款。通用合同条款同时适用于单价合同和总价合同，合同条款中涉及单价合同和总价合同的，招标人在编制招标文件时，应根据各行业和具体工程的不同特点和要求，进行修改和补充。

[**答案**] B

［**2021 真题·多选**］根据《标准施工招标文件》中的通用合同条款，下列导致承包人工期延长和费用增加的情形中，发包人应延长工期和（或）增加费用，但不支付承包人利润的有（　　）。

A. 发包人提供图纸延误

B. 施工中遇到了难以预料的不利物质条件

C. 在施工场地发现文物

D. 发包人提供的基准资料错误

E. 发包人引起的暂停施工

［**解析**］承包人遇到不利物质条件时，发包人承担承包人因采取合理措施而增加的费用和（或）工期延误。在施工场地发现文物，由此导致的费用增加和（或）工期延误由发包人承担。

［**答案**］BC

［**2017 真题·多选**］根据《标准施工招标文件》中的合同条款，需要由承包人承担的有（　　）。

A. 承包人协助监理人使用施工控制网所发生的费用

B. 承包人车辆外出行驶所发生的场外公共道路通行费用

C. 发包人提供的测量基准点有误导致承包人测量放线返工所发生的费用

D. 监理人剥离检查已覆盖合格隐蔽工程所发生的费用

E. 承包人修建临时设施需要临时占地所发生的费用

［**解析**］本题考查的是《标准施工招标文件》中的合同条款。监理人需要使用施工控制网的，承包人应提供必要的协助，发包人不再为此支付费用，选项 A 正确；承包人车辆外出行驶所需的场外公共道路的通行费、养路费和税款等由承包人承担，选项 B 正确；发包人提供上述基准资料错误导致承包人测量放线工作的返工或造成工程损失的，发包人应当承担由此增加的费用和（或）工期延误，并向承包人支付合理利润，选项 C 错误；承包人覆盖工程隐蔽部位后，监理人对质量有疑问的，可要求承包人对已覆盖的部位进行钻孔探测或揭开重新检验，承包人应遵照执行，并在检验后重新覆盖恢复原状。经检验证明工程质量符合合同要求的，由发包人承担由此增加的费用和（或）工期延误，并支付承包人合理利润；经检验证明工程质量不符合合同要求的，由此增加的费用和（或）工期延误由承包人承担，选项 D 错误；除专用合同条款另有约定外，承包人应自行承担修建临时设施的费用，需要临时占地的，应由发包人办理申请手续并承担相应费用，选项 E 错误。

［**答案**］AB

知识点 5 《标准设计施工总承包招标文件》中的合同条款

一、合同价格和费用

（1）价格清单。

（2）计日工。计日工是指对零星工作采取的一种计价方式，按合同中的计日工子目及其单价计价付款。

（3）质量保证金。质量保证金是指按合同约定用于保证在缺陷责任期内履行缺陷修复义务的金额。

二、涉及费用的主要条款

（1）材料和工程设备。

1）承包人提供的材料和工程设备。

2）发包人提供的材料和工程设备。

3）不合格材料和工程设备的处置。

（2）施工设备和临时设施。

（3）测量放线。

（4）开始工作和竣工。

1）开始工作。

除专用合同条款另有约定外，因发包人原因造成监理人未能在合同签订之日起 90 天内发出开始工作通知的，承包人有权提出价格调整要求，或者解除合同。发包人应当承担由此增加的费用和（或）工期延误，并向承包人支付合理利润。

2）发包人引起的工期延误。

在履行合同过程中，由于发包人的下列原因造成工期延误的，承包人有权要求发包人延长工期和（或）增加费用，并支付合理利润：①变更；②未能按照合同要求的期限对承包人文件进行审查；③因发包人原因导致的暂停施工；④未按合同约定及时支付预付款、进度款；⑤发包人按合同约定提供的基准资料错误；⑥发包人迟延提供材料、工程设备或变更交货地点的；⑦发包人未及时按照“发包人要求”履行相关义务；⑧发包人造成工期延误的其他原因。

3）异常恶劣的气候条件。

由于出现专用合同条款规定的异常恶劣的气候条件导致工期延误的，承包人有权要求发包人延长工期和（或）增加费用。

4）承包人引起的工期延误。

由于承包人原因，未能按合同进度计划完成工作，或监理人认为承包人工作进度不能满足合同工期要求的，承包人应采取措施加快进度，并承担加快进度所增加的费用。由于承包人原因造成工期延误，承包人应支付逾期竣工违约金。

5）工期提前。

发包人要求承包人提前竣工。

发包人应承担承包人由此增加的费用，并向承包人支付专用合同条款约定的相应奖金。

6）行政审批迟延。

合同约定范围内的工作需国家有关部门审批的，发包人和（或）承包人应按照合同约定的职责分工完成行政审批报送。因国家有关部门审批迟延造成费用增加和（或）工期延误的，由发包人承担。

（5）工程质量。具体内容见表 6-3-3。

表 6-3-3　关于工程质量涉及费用的主要内容

内容	事件	费用增加和（或）工期延误承担主体
工程质量要求	因承包人原因造成工程质量不符合法律的规定和合同约定的	承包人承担
	因发包人原因造成工程质量达不到合同约定验收标准的	发包人承担费用增加和（或）工期延误，并支付承包人合理利润
监理人重新检查	承包人按合同约定覆盖工程隐蔽部位后，监理人对质量有疑问的，可要求承包人对已覆盖的部位进行钻孔探测或揭开重新检验，承包人应遵照执行，并在检验后重新覆盖恢复原状	工程质量符合合同要求的：发包人承担费用增加和（或）工期延误，并支付承包人合理利润
		工程质量不符合合同要求的，承包人承担
承包人私自覆盖	承包人未通知监理人到场检查，私自将工程隐蔽部位覆盖的，监理人有权指示承包人钻孔探测或揭开检查	承包人承担

（6）工程进度付款。

除专用合同条款另有约定外，工程进度付款按月支付。

工程进度付款时间如下：

1）监理人在收到承包人进度付款申请单以及相应的支持性证明文件后的 14 天内完成审核，提出发包人到期应支付给承包人的金额以及相应的支持性材料，经发包人审批同意后，由监理人向承包人出具经发包人签认的进度付款证书。

2）发包人最迟应在监理人收到进度付款申请单后的 28 天内，将进度应付款支付给承包人。

（7）竣工结算。

发包人应在监理人出具竣工付款证书后的 14 天内，将应支付款支付给承包人。

（8）最终结清。

发包人应在监理人出具最终结清证书后的 14 天内，将应支付款支付给承包人。

知识点 6　国际工程施工合同示范文本

一、FIDIC《土木工程施工合同条件》的组成及解释顺序

FIDIC《施工合同条件》适用于土木工程施工的单价合同形式，由通用条件和专用条件两部分组成，并附有合同协议书、投标函和争端仲裁协议书格式。

（1）通用条件。

（2）专用条件。

（3）合同文件解释顺序。

构成 FIDIC 施工合同文件的各个组成部分应能互相说明、互相补充，合同文件解释的优先顺序如下：①合同协议书；②中标函；③投标书；④专用条件；⑤通用条件；⑥规范；⑦图纸；⑧资料表和构成合同组成部分的其他文件。

二、FIDIC《土木工程施工合同条件》中的各方主体

涉及的主体包括业主、(咨询)工程师、承包商、指定分包商。

FIDIC是以(咨询)工程师为核心的管理模式。

承包商应在收到中标函后28天内向业主提交履约担保,并向(咨询)工程师送副本一份。

业主应在收到履约证书副本后21天内,将履约担保退还承包商。

为了不损害承包商的利益,给指定分包商的付款应从暂定金额内开支。

三、FIDIC《土木工程施工合同条件》中的争端解决

争端的解决方式:裁决、友好协商、仲裁等。

争端应提交争端裁决委员会(DAAB)裁决。

(1)DAAB的委任。DAAB由1人或3人组成。若DAAB成员为3人,则由合同双方各提名一位成员供对方认可,双方共同确定第三位成员作为主席。合同双方应各支付酬金的一半。

(2)DAAB对争端的裁决。DAAB在收到书面报告后84天内对争端作出裁决,并说明理由。如果合同一方对DAAB的裁决不满,则应在收到裁决后的28天内向合同对方发出表示不满的通知,并说明理由,表明准备提请仲裁。

➢ **考分统计**:统计近10年本知识点,在2015、2017、2018、2021年进行考核,考核频次为40%,其中,2015、2018年分别考核一道多选题,2017、2021年考核一道单选题。

典型例题

[**2021真题·单选**] 根据《标准设计施工总承包招标文件》,发包人最迟应在监理人收到进度付款申请单后( )天内,将进度应付款支付给承包人。

A. 7

B. 14

C. 28

D. 42

[**解析**] 发包人最迟应在监理人收到进度付款申请单后28天内,将进度应付款支付给承包人。

[**答案**] C

[**2017真题·单选**] 根据FIDIC《土木工程施工合同条件》,给指定分包商的付款应从( )中开支。

A. 暂定金额

B. 暂估价

C. 分包管理费

D. 应分摊费用

[**解析**] 本题考查的是国际工程施工合同示范文本。为了不损害承包商的利益,给指定分包商的付款应从暂定金额内开支。

[**答案**] A

[**2018 真题·多选**] 根据 FIDIC《土木工程施工合同条件》，关于争端裁决委员会（DAAB）及其解决争端的说法，正确的有（　　）。

A. DAAB 由 1 人或 3 人组成

B. DAAB 在收到书面报告后 84 天内裁决争端且不需说明理由

C. 合同一方对 DAAB 裁决不满时，应在收到裁决后 14 天内发出表示不满的通知

D. 合同双方在未通过友好协商或仲裁改变 DAAB 裁决之前应当执行 DAAB 裁决

E. 合同双方没有发出表示不满 DAAB 裁决的通知的，DAAB 裁决对双方有约束力

[**解析**] 本题考查的是国际工程施工合同示范文本。DAAB 由 1 人或 3 人组成，如果投标书附录中没有注明成员的数目，且合同双方没有其他协议，则 DAAB 应包含 3 名成员，选项 A 正确。DAAB 在收到书面报告后 84 天内对争端作出裁决，并说明理由，选项 B 错误。如果合同一方对 DAAB 的裁决不满，则应在收到裁决后的 28 天内向合同对方发出表示不满的通知，并说明理由，表明准备提请仲裁，选项 C 错误。DAAB 的裁决做出后，在未通过友好解决或仲裁改变该裁决之前，双方应当执行该裁决，选项 D 正确。如果双方接受 DAAB 的裁决，或者没有按规定发出表示不满的通知，则该裁决将成为最终的决定并对合同双方均具有约束力，选项 E 正确。

[**答案**] ADE

[**2015 真题·多选**] 根据 FIDIC《土木工程施工合同条件》的规定，关于争端裁决委员会（DAAB）及其裁决的说法，正确的有（　　）。

A. DAAB 须由 3 人组成

B. 合同双方共同确定 DAAB 主席

C. DAAB 成员的酬金由合同双方各支付一半

D. 合同当事人有权不接受 DAAB 的裁决

E. 合同双方对 DAAB 的约定排除了合同裁决的可能性

[**解析**] 本题考查的是国际工程施工合同示范文本。选项 A，DAAB 由 1 人或 3 人组成；选项 B，若 DAAB 成员为 3 人，则由合同双方各提名一位成员供对方认可，双方共同确定第三位成员作为主席；选项 C，合同双方应当共同商定对 DAAB 成员的支付条件，并由双方各支付酬金的一半；选项 D，如果合同一方对 DAAB 的裁决不满，则应在收到裁决后的 28 天内向合同对方发出表示不满的通知，并说明理由，表明准备提请仲裁；选项 E，合同当事人一方或双方发出表示对裁决不满的通知后，合同双方在仲裁开始前应尽力以友好的方式解决争端。除非合同双方另有协议，否则仲裁将在表示不满的通知发出后第 56 天或此后开始，即使双方未曾做过友好解决的努力。

[**答案**] BCD

知识点 7 报价技巧

一、不平衡报价法

（1）能够早日结算的项目可以适当提高报价，以利资金周转，提高资金时间价值。

（2）经过工程量核算，预计今后工程量会增加的项目，适当提高单价。

（3）设计图纸不明确、估计修改后工程量要增加的，可以提高单价；而工程内容说明不清

楚的，则可降低一些单价，在工程实施阶段通过索赔再寻求提高单价的机会。

(4) 对暂定项目要做具体分析。如果工程不分标，不会另由一家承包单位施工，则其中肯定要施工的单价可报高些，不一定要施工的则应报低些。如果工程分标，该暂定项目也可能由其他承包单位施工时，则不宜报高价，以免抬高总报价。

(5) 单价与包干混合制合同中，招标人要求有些项目采用包干报价时，宜报高价。

(6) 有时招标文件要求投标人对工程量大的项目报“综合单价分析表”，投标时可将单价分析表中的人工费及机械设备费报高一些，而材料费报低一些。这主要是为了在今后补充项目报价时，可以参考选用“综合单价分析表”中较高的人工费和机械费，而材料则往往采用市场价，因而可获得较高的收益。

二、多方案报价法

多方案报价法是指在投标文件中报两个价：一个是按招标文件的条件报一个价；另一个是加注解的报价。这样，可降低总报价，吸引招标人。

三、保本竞标法

对于缺乏竞争优势的承包单位，在不得已时可采用根本不考虑利润的报价方法，以获得中标机会。

四、突然降价法

突然降价法是指先按一般情况报价或表现出自己对该工程兴趣不大，等快到投标截止时，再突然降价。

五、其他报价技巧

(1) 计日工单价的报价。

(2) 暂定金额的报价。

1) 招标单位规定了暂定金额的分项内容和暂定总价款，并规定所有投标单位都必须在总报价中加入这笔固定金额，但由于分项工程量不很准确，允许将来按投标单位所报单价和实际完成的工程量付款。这种情况下，由于暂定总价款是固定的，对各投标单位的总报价水平竞争力没有任何影响，因此，投标时应适当提高暂定金额的单价。

2) 招标单位列出了暂定金额的项目和数量，但并没有限制这些工程量的估算总价，要求投标单位既列出单价，又应按暂定项目的数量计算总价，当将来结算付款时可按实际完成的工程量和所报单价支付。这种情况下，投标单位必须慎重考虑。

3) 只有暂定金额的一笔固定总金额，将来这笔金额做什么用，由招标单位确定。这种情况对投标竞争没有实际意义，按招标文件要求将规定的暂定金额列入总报价即可。

(3) 可供选择项目的报价。

(4) 增加建议方案。

(5) 采用分包商的报价。

(6) 许诺优惠条件。

➤ **考分统计**：统计近 10 年本知识点，在 2016、2017 年进行考核，考核频次为 20%，其中 2016 年考核一道单选题，2017 年考核一道多选题。

典型例题

[**2016 真题 · 单选**] 招标人在施工招标文件中规定了暂定金额的分项内容和暂定总价款时，投标人可采用的报价策略是（　　）。

A. 适当提高暂定金额分项内容的单价

B. 适当减少暂定金额中的分项工程量

C. 适当降低暂定金额分项内容的单价

D. 适当增加暂定金额中的分项工程量

[**解析**] 本题考查的是报价技巧。招标单位规定了暂定金额的分项内容和暂定总价款，并规定所有投标单位都必须在总报价中加入这笔固定金额，但由于分项工程量不很准确，允许将来按投标单位所报单价和实际完成的工程量付款。这种情况下，由于暂定总价款是固定的，对各投标单位的总报价水平竞争力没有任何影响，因此，投标时应适当提高暂定金额的单价。

[**答案**] A

[**2017 真题 · 多选**] 施工投标采用不平衡报价法时，可以适当提高报价的项目有（　　）。

A. 工程内容说明不清楚的项目

B. 暂定项目中必定要施工的不分标项目

C. 单价与包干混合制合同中采用包干报价的项目

D. 综合单价分析表中的材料费项目

E. 预计开工后工程量会减少的项目

[**解析**] 本题考查的是报价技巧。设计图纸不明确、估计修改后工程量要增加的，可以提高单价；而工程内容说明不清楚的，则可降低一些单价，在工程实施阶段通过索赔再寻求提高单价的机会，选项 A 错误；暂定项目如果工程不分标，不会另由一家承包单位施工，则其中肯定要施工的单价可报高些，不一定要施工的则应报低些，选项 B 正确；单价与包干混合制合同中，招标人要求有些项目采用包干报价时，宜报高价，选项 C 正确；有时招标文件要求投标人对工程量大的项目报“综合单价分析表”，投标时可将单价分析表中的人工费及机械设备费报高一些，而材料费报低一些，选项 D 错误；经过工程量核算，预计今后工程量会增加的项目，适当提高单价，选项 E 错误。

[**答案**] BC

第四节　施工阶段造价管理的内容和方法

知识点 1　资金使用计划的编制

一、按工程造价构成编制资金使用计划

工程造价主要分为建筑安装工程费、设备工器具费和工程建设其他费三部分，按工程造价构成编制的资金使用计划也分为建筑安装工程费使用计划、设备工器具费使用计划和工程建设其他费使用计划。

二、按工程项目组成编制资金使用计划

（1）按工程项目构成恰当分解资金使用计划总额。

1）建筑安装工程费用中的人工费、材料费、施工机具使用费等直接费，可直接分解到各工程分项。

2）企业管理费、利润、规费、税金不宜直接进行分解。

3）措施项目费则应分析具体情况，将其中与各工程分项有关的费用（如二次搬运费、检验试验费等）分离出来，按一定比例分解到相应的工程分项。

4）其他与单位工程、分部工程有关的费用（如临时设施费、保险费等），则不能分解到各工程分项。

（2）编制各工程分项的资金支出计划。

（3）编制详细的资金使用计划表。

三、按工程进度编制资金使用计划

（1）编制工程施工进度计划。

（2）计算单位时间的资金支出目标。

（3）计算规定时间内的累计资金支出额。

（4）绘制资金使用时间进度计划的 S 曲线。

必然包括在由全部工作均按最早开始时间（*ES*）开始和全部工作均按最迟开始时间（*LS*）开始的曲线所组成的“香蕉图”内。一般而言，所有工作都按最迟开始时间开始，对节约建设单位的建设资金贷款利息是有利的，但同时也降低了工程按期竣工的保证率。

➢ **考分统计**：统计近 10 年本知识点，在 2013、2014、2015 年进行考核，考核频次为 30%，其中 2013 年考核一道单选题，2014、2015 年分别考核一道多选题。

典型例题

［**2013 真题·单选**］按工程进度绘制的资金使用计划 S 曲线必然包括在“香蕉图”内，该“香蕉图”是由工程网络计划中全部工作分别按（　　）绘制的两条 S 曲线组成。

A. 最早开始时间（*ES*）开始和最早完成时间（*EF*）完成

B. 最早开始时间（*ES*）开始和最迟开始时间（*LS*）完成

C. 最迟开始时间（*LS*）开始和最早完成时间（*EF*）完成

D. 最迟开始时间（*LS*）开始和最迟完成时间（*LF*）完成

［**解析**］本题考查的是资金使用计划的编制。按规定的时间绘制资金使用与施工进度的 S 曲线。每一条 S 曲线都对应某一特定的工程进度计划。由于在工程网络进度计划的非关键线路中存在许多有时差的工作，因此，S 曲线（投资计划值曲线）必然包括在由全部工作均按最早开始时间（*ES*）开始和全部工作均按最迟开始时间（*LS*）开始的曲线所组成的“香蕉图”内。

［**答案**］B

［**2015 真题·多选**］按工程项目组成编制施工阶段资金使用计划时，不能分解到各个工程分项的费用有（　　）。

A. 人工费

B. 保险费

C. 二次搬运费

D. 临时设施费

E. 施工机具使用费

[解析] 本题考查的是资金使用计划的编制。建筑安装工程费用中的人工费、材料费、施工机具使用费等直接费，可直接分解到各工程分项。而企业管理费、利润、规费、税金则不宜直接进行分解。措施项目费则应分析具体情况，将其中与各工程分项有关的费用（如二次搬运费、检验试验费等）分离出来，按一定比例分解到相应的工程分项；其他与单位工程、分部工程有关的费用（如临时设施费、保险费等），则不能分解到各工程分项。

[答案] BD

[**2014 真题 · 多选**] 按工程项目组成编制施工阶段资金使用计划时，建筑安装工程费中可直接分解到各个工程分项的费用有（　　）。

A. 企业管理费　　　　B. 临时设施费

C. 材料费　　　　D. 施工机具使用费

E. 职工养老保险费

[解析] 本题考查的是资金使用计划的编制。建筑安装工程费用中的人工费、材料费、施工机械使用费等直接费，可直接分解到各工程分项。

[答案] CD

知识点 2　施工成本管理流程

（1）成本预测是成本计划的编制基础，成本计划是开展成本控制和核算的基础。

（2）成本控制能对成本计划的实施进行监督，保证成本计划的实现，而成本核算又是成本计划是否实现的最后检查，成本核算所提供的成本信息又是成本预测、成本计划、成本控制和成本考核等的依据。

（3）成本分析为成本考核提供依据，也为未来的成本预测与成本计划指明方向。

（4）成本考核是实现成本目标责任制的保证和手段。

施工成本管理流程：成本预测→成本计划→成本控制→成本核算→成本分析→成本考核。

➤ **考分统计**：统计近 10 年本知识点，在 2013 年考核一道单选题，考核频次为 10%。

典型例题

[**2013 真题 · 单选**] 关于施工成本管理各项工作之间的关系说法，正确的是（　　）。

A. 成本计划能对成本控制的实施进行监督

B. 成本核算是成本计划的基础

C. 成本预算是实现成本目标的保证

D. 成本分析为成本考核提供依据

[解析] 本题考查的是施工成本管理流程。成本预测是成本计划的编制基础，成本计划是开展成本控制和核算的基础；成本控制能对成本计划的实施进行监督，保证成本计划的实现，而成本核算又是成本计划是否实现的最后检查，成本核算所提供的成本信息又是成本预测、成本计划、成本控制和成本考核等的依据；成本分析为成本考核提供依据，也为未来的成本预测与成本计划指明方向；成本考核是实现成本目标责任制的保证和手段。

[答案] D

知识点 3　施工成本管理方法——成本预测

工程项目成本预测是工程项目成本计划的依据。施工成本预测的方法可分为定性预测和定量预测两大类。

一、定性预测

最常用的定性预测方法是调查研究判断法，具体方式包括座谈会法和函询调查法。

二、定量预测

常用的定量预测方法有加权平均法、回归分析法等。

知识点 4 施工成本管理方法——成本计划

成本计划是在成本预测的基础上，施工承包单位及其项目经理部对计划期内工程项目成本水平所做的筹划。

一、成本计划的内容

施工成本计划一般由直接成本计划和间接成本计划组成。

二、成本计划的编制方法

(1) 目标利润法。目标利润法是指根据工程项目的合同价格扣除目标利润后得到目标成本的方法。

(2) 技术进步法。是以工程项目计划采取的技术组织措施和节约措施所能取得的经济效果为项目成本降低额，求得项目目标成本的方法。

(3) 按实计算法。是以工程项目的实际资源消耗测算为基础，根据所需资源的实际价格，详细计算各项活动或各项成本组成的目标成本。

(4) 定率估算法（历史资料法）。当工程项目非常庞大和复杂而需要分为几个部分时采用的方法。

➤ **考分统计**：统计近 10 年本知识点，在 2011、2012、2016 年进行考核，考核频次为 30%，其中 2011 年考核一道多选题，2012、2016 年分别考核一道单选题。

典型例题

[**2016 真题·单选**] 采用目标利润法编制成本计划时，目标成本的计算方法是从（　　）中扣除目标利润。

A. 概算价格　　B. 预算价格　　C. 合同价格　　D. 结算价格

[**解析**] 本题考查的是成本计划。目标利润法是指根据工程项目的合同价格扣除目标利润后得到目标成本的方法。在采用正确的投标策略和方法以最理想的合同价中标后，从标价中扣除预期利润、税金、应上缴的管理费等之后的余额即为工程项目实施中所能支出的最大限额。

[**答案**] C

[**2011 真题·多选**] 施工合同签订后，工程项目施工成本计划的常用编制方法有（　　）。

A. 专家意见法　　B. 功能指数法

C. 目标利润法　　D. 技术进步法

E. 定率估算法

[**解析**] 本题考查的是成本计划。成本计划的编制方法包括：①目标利润法；②技术进步法；③按实计算法；④定率估算法（历史资料法）。

[**答案**] CDE

知识点 5　施工成本管理方法——成本控制

成本控制是工程项目成本管理的核心内容。

一、成本控制的内容和过程

施工成本控制包括计划预控、过程控制和纠偏控制三个重要环节。

二、成本控制的方法

（1）成本分析表法。

（2）工期-成本同步分析法。

如果成本与进度不对应，说明工程项目进展中出现虚盈或虚亏的不正常现象。

施工成本的实际开支与计划不相符，往往是由两个因素引起的：一是在某道工序上的成本开支超出计划；二是某道工序的施工进度与计划不符。

（3）挣值分析法。

挣值分析法是对工程项目成本/进度进行综合控制的一种分析方法。通过比较已完工程预算成本（BCWP）与已完工程实际成本（ACWP）之间的差值，可以分析由于实际价格的变化而引起的累计成本偏差；通过比较已完工程预算成本（BCWP）与拟完工程预算成本（BCWS）之间的差值，可以分析由于进度偏差而引起的累计成本偏差。并通过计算后续未完工程的计划成本余额，预测其尚需的成本数额，从而为后续工程施工的成本、进度控制及寻求降低成本挖潜途径指明方向。

（4）价值工程方法。

➤ **考分统计**：统计近 10 年本知识点，在 2016、2018 年进行考核，考核频次为 20%，各年分别考核一道单选题。

典型例题

[**2018 真题·单选**] 下列施工成本管理方法中，能预测在建工程尚需成本数额，为后续工程施工成本和进度控制指明方向的方法是（　　）。

A. 工期一成本同步分析法

B. 价值工程法

C. 挣值分析法

D. 因素分析法

[**解析**] 本题考查的是成本控制。挣值分析法是对工程项目成本/进度进行综合控制的一种分析方法。该方法通过计算后续未完工程的计划成本余额，预测其尚需的成本数额，从而为后续工程施工的成本、进度控制及寻求降低成本挖潜途径指明方向。

[**答案**] C

[**2016 真题·单选**] 按工期一成本同步分析法，造成工程项目实施中出现虚盈现象的原因是（　　）。

A. 实际成本开支小于计划，实际施工进度落后计划

B. 实际成本开支等于计划，实际施工进度落后计划

C. 实际成本开支大于计划，实际施工进度等于计划

D. 实际成本开支小于计划，实际施工进度等于计划

［解析］本题考查的是成本控制。工期一成本同步分析法中，如果成本与进度不对应，说明工程项目进展中出现虚盈或虚亏的不正常现象。施工成本的实际开支与计划不相符，往往是由两个因素引起的：一是在某道工序上的成本开支超出计划；二是某道工序的施工进度与计划不符。

［答案］A

知识点 6 施工成本管理方法——成本核算

工程项目成本核算是施工承包单位成本管理最基础的工作，成本核算所提供的各种信息，是成本预测、成本计划、成本控制和成本考核等的依据。

一、成本核算对象和范围

施工项目经理部应建立和健全以单位工程为对象的成本核算账务体系，严格区分企业经营成本和项目生产成本，在工程项目实施阶段不对企业经营成本进行分摊，以正确反映工程项目可控成本的收、支、结、转的状况和成本管理业绩。

二、成本核算方法

（一）表格核算法

（1）优点：比较简捷明了，直观易懂，易于操作，适时性较好。

（2）缺点：覆盖范围较窄，核算债权债务等比较困难；且较难实现科学严密的审核制度，有可能造成数据失实、精度较差。

（二）会计核算法

（1）优点：核算严密、逻辑性强、人为调节的可能因素较小、核算范围较大。

（2）缺点：对核算人员的专业水平要求较高。

三、成本费用归集与分配

（1）人工费。

（2）材料费。

（3）施工机具使用费。

固定资产折旧从固定资产投入使用月份的次月起，按月计提。停止使用的固定资产，从停用月份的次月起，停止计提折旧。

1）平均年限法。平均年限法的计算公式见下式：

$$年折旧率=\frac{1-预计净残值率}{折旧年限}\times 100\%$$

$$年折旧额=固定资产原值\times 年折旧率$$

2）工作量法。按照固定资产生产经营过程中所完成的工作量计提折旧的一种方法，是由平均年限法派生出来的一种方法。

3）双倍余额递减法。按照固定资产账面净值和固定的折旧率计算折旧的方法，它属于一种加速折旧的方法。

其年折旧率是平均年限法的两倍，并且在计算年折旧率时不考虑预计净残值率。

采用这种方法时，折旧率是固定的，但计算基数逐年递减，因此，计提的折旧额逐年递减。

双倍余额递减法的计算公式见下式：

$$年折旧率=\frac{2}{折旧年限}\times 100\%$$

年折旧额=固定资产账面净值×年折旧率

4）年数总和法。年数总和法的计算公式见下式：

$$年折旧率=\frac{折旧年限-已使用年限}{折旧年限\times（折旧年限+1）\div 2}\times 100\%$$

年折旧额=（固定资产原值-预计净残值）×年折旧率

➤ **考分统计**：统计近 10 年本知识点，在 2011、2012、2014、2015、2016、2017、2018、2020 年进行考核，考核频次为 80%，其中各年分别考核一道单选题。

典型例题

［**2020 真题·单选**］某项固定资产原价为 50000 元，预计净残值 500 元，预计使用年限 5 年，采用双倍余额递减法计算第 3 年折旧额为（　　）元。

A. 7128　　B. 7200　　C. 9900　　D. 10000

［**解析**］年折旧率=2/5×100%=40%。第 1 年折旧额=50000×40%=20000（元），第 2 年折旧额=（50000-20000）×40%=12000（元），第 3 年折旧额=（50000-20000-12000）×40%=7200（元）。

［**答案**］B

［**2018 真题·单选**］某项固定资产原值为 5 万元，预计使用年限为 6 年，净残值为 2000 元，采用年数总和法进行折旧时，第三年折旧额为（　　）元。

A. 6857　　B. 8000

C. 9143　　D. 9520

［**解析**］本题考查的是成本核算。年折旧率=（折旧年限-已使用年数）/［折旧年限×（折旧年限+1）/2］×100%；年折旧额=（固定资产原值-预计净残值）×年折旧率；计算折旧的基数=50000-2000=48000（元）；年数总和=6+5+4+3+2+1=21（年）；第三年折旧额=48000×4/21≈9143（元）。

［**答案**］C

［**2017 真题·单选**］某固定资产原价为 10000 元，预计净残值为 1000 元，预计使用年限为 4 年，采用年数总和法进行折旧，则第 4 年的折旧额为（　　）元。

A. 2250　　B. 1800

C. 1500　　D. 900

［**解析**］本题考查的是成本核算。计算折旧的基数=10000-1000=9000（元）；年数总和=4+3+2+1=10（年）；第四年的折旧额=9000×1/10=900（元）。

［**答案**］D

［**2016 真题·单选**］施工项目经理部应建立和健全以（　　）为对象的成本核算账务体系。

A. 分项工程　　B. 分部工程

C. 单位工程　　D. 单项工程

［**解析**］本题考查的是成本核算。施工项目经理部应建立和健全以单位工程为对象的成本核算账务体系，严格区分企业经营成本和项目生产成本，在工程项目实施阶段不对企业经营成本进行分摊，以正确反映工程项目可控成本的收、支、结、转的状况和成本管理业绩。

［**答案**］C

[**2014 真题·单选**] 施工成本核算中，固定资产折旧的起算时间和计提方式分别是固定资产投入使用的（　　）。

A. 当月起，按月计提　　B. 次月起，按月计提

C. 当月起，按年计提　　D. 次月起，按年计提

[**解析**] 本题考查的是成本核算。固定资产折旧从固定资产投入使用月份的次月起，按月计提。停止使用的固定资产，从停用月份的次月起，停止计提折旧。

[**答案**] B

知识点 7 施工成本管理方法——成本分析

成本分析为成本考核提供依据，也为未来的成本预测与成本计划编制指明方向。

一、成本的分析方法

成本分析的基本方法包括比较法、因素分析法、差额计算法、比率法等。

(1) 比较法。又称指标对比分析法，是通过技术经济指标的对比，检查目标的完成情况，分析产生差异的原因，进而挖掘内部潜力的方法。

1) 将本期实际指标与目标指标对比。

2) 将本期实际指标与上期实际指标对比。

3) 本期实际指标与本行业平均水平、先进水平对比。

(2) 因素分析法。

(3) 差额计算法。

(4) 比率法。

1) 相关比率法。

2) 构成比率法。

3) 动态比率法。

二、综合成本的分析方法

(一) 分部分项工程成本分析

分部分项工程成本分析是施工项目成本分析的基础。分部分项工程成本分析的对象为主要的已完分部分项工程。

分析的方法是进行预算成本、目标成本和实际成本的“三算”对比。

分部分项工程成本分析的资料来源是：

(1) 预算成本是以施工图和定额为依据编制的施工图预算成本。

(2) 目标成本为分解到该分部分项工程上的计划成本。

(3) 实际成本来自施工任务单的实际工程量、实耗人工和限额领料单的实耗材料。

(二) 月（季）度成本分析

月（季）度成本分析的依据是当月（季）的成本报表。

(三) 年度成本分析

年度成本分析的依据是年度成本报表。

(四) 竣工成本的综合分析

单位工程竣工成本分析包括：①竣工成本分析；②主要资源节超对比分析；③主要技术节

约措施及经济效果分析。

➢ **考分统计**：统计近 10 年本知识点，在 2012、2013、2014、2015 年进行考核，考核频次为 40%，其中，2012、2013、2014 年分别考核一道多选题，2015 年考核一道单选题。

典型例题

［**2015 真题·单选**］下列施工成本管理方法中，可用于施工成本分析的是（　　）。

A. 技术进步法　　B. 因素分析法

C. 定率估算法　　D. 挣值分析法

［**解析**］本题考查的是成本分析。成本分析的基本方法包括比较法、因素分析法、差额计算法、比率法等。选项 A、C 是成本计划的方法；选项 D 是成本控制的方法。

［**答案**］B

［**2014 真题·多选**］进行施工成本对比分析时，可采用的对比方式有（　　）。

A. 本期实际值与目标值对比　　B. 本期实际值与上期目标值对比

C. 本期实际值与上期实际值对比　　D. 本期目标值与上期实际值对比

E. 本期实际值与行业先进水平对比

［**解析**］本题考查的是成本分析。比较法就是通过技术经济指标的对比，检查目标的完成情况，分析产生差异的原因，进而挖掘内部潜力的方法。用比较法进行施工成本分析通常有三种形式：①实际指标与目标指标对比；②本期实际指标与上期实际指标对比；③与本行业平均水平、先进水平对比。

［**答案**］ACE

［**2013 真题·多选**］关于分部分项工程成本分析资料来源的说法，正确的有（　　）。

A. 预算成本以施工图和定额为依据确定

B. 预算成本的各种信息是成本核算的依据

C. 计划成本通过目标成本与预算成本的比较来确定

D. 实际成本来自实际工程量、实耗人工和实耗材料

E. 目标成本是分解到分部分项工程上的计划成本

［**解析**］本题考查的是成本分析。分部分项工程成本分析的资料来源是：预算成本是以施工图和定额为依据编制的施工图预算成本，目标成本为分解到该分部分项工程上的计划成本，实际成本来自施工任务单的实际工程量、实耗人工和限额领料单的实耗材料。

［**答案**］AE

［**2012 真题·多选**］分部分项工程成本分析中，“三算对比”主要是进行（　　）的对比。

A. 实际成本与投资估算　　B. 实际成本与预算成本

C. 实际成本与竣工决算　　D. 实际成本与目标成本

E. 施工预算与设计概算

［**解析**］本题考查的是成本分析。分部分项工程成本分析的对象为主要的已完分部分项工程。分析的方法是进行预算成本、目标成本和实际成本的“三算”对比，分别计算实际成本与预算成本、实际成本与目标成本的偏差，分析偏差产生的原因，为今后的分部分项工程成本寻求节约途径。

［**答案**］BD

知识点 8 施工成本管理方法——成本考核

一、成本考核的内容

施工成本的考核包括企业对项目成本的考核和企业对项目经理部可控责任成本的考核。

二、成本考核指标

（一）企业的项目成本考核指标

项目施工成本降低额和降低率的计算见下式：

$$项目施工成本降低额=项目施工合同成本-项目实际施工成本$$

$$项目施工成本降低率=\frac{项目施工成本降低额}{项目施工合同成本}\times 100\%$$

（二）项目经理部可控责任成本考核指标

（1）项目经理责任目标总成本降低额和降低率的计算见下式：

$$目标总成本降低额=项目经理责任目标总成本-项目竣工结算总成本$$

$$目标总成本降低率=\frac{目标总成本降低额}{项目经理责任目标总成本}\times 100\%$$

（2）施工责任目标成本实际降低额和降低率的计算见下式：

$$施工责任目标成本实际降低额=施工责任目标总成本-工程竣工结算总成本$$

$$施工责任目标成本实际降低率=\frac{施工责任目标成本实际降低额}{施工责任目标总成本}\times 100\%$$

（3）施工计划成本实际降低额和降低率的计算见下式：

$$施工计划成本实际降低额=施工计划总成本-工程竣工结算总成本$$

$$施工计划成本实际降低率=\frac{施工计划成本实际降低额}{施工计划总成本}\times 100\%$$

➤ **考分统计**：统计近 10 年本知识点，在 2016、2017 年进行考核，考核频次为 20%，其中，2016 年考核一道多选题，2017 年考核一道单选题。

典型例题

[**2017 真题 · 单选**] 下列施工成本考核指标中，属于施工企业对项目成本考核的是（　　）。

A. 项目施工成本降低率

B. 目标总成本降低率

C. 施工责任目标成本实际降低率

D. 施工计划成本实际降低率

[**解析**] 本题考查的是成本考核。项目施工成本降低额=项目施工合同成本-项目实际施工成本；项目施工成本降低率=项目施工成本降额/项目施工合同成本×100%。

[**答案**] A

[**2016 真题 · 多选**] 施工成本管理中，企业对项目经理部可控责任成本进行考核的指标有（　　）。

A. 直接成本降低率

B. 预算总成本降低率

C. 责任目标总成本降低率

D. 施工责任目标成本实际降低率

E. 施工计划成本实际降低率

［**解析**］本题考查的是成本考核。施工成本考核包括企业对项目成本的考核和企业对项目经理部可控责任成本的考核。项目经理部可控责任成本考核指标包括：①项目经理责任目标总成本降低额和降低率；②施工责任目标成本实际降低额和降低率；③施工计划成本实际降低额和降低率。

［**答案**］CDE

知识点 9　工程变更管理

工程变更是指施工合同履行过程中出现与签订合同时的预计条件不一致的情况，而需要改变原定施工承包范围内的某些工作内容。

一、工程变更的范围和内容

根据九部委发布的《标准施工招标文件》中的通用合同条款，工程变更包括以下 5 个方面：

（1）取消合同中任何一项工作，但被取消的工作不能转由发包人或其他人实施。

（2）改变合同中任何一项工作的质量或其他特性。

（3）改变合同工程的基线、标高、位置或尺寸。

（4）改变合同中任何一项工作的施工时间或改变已批准的施工工艺或顺序。

（5）为完成工程需要追加的额外工作。

二、工程变更程序

（一）监理人指示的工程变更

（1）监理人直接指示的工程变更。

（2）与施工承包单位协商后确定的工程变更。

（二）施工承包单位提出的工程变更

（1）施工承包单位建议的变更。

（2）施工承包单位要求的变更。

➤ **点拨**：涉及变更的时间都是 14 天。

➤ **考分统计**：统计近 10 年本知识点，在 2018 年考核一道多选题，考核频次为 10%。

典型例题

［**2018 真题·多选**］根据《标准施工招标文件》，工程变更的情形有（　　）。

A. 改变合同中某项工作的质量

B. 改变合同工程原定的位置

C. 改变合同中已批准的施工顺序

D. 为完成工程需要追加的额外工作

E. 取消某项工作，改由建设单位自行完成

［**解析**］本题考查的是工程变更管理。工程变更包括以下 5 个方面：①取消合同中任何一项工作，但被取消的工作不能转由发包人或其他人实施；②改变合同中任何一项工作的质量或其他特性；③改变合同工程的基线、标高、位置或尺寸；④改变合同中任何一项工作的施工时间或改变已批准的施工工艺或顺序；⑤为完成工程需要追加的额外工作。

［**答案**］ABCD

知识点 10 工程索赔管理

一、工程索赔产生的原因

（1）业主方（包括建设单位和监理人）违约。

（2）合同缺陷。

（3）合同变更。

（4）工程环境的变化。

（5）不可抗力或不利的物质条件。

二、工程索赔的分类

工程索赔的分类见表 6-4-1。

表 6-4-1 工程索赔的分类

划分标准	具体类型
索赔的合同依据	合同中明示的索赔和合同中默示的索赔
索赔的目的	工期索赔和费用索赔
索赔事件的性质	工程延期索赔、工程变更索赔、合同被迫终止索赔、工程加速索赔、意外风险和不可预见因素索赔和其他索赔

三、工程索赔处理程序

（一）施工承包单位的索赔程序

（1）施工承包单位应在知道或应当知道索赔事件发生后 28 天内，向监理人递交索赔意向通知书，并说明发生索赔事件的事由。未在前述 28 天内发出索赔意向通知书的，丧失要求追加付款和（或）延长工期的权利。

（2）施工承包单位应在发出索赔意向通知书后 28 天内，向监理人正式递交索赔通知书，详细说明索赔理由以及要求追加的付款金额和（或）延长的工期。

（3）索赔事件具有连续影响的，施工承包单位应按合理时间间隔继续递交延续索赔通知。在索赔事件影响结束后的 28 天内，施工承包单位应向监理人递交最终索赔通知书。

（二）监理人处理索赔的程序

在收到索赔通知后 42 天内，将索赔处理结果答复施工承包单位。

施工承包单位接受索赔处理结果的，建设单位应在作出索赔处理结果答复后 28 天内完成赔付。

➤ **考分统计**：统计近 10 年本知识点，在 2013、2014、2020 年进行考核，考核频次为 30%，各年分别考核一道单选项，2020 年考核一道多选题。

典型例题

［**2014 真题·单选**］下列可导致承包商索赔的原因中，属于业主方违约的是（　　）。

A. 业主指令增加工程量

B. 业主要求提高设计标准

C. 监理人不按时组织验收

D. 材料价格大幅度上涨

［解析］本题考查的是工程索赔管理。选项 A、B 属于合同变更导致索赔事件发生；选项 D 属于工程环境的变化引起的索赔。

［答案］C

［**2020 真题・多选**］按索赔目的不同，工程索赔可分为（　　）。

A. 合同中明示的索赔　　B. 合同中默示的索赔

C. 工期索赔　　D. 费用索赔

E. 工程变更索赔

［解析］按索赔的目的分类，工程索赔可分为工期索赔和费用索赔。

［答案］CD

知识点 11 费用偏差及其表示方法

费用偏差是指工程项目投资或成本的实际值与计划值之间的差额。

对费用偏差和进度偏差的分析可以利用拟完工程计划费用（*BCWS*）、已完工程实际费用（*ACWP*）、已完工程计划费用（*BCWP*）三个参数完成。

一、偏差表示方法

（一）费用偏差（*CV*）

费用偏差的计算见下式：

费用偏差（*CV*）＝已完工程计划费用－已完工程实际费用

已完工程计划费用（*BCWP*）＝∑已完工程量（实际工程量）×计划单价

已完工程实际费用（*ACWP*）＝∑已完工程量（实际工程量）×实际单价

$CV>0$，表示工程费用节约；$CV<0$，表示工程费用超支。

（二）进度偏差（*SV*）

进度偏差的计算见下式：

进度偏差（*SV*）＝已完工程计划费用－拟完工程计划费用

已完工程计划费用（*BCWP*）＝∑已完工程量（实际工程量）×计划单价

拟完工程计划费用（*BCWS*）＝∑拟完工程量（计划工程量）×计划单价

$SV>0$，表示工程进度超前；$SV<0$，表示工程进度拖后。

二、偏差参数

（1）局部偏差与累计偏差。

（2）绝对偏差与相对偏差。

（3）绩效指数。

1）费用绩效指数（*CPI*）的计算见下式：

$$费用绩效指数（CPI）=\frac{已完工程计划费用（BCWP）}{已完工程实际费用（ACWP）}$$

$CPI>1$，表示实际费用节约；$CPI<1$，表示实际费用超支。

2）进度绩效指数（*SPI*）的计算见下式：

$$进度绩效指数（SPI）=\frac{已完工程计划费用（BCWP）}{拟完工程计划费用（BCWS）}$$

$SPI>1$，表示实际进度超前；$SPI<1$，表示实际进度拖后。

➤ **考分统计**：统计近10年本知识点，在2013、2014、2016、2017、2018、2019、2020、2021年进行考核，考核频次为80%，其中，2013、2019年考核一道多选题，2014、2016、2017、2018、2020、2021年分别考核一道单选题。

典型例题

[**2021真题·单选**] 某工程建设至2020年10月底，经统计可得，已完工程计划费用为2000万元，已完工程实际费用为2300万元，拟完工程计划费用为1800万元。则该工程此刻的费用绩效指数为（　　）。

A. 0.87　　B. 0.9　　C. 1.11　　D. 1.15

[**解析**] 费用绩效指标=2000/2300≈0.87。

[**答案**] A

[**2020真题·单选**] 采用挣值分析法动态监控工程进度和费用时，若在某一时点计算得到费用绩效指数>1，进度绩效指数<1，则表明该工程目前的实际状况为（　　）。

A. 费用节约，进度超前　　B. 费用超支，进度拖后

C. 费用节约，进度拖后　　D. 费用超支，进度超前

[**解析**] 费用绩效指数CPI>1，表示实际费用节约；CPI<1，表示实际费用超支。进度绩效指数SPI>1，表示实际进度超前；SPI<1，表示实际进度拖后。

[**答案**] C

[**2018真题·单选**] 某工程施工至月底时的情况为：已完工程量120m，实际单价8000元/m，计划工程量100m，计划单价7500元/m。则该工程在当月底的费用偏差为（　　）。

A. 超支6万元　　B. 节约6万元

C. 超支15万元　　D. 节约15万元

[**解析**] 本题考查的是费用偏差及其表示方法。费用偏差（CV）=已完工程计划费用（$BCWP$）－已完工程实际费用（$ACWP$）=120×7500－120×8000=－6（万元）；当CV<0时，说明工程费用超支。

[**答案**] A

[**2017真题·单选**] 某工程施工至2016年12月底，已完工程计划费用2000万元，拟完工程计划费用2500万元，已完工程实际费用为1800万元，则此时该工程的费用绩效指数CPI为（　　）。

A. 0.8　　B. 0.9

C. 1.11　　D. 1.25

[**解析**] 本题考查的是费用偏差及其表示方法。费用绩效指数（CPI）=已完工程计划费用（$BCWP$）/已完工程实际费用（$ACWP$）=2000/1800≈1.11。

[**答案**] C

[**2016真题·单选**] 某工程施工至某月底，经统计分析得：已完工程计划费用1800万元，已完工程实际费用2200万元，拟完工程计划费用1900万元，则该工程此时的进度偏差是（　　）万元。

A. －100　　B. －200　　C. －300　　D. －400

[**解析**] 本题考查的是费用偏差及其表示方法。进度偏差（SV）=已完工程计划费用（$BCWP$）－拟完工程计划费用（$BCWS$）=1800－1900=－100（万元）。

[答案] A

[2014 真题·单选] 某工程施工至 2014 年 7 月底，已完工程计划费用（*BCWP*）为 600 万元，已完工程实际费用（*ACWP*）为 800 万元，拟完工程计划费用（*BCWS*）为 700 万元，则该工程此时的偏差情况是（ ）。

A. 费用节约，进度提前

B. 费用超支，进度拖后

C. 费用节约，进度拖后

D. 费用超支，进度提前

[解析] 本题考查的是费用偏差及其表示方法。费用偏差（*CV*）＝已完工程计划费用（*BCWP*）－已完工程实际费用（*ACWP*）＝600－800＝－200＜0；当 *CV*＜0 时，说明工程费用超支。进度偏差（*SV*）＝已完工程计划费用（*BCWP*）－拟完工程计划费用（*BCWS*）＝600－700＝－100＜0；当 *SV*＜0 时，说明工程进度拖后。

[答案] B

知识点 12 常用偏差分析方法

常用偏差分析方法有横道图法、时标网络图法、表格法和曲线法，具体内容见表 6-4-2。

表 6-4-2 常用偏差分析方法

方法	优点	缺点
横道图法	简单直观，便于掌握工程费用的全貌	反映的信息量少，应用具有一定的局限性
时标网络图法	简单、直观，可用来反映累计偏差和局部偏差	实际进度前锋线的绘制需要有工程网络计划为基础
表格法 （最常用的方法）	灵活、适用性强，可根据实际需要设计表格；信息量大，可借助于电子计算机	—
曲线法	形象、直观	很难用于局部偏差分析

➤ **考分统计**：统计近 10 年本知识点，在 2017 年考核一道单选题，2020 年考核一道多选题，考核频次为 20%。

典型例题

[2020 真题·多选] 进行工程费用动态监控时，可采用的偏差分析方法有（ ）。

A. 横道图法

B. 时标网络图法

C. 表格法

D. 曲线法

E. 分层法

[解析] 常用偏差分析方法有横道图法、时标网络图法、表格法和曲线法。

[答案] ABCD

知识点 13 偏差产生的原因及控制措施

一、偏差产生的原因

偏差产生的原因见表 6-4-3。

表 6-4-3　偏差产生的原因

原因	内容
客观原因	人工费涨价、材料涨价、设备涨价、利率及汇率变化、自然因素、地基因素、交通原因、社会原因、法规变化等
建设单位原因	增加工程内容、投资规划不当、组织不落实、建设手续不健全、未按时付款、协调出现问题等
设计原因	设计错误或漏项、设计标准变更、设计保守、图纸提供不及时、结构变更等
施工原因	施工组织设计不合理、质量事故、进度安排不当、施工技术措施不当、与外单位关系协调不当等

二、费用偏差的纠正措施

(一) 组织措施

组织措施是指从费用控制的组织管理方面采取的措施，包括落实费用控制的组织机构和人员，明确各级费用控制人员的任务、职责分工，改善费用控制工作流程等。组织措施是其他措施的前提和保障。

(二) 经济措施

经济措施主要是指审核工程量和签发支付证书，包括检查费用目标分解是否合理，检查资金使用计划有无保障，是否与进度计划发生冲突，工程变更有无必要，是否超标等。

(三) 技术措施

技术措施主要是指对工程方案进行技术经济比较，包括制定合理的技术方案，进行技术分析，针对偏差进行技术改正等。

(四) 合同措施

在纠偏方面主要是指索赔管理。在施工过程中常出现索赔事件，要认真审查有关索赔依据是否符合合同规定，索赔计算是否合理等，从主动控制的角度，加强日常的合同管理，落实合同规定的责任。

➢ **考分统计**：统计近 10 年本知识点，在 2013 年考核一道单选题，2021 年考核一道单选题、一道多选题，考核频次为 20%。

典型例题

[**2021 真题·单选**] 下列引起工程费用偏差的情形中，属于施工单位原因的是（　　）。

A. 设计标准变更　　B. 增加工程内容

C. 施工进度安排不当　　D. 建设手续不健全

[**解析**] 施工原因包括：施工组织设计不合理、质量事故、进度安排不当、施工技术措施不当、与外单位关系协调不当等。

[**答案**] C

[**2013 真题·单选**] 在工程费用监控过程中，明确费用控制人员的任务和职责分工，改善费用控制工作流程等措施，属于费用偏差纠正的（　　）。

A. 合同措施　　B. 技术措施

C. 经济措施　　D. 组织措施

[**解析**] 本题考查的是偏差产生的原因及控制措施。组织措施是指从费用控制的组织管理方面采取的措施，包括落实费用控制的组织机构和人员，明确各级费用控制人员的任务、职责分工，改善费用控制工作流程等。组织措施是其他措施的前提和保障。

[**答案**] D

［2021 真题·多选］下列引起工程费用偏差的情形中，属于建设单位原因的有（　　）。

A. 材料涨价　　B. 投资规划不当

C. 施工组织不合理　　D. 增加工程内容

E. 施工质量事故

［解析］建设单位原因包括：增加工程内容、投资规划不当、组织不落实、建设手续不健全、未按时付款、协调出现问题等。

［答案］BD

第五节　竣工阶段造价管理的内容和方法

知识点 1　工程价款结算的主要方式和内容

一、工程价款的结算方式

（1）按月结算。

（2）分段结算。

发承包双方还可约定其他结算方式。

二、工程价款结算的主要内容

（1）竣工结算。

（2）分阶段结算。

（3）专业分包结算。

（4）合同中止结算。

知识点 2　工程竣工结算的审查

工程竣工结算分为单位工程竣工结算（实际施工人编制）、单项工程竣工结算（总承包单位编制）和工程项目竣工总结算（总承包单位编制）三级。

一、施工承包单位的内部审查

施工承包单位内部审查工程竣工结算的主要内容包括：

（1）审查结算的项目范围、内容与合同约定的项目范围、内容的一致性。

（2）审查工程量计算的准确性、工程量计算规则与计价规范或定额的一致性。

（3）审查执行合同约定或现行的计价原则、方法的严格性。

（4）审查变更签证凭据的真实性、合法性、有效性，核准变更工程费用。

（5）审查索赔是否依据合同约定的索赔处理原则、程序和计算方法以及索赔费用的真实性、合法性、准确性。

（6）审查取费标准执行的严格性，并审查取费依据的时效性、相符性。

二、建设单位的审查

（1）审查工程竣工结算的递交程序和资料的完备性。

（2）审查与工程竣工结算有关的各项内容。

1）工程施工合同的合法性和有效性。

2）工程施工合同范围以外调整的工程价款。

3）分部分项工程、措施项目、其他项目的工程量及单价。

4）建设单位单独分包工程项目的界面划分和总承包单位的配合费用。

5）工程变更、索赔、奖励及违约费用。

6）取费、税金、政策性调整以及材料价差计算。

7）实际施工工期与合同工期产生差异的原因和责任，以及对工程造价的影响程度。

8）其他涉及工程造价的内容。

三、工程竣工结算的审查时限

工程竣工结算的审查时限见表6-5-1。

表6-5-1　工程竣工结算的审查时限

工程竣工结算报告金额/万元	审查时限/天 (从接到竣工结算报告和完整的竣工结算资料之日起)
500以下	20
500～2000	30
2000～5000	45
5000以上	60

➢ **考分统计**：统计近10年本知识点，在2013、2015、2017年进行考核，考核频次为30%，其中2013、2017年分别考核一道多选题，2015年考核一道单选题。

典型例题

［**2015真题·单选**］根据《建设工程价款结算暂行办法》，对于施工承包单位递交的金额为6000万元的工程竣工结算报告，建设单位的审查时限是（　　）天。

A. 30　　B. 45　　C. 60　　D. 90

［**解析**］本题考查的是工程竣工结算的审查。工程竣工结算报告金额5000万元以上的，建设单位的审查时限是60天。

［**答案**］C

［**2017真题·多选**］关于工程竣工结算的说法，正确的有（　　）。

A. 工程竣工结算分为单位工程竣工结算和单项工程竣工结算

B. 工程竣工结算均由总承包单位编制

C. 建设单位审查工程竣工结算的递交程序和资料的完整性

D. 施工承包单位要审查工程竣工结算的项目内容与合同约定内容的一致性

E. 建设单位要审查实际施工工期对工程造价的影响程度

［**解析**］本题考查的是工程竣工结算的审查。工程竣工结算分为单位工程竣工结算、单项工程竣工结算和工程项目竣工总结算，选项A错误；单位工程竣工结算由施工承包单位编制，建设单位审查；实行总承包的工程，由具体承包单位编制单位工程竣工结算，在总承包单位审查的基础上，由建设单位审查，选项B错误。

［**答案**］CDE

［**2013 真题·多选**］施工承包单位内部审查工程竣工结算的主要内容有（　　）。

A. 工程结算资料的完备性　　B. 工程量计算的准确性

C. 取费标准执行的严格性　　D. 工程结算资料递交程序的合法性

E. 取费依据的时效性

［**解析**］本题考查的是工程竣工结算的审查。施工承包单位内部审查工程竣工结算的主要内容包括：①审查结算的项目范围、内容与合同约定的项目范围、内容的一致性。②审查工程量计算的准确性、工程量计算规则与计价规范或定额的一致性。③审查执行合同约定或现行的计价原则、方法的严格性。对于工程量清单或定额缺项以及采用新材料、新工艺的，应根据施工过程中的合理消耗和市场价格审核结算单价。④审查变更签证凭据的真实性、合法性、有效性，核准变更工程费用。⑤审查索赔是否依据合同约定的索赔处理原则、程序和计算方法以及索赔费用的真实性、合法性、准确性。⑥审查取费标准执行的严格性，并审查取费依据的时效性、相符性。

［**答案**］BCE

知识点 3　缺陷责任期的起算时间及延长

工程质量保证金（保修金）是指建设单位与施工承包单位在工程承包合同中约定，从应付工程款中预留、用以保证施工承包单位在缺陷责任期内对建设工程出现的缺陷进行维修的资金。

缺陷是指建设工程质量不符合工程建设强制性标准、设计文件及工程承包合同的约定。

缺陷责任期实质上是预留工程质量保证金的一个期限。

一、缺陷责任期的起算时间

缺陷责任期自工程实际竣工日期起计算。

二、缺陷责任期的延长

缺陷责任期最长不超过 2 年。

知识点 4　工程质量保证金的预留

发包人应当在招标文件中明确保证金预留、返还等内容，并与承包人在合同条款中对涉及保证金的下列事项进行约定：

（1）保证金预留、返还方式。

（2）保证金预留比例、期限。

（3）保证金是否计付利息，如计付利息，利息的计算方式。

（4）缺陷责任期的期限及计算方式。

（5）保证金预留、返还及工程维修质量、费用等争议的处理程序。

（6）缺陷责任期内出现缺陷的索赔方式。

（7）逾期返还保证金的违约金支付办法及违约责任。

发包人应按合同约定方式预留保证金，保证金总预留比例不得高于工程价款结算总额的 3%。合同约定由承包人以银行保函替代预留保证金的，保函金额不得高于工程价款结算总额的 3%。

知识点 5 工程质量保证金的使用和返还

一、工程质量保证金的使用

施工承包单位应在缺陷责任期内对已交付使用的工程承担缺陷责任。

在工程使用过程中发现已由建设单位接收的工程存在新的缺陷部位或部件又遭损坏的，施工承包单位应负责修复，直至检验合格为止。

因施工承包单位原因造成的缺陷，施工承包单位应承担修复和查验费用。施工承包单位不能在合理时间内修复缺陷的，建设单位可自行修复或委托其他人修复，所需费用和利润应由施工承包单位承担。

因建设单位原因造成的缺陷，建设单位应承担修复和查验费用，并支付施工承包单位合理利润。因他人或不可抗力原因造成的缺陷，施工承包单位不承担修复和查验费用，建设单位不得从工程质量保证金中扣除费用。

建设单位委托施工承包单位修复的，建设单位应支付施工承包单位相应的修复和查验费用。

二、工程质量保证金的返还

缺陷责任期满时，施工承包单位向建设单位申请返还工程质量保证金。

发包人在接到承包人返还保证金申请后，应于 14 天内会同承包人按照合同约定的内容进行核实。

同步强化训练

一、单项选择题（每题的备选项中，只有 1 个最符合题意）

1. 具体描述工业项目的主要用途和目的的活动是指（　　）策划。

A. 定位　　B. 定义
C. 项目系统　　D. 功能

2. 工程项目实施过程策划是指（　　）。

A. 对工程项目实施的任务分解和组织工作策划
B. 对工程项目实施组织建设和组织工作分工的策划
C. 对工程项目的目的和要求进行定义的过程
D. 对工程项目融资方式等工作构思活动

3. 采用经济计算法进行技术方案比选的优点是（　　）。

A. 较准确地计算各方案经济效益　　B. 适用性强
C. 根据得分多少判断优劣　　D. 决策灵活

4. 对于非经营性项目，其财务收益包括（　　）。

A. 项目运营中追加的投资　　B. 可获得的各种补贴收入
C. 可获得的增值税返还　　D. 社会捐赠的各种设备收益

5. 区域经济与宏观经济影响分析应立足于项目的实施能够促进和保障经济有序高效运行和可持续发展，分析重点应是项目与区域发展战略和国家长远规划的关系。下列内容分别属于直接贡献和间接贡献的是（　　）。

A. 优化经济结构和改善生态环境　　B. 减少贫困和有效利用资源
C. 促进城市化和提高居民收入　　D. 带动相关产业和提高居民生活质量

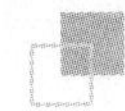

6. 经济分析主要是通过经济费用效益对项目进行评价，其中经济效益的计算原则是指（　　）。

A. 支付意愿（WTP）原则
B. 机会成本原则
C. 有无对比的原则
D. 不同情况区别对待原则

7. 对于没有营业收入、没有债务资金的非经营性项目，考察项目财务生存能力时，应合理估算（　　）。

A. 项目运营期各年所需的政府补贴数额
B. 短期借款的年份长短和数额大小
C. 项目计算期内的投资
D. 短期借款数额，分析其可靠性

8. 在进行融资前分析时，估算财务效益和费用时首先应估算（　　）。

A. 独立于融资方案的建设投资和营业收入
B. 经营成本和流动资金
C. 建设期利息
D. 固定资产原值

9. 下列选项中，不属于项目对区域经济或宏观经济的直接贡献的表现是（　　）。

A. 提高居民收入
B. 改善生态环境
C. 促进城市化
D. 增加就业

10. 在工程项目财务分析和经济分析中，经济分析采用（　　）计量，财务分析采用（　　）计量。

A. 影子价格、影子价格
B. 影子价格、预测的市场交易价格
C. 预测的市场交易价格、预测的市场交易价格
D. 预测的市场交易价格、影子价格

11. 下列关于限额设计的说法，正确的是（　　）。

A. 限额设计是通过减少使用功能，使工程造价大幅度降低
B. 限额设计可以降低技术标准，使工程造价大幅度降低
C. 限额设计是通过增加投资额，提升使用功能
D. 限额设计需要在投资额度不变的情况下，实现使用功能和建设规模的最大化

12. 限额设计的关键阶段是（　　）。

A. 投资决策阶段
B. 初步设计阶段
C. 施工图设计阶段
D. 施工阶段

13. 对工程项目总概算投资超过批准投资估算（　　）以上的，应当进行技术经济论证，需重新上报进行审批。

A. 10%
B. 25%
C. 50%
D. 60%

14. 下列属于综合费用法特点的是（　　）。

A. 没有考虑资金的时间价值
B. 是一种动态价值指标评价方法
C. 全面反映功能、质量、安全、环保等方面的差异
D. 适用于建设周期较长的工程

15. 关于施工图预算审查所采用的筛选审查法特点的说法，正确的是（　　）。

A. 优点是全面、细致，审查的质量高；缺点是工作量大，审查时间较长
B. 优点是审查时间较短，审查效果好；缺点是应用范围较小

C. 优点是可加快工程量审查的速度；缺点是审查的精度较差

D. 优点是便于掌握，审查速度较快；缺点是有局限性

16. 根据《标准施工招标文件》，对于施工现场发掘的文物，发包人、监理人和承包人应按要求采取妥善保护措施，由此导致的费用增加应由（　　）承担。

A. 承包人　　B. 发包人

C. 承包人和发包人　　D. 发包人和监理人

17. 根据《标准施工招标文件》，由发包人提供的材料由于发包人原因发生交易地点变更的，发包人应承担的责任是（　　）。

A. 由此增加的费用，工期延误

B. 工期延误，但不考虑费用和利润的增加

C. 由此增加的费用和合理利润，但不考虑工期延误

D. 由此增加的费用，工期延误，以及承包商合理利润

18. 根据《建设项目工程总承包合同（示范文本）》，合同一方收到另一方关于合同价格调整的通知后，应当在收到通知后的（　　）日内以确认或提出修改意见。

A. 10　　B. 14　　C. 15　　D. 18

19. 根据《建设项目工程总承包合同（示范文本）》，下列关于预付款支付和抵扣的说法，正确的是（　　）。

A. 合同约定预付款保函的，发包人应在合同生效后支付预付款

B. 合同未约定预付款保函的，发包人应在合同生效后 10 日内支付预付款

C. 预付款抵扣方式和比例，应在合同通用条款中规定

D. 预付款抵扣完后，发包人无须向承包人退还预付款保函

20. 下列方法中，可用于编制工程项目成本计划的是（　　）。

A. 挣值分析法　　B. 目标利润法

C. 工期-成本同步分析法　　D. 成本分析表法

二、多项选择题（每题的备选项中，有 2 个或 2 个以上符合题意，至少有 1 个错项）

1. 下列属于区域经济与宏观经济影响分析采用的社会与环境指标的有（　　）。

A. 就业效果指标　　B. 收益分配效果指标

C. 资源合理利用指标　　D. 环境影响效果指标

E. 影响力系数指标

2. 根据我国的现行规定，应做经济费用效益分析的项目包括（　　）。

A. 产出具有公共产品特征的项目

B. 外部效果显著的项目

C. 资源开发项目

D. 涉及国家经济安全的项目

E. 行政干预不到的项目

3. 在工程项目限额设计实施程序中，目标推进通常包括（　　）阶段。

A. 制定限额设计的质量目标

B. 限额初步设计

C. 制定限额设计的造价目标

D. 限额施工图设计

E. 制定限额设计的进度目标

4. 合同类型不同，合同双方的义务和责任不同，各自承担的风险也不尽相同。建设单位选择适合的合同类型应综合考虑的因素包括（　　）。

A. 工程项目的复杂程度　　B. 工程项目的设计深度

C. 施工技术的先进程度　　D. 施工工期的紧迫程度

E. 工程造价的控制难度

5. 划分施工标段时，应考虑的因素包括（　　）。

A. 工程特点　　B. 对工程造价的影响

C. 承包单位专长的发挥　　D. 施工工期

E. 工地管理

6. 根据《标准施工招标文件》中的合同条款，签约合同价包含的内容有（　　）。

A. 变更价款　　B. 暂列金额

C. 索赔费用　　D. 结算价款

E. 暂估价

7. 根据 FIDIC《土木工程施工合同条件》，下列关于 DAAB 对争端的裁决的说法，正确的有（　　）。

A. DAAB 在收到书面报告后 84 天内对争端作出裁决，并说明理由

B. 如果合同一方对 DAAB 的裁决不满，则应在收到裁决后的 84 天内向合同对方发出表示不满的通知，并说明理由

C. 如果双方接受 DAAB 的裁决，则该裁决将成为最终的决定并对合同双方均具有约束力

D. DAAB 的裁决作出后，在未通过友好解决或仲裁改变该裁决之前，双方应当执行该裁决

E. DAAB 的裁决作出后，如果合同一方对 DAAB 的裁决不满，可暂缓执行该裁决

8. 采用可调价格计价方式时，合同价款的调整因素包括（　　）。

A. 法律、行政法规和国家有关政策变化影响合同价款

B. 工程造价管理部门公布的价格调整

C. 一周内非分包人原因停水、停电、停气造成停工累计超过 8 小时

D. 合同变更导致合同价款的增减

E. 非分包人原因导致的工程进度的延误

9. 下列方法中，可用于编制工程项目成本计划的有（　　）。

A. 挣值分析法　　B. 目标利润法

C. 工期-成本同步分析法　　D. 成本分析表法

E. 技术进步法

10. 施工承包单位内部审查工程竣工结算的主要内容包括（　　）。

A. 审查结算的项目范围、内容与合同约定的项目范围、内容的一致性

B. 审查工程量计算的准确性、工程量计算规则与计价规范或定额的一致性

C. 审查执行合同约定或现行的计价原则、方法的严格性

D. 审查变更签证凭据的真实性、合法性、有效性，核准变更工程费用

E. 审查工程竣工结算的递交程序和资料的完备性

参考答案及解析

一、单项选择题

1. [答案] B

[解析] 工程项目定义是指要明确界定工程项目的用途、性质，如某类工业项目、交通运输项目等，具体描述工程项目的主要用途和目的。

2. [答案] A

[解析] 工程项目实施过程策划是对工程项目实施的任务分解和组织工作策划，包括设计、施工、采购任务的招投标，合同结构，项目管理机构设置、工作程序、制度及运行机制，项目管理组织协调，管理信息收集、加工处理和应用等。

3. [答案] A

[解析] 经济计算法是通过指标的大小来到判断方案的优劣，是一种准确的方案比选方法。可应用于较准确地计算各方案经济效益的场合，如价值工程中的新产品开发、技术改造、可行性研究中的投资方案等。

4. [答案] B

[解析] 对于以提供公共产品服务于社会或以保护环境等为目标的非经营性项目，往往没有直接的营业收入，也就没有直接的财务效益。这类项目需要政府提供补贴才能维持正常运转，应将补贴作为项目的财务收益，通过预算平衡计算所需要补贴的数额。

5. [答案] B

[解析] 项目对区域经济或宏观经济的直接贡献通常表现在：促进经济增长、优化经济结构、提高居民收入、增加就业、减少贫困、扩大进出口、改善生态环境、增加地方或国家财政收入、保障国家经济安全等方面。项目对区域经济或宏观经济影响的间接贡献表现在：促进人口合理分布和流动，促进城市化，带动相关产业，克服经济瓶颈，促进经济社会均衡发展，提高居民生活质量，合理开发、有效利用资源，促进技术进步，提高产业国际竞争力等方面。

6. [答案] A

[解析] 经济效益的计算应遵循支付意愿（WTP）原则和（或）接受补偿意愿（WTA）原则；经济费用的计算应遵循机会成本原则。

7. [答案] A

[解析] 对于非经营性项目，财务分析可按下列要求进行：对没有营业收入的项目，不进行盈利能力分析，主要考察项目财务生存能力。此类项目通常需要政府长期补贴才能维持运营，应合理估算项目运营期各年所需的政府补贴数额，并分析政府补贴的可能性与支付能力。对有债务资金的项目，还应结合借款偿还要求进行财务生存能力分析。

8. [答案] A

[解析] 财务效益和费用的估算步骤应该与财务分析的步骤相匹配。在进行融资前分析时，应先估算独立于融资方案的建设投资和营业收入，然后是经营成本和流动资金。在进行融资后分析时，应先确定初步融资方案，然后估算建设期利息，进而完成固定资产原值的估算，通过还本付息计算求得运营期各年利息，最终完成总成本费用的估算。

9. [答案] C

[解析] 项目对区域经济或宏观经济的直接贡献通常表现在：促进经济增长、优化经济结构、提高居民收入、增加就业、减少贫困、扩大进出口、改善生态环境、增加地方或国家财政收入、保障国家经济安全等方面。选项 C 属于间接贡献的表现。

10. [答案] B

[解析] 本题考查的是工程项目经济评价。在工程项目财务分析和经济分析中，经济分析采用影子价格计量，财务分析采用预测的市场交易价格计量。

11. [答案] D

[解析] 限额设计中，工程使用功能不能减少，技术标准不能降低，工程规模也不能削减。因此，限额设计需要在投资额度不变的情况下，实现使用功能和建设规模的

最大化。

12. [答案] A

[解析] 限额设计的工作内容包括投资决策阶段、初步设计阶段和施工图设计阶段。其中，投资决策阶段是限额设计的关键。

13. [答案] A

[解析] 对工程项目总概算投资超过批准投资估算10%以上的，应当进行技术经济论证，需重新上报进行审批。

14. [答案] A

[解析] 综合费用法是一种静态价值指标评价方法，没有考虑资金的时间价值，只适用于建设周期较短的工程。此外，由于综合费用法只考虑费用，未能反映功能、质量、安全、环保等方面的差异，因而只有在方案的功能、建设标准等条件相同或基本相同时才能采用。

15. [答案] D

[解析] 筛选审查法属于一种对比方法，即对数据加以汇集、优选、归纳，建立基本值，并以基本值为准进行筛选，对于未被筛下去的，即不在基本值范围内的数据进行较为详尽的审查。其优点是便于掌握，审查速度较快；缺点是有局限性，较适用于住宅工程或不具备全面审查条件的工程项目。

16. [答案] B

[解析] 在施工场地发掘的所有文物、古迹以及具有地质研究或考古价值的其他遗迹、化石、钱币或物品属于国家所有。一旦发现上述文物，承包人应采取有效合理的保护措施，防止任何人员移动或损坏上述物品，并立即报告当地文物行政部门，同时通知监理人。发包人、监理人和承包人应按文物行政部门要求采取妥善保护措施，由此导致费用增加和（或）工期延误由发包人承担。

17. [答案] D

[解析] 发包人提供的材料和工程设备的规格、数量或质量不符合合同要求，或由于发包人原因发生交货日期延误及交货地点变更等情况的，发包人应承担由此增加的费用和（或）工程延误，并向承包人支付合理利润。

18. [答案] C

[解析] 在下述情况发生后30日内，合同双方均有权将调整合同价格的原因及调整金额以书面形式通知对方或监理人。经发包人确认的合理金额，作为合同价格的调整金额，并在支付当期工程进度款时支付或扣减调整的金额。一方收到另一方通知后15日内不予确认，也未能提出修改意见的，视为已经同意该项价格的调整。

19. [答案] B

[解析] 合同约定了预付款保函时，发包人应在合同生效及收到承包人提交的预付款保函后10日内，根据约定的预付款金额，一次支付给承包人；未约定预付款保函时，发包人应在合同生效后10日内，根据约定的预付款金额，一次支付给承包人。预付款抵扣方式、抵扣比例和抵扣时间安排，在专用条款中约定。工程预付款的支付依据预付款支付的约定执行。预付款抵扣完后，发包人应及时向承包人退还付款保函。

20. [答案] B

[解析] 可用于编制工程项目成本计划的方法是目标利润法。

二、多项选择题

1. [答案] ABCD

[解析] 社会与环境指标主要包括就业效果指标、收益分配效果指标、资源合理利用指标和环境影响效果指标等。为了分析项目对贫困地区经济的贡献，可设置贫困地区收益分配比重指标。

2. [答案] ABCD

[解析] 应做经济费用效益分析的项目包括：①具有垄断特征的项目；②产出具有公共产品特征的项目；③外部效果显著的项目；④资源开发项目；⑤涉及国家经济安全的项目；⑥受过度行政干预的项目。

3. [答案] BD

[解析] 限额设计实施过程，可分为目标制

定、目标分解、目标推进和成果评价四个阶段。目标推进通常包括限额初步设计和限额施工图设计两个阶段。

4. [答案] ABCD

[解析] 建设单位应综合考虑以下因素来选择适合的合同类型：①工程项目的复杂程度；②工程项目的设计深度；③施工技术的先进程度；④施工工期的紧迫程度。

5. [答案] ABCE

[解析] 划分施工标段时，应考虑的因素包括工程特点、对工程造价的影响、承包单位专长的发挥、工地管理等。

6. [答案] BE

[解析] 签约合同价是指签定合同时合同协议书中写明的，包括暂列金额、暂估价的合同总金额。

7. [答案] ACD

[解析] DAAB在收到书面报告后84天内对争端作出裁决，并说明理由。如果合同一方对DAAB的裁决不满，则应在收到裁决后的28天内向合同对方发出表示不满的通知，并说明理由，表明准备提请仲裁。如果DAAB未在84天内对争端作出裁决，则双方中的任何一方均有权在84天期满后的28天内向对方发出要求仲裁的通知。如果双方接受DAAB的裁决，或者没有按规定发出表示不满的通知，则该裁决将成为最终的决定并对合同双方均具有约束力。DAAB的裁决作出后，在未通过友好解决或仲裁改变该裁决之前，双方应当执行该裁决。

8. [答案] ABC

[解析] 合同价款的调整包括以下情况：①合同签订后，因法律、国家政策和需遵守的行业规定发生变化，影响到合同价格增减的；②合同执行过程中，工程造价管理部门公布的价格调整，涉及承包人投入成本增减的；③一周内非承包人原因的停水、停电、停气、道路中断等，造成工程现场停工累计超过8小时的（承包人须提交报告并提供可证实的证明和估算）；④发包人根据变更程序中批准的变更估算的增减；⑤本合同约定的其他增减的款项调整。

9. [答案] BE

[解析] 成本计划的编制方法包括：①目标利润法；②技术进步法；③按实计算法；④定率估算法（历史资料法）。

10. [答案] ABCD

[解析] 施工承包单位内部审查工程竣工结算的主要内容包括：①审查结算的项目范围、内容与合同约定的项目范围、内容的一致性。②审查工程量计算的准确性、工程量计算规则与计价规范或定额的一致性。③审查执行合同约定或现行的计价原则、方法的严格性。对于工程量清单或定额缺项以及采用新材料、新工艺的，应根据施工过程中的合理消耗和市场价格审核结算单价。④审查变更签证凭据的真实性、合法性、有效性，核准变更工程费用。⑤审查索赔是否依据合同约定的索赔处理原则、程序和计算方法以及索赔费用的真实性、合法性、准确性。⑥审查取费标准执行的严格性，并审查取费依据的时效性、相符性。

参考文献

［1］ 中华人民共和国住房和城乡建设部．建设工程工程量清单计价规范：GB 50500—2013［S］．北京：中国计划出版社，2013.

［2］ 中国建设工程造价管理协会标准．建设项目设计概算编审规程［S］．北京：中国计划出版社，2015.

［3］ 中国建设工程造价管理协会标准．建设项目工程竣工决算编制规程［S］．北京：中国计划出版社，2013.

［4］ 中国建设工程造价管理协会标准．建设工程造价鉴定规程［S］．北京：中国计划出版社，2012.

［5］ 王伍仁．EPC 工程总承包管理［M］．北京：中国建筑工业出版社，2010.

［6］ 全国一级建造师执业资格考试用书编写委员会．全国一级建造师执业资格考试用书［M］．北京：中国建筑工业出版社，2018.

［7］ 郭婧娟．工程造价管理［M］．北京：清华大学出版社、北京交通大学出版社，2005.

［8］ 柯洪．建设工程工程量清单与施工合同［M］．北京：中国建材工业出版社，2014.

［9］ 中国建设工程造价管理协会标准．建设项目全过程造价咨询规程［M］．北京：中国计划出版社，2009.

［10］ 马楠，张国兴等．工程造价管理［M］．北京：中国机械工业出版社，2009.

［11］ 李启明．土木工程合同管理（第三版）［M］．南京：东南大学出版社，2015.

［12］ 全国造价工程师职业资格考试培训教材编审委员会．建设工程造价管理［M］．北京：中国计划出版社，2019.

［13］ 刘伊生．建设工程项目管理理论与实务（第二版）［M］．北京：中国建筑工业出版社，2018.

［14］ 全国人民代表大会常务委员会．中华人民共和国招标投标法［Z］．2017.

［15］ 国务院．中华人民共和国招标投标法实施条例［Z］．2018.

［16］ 国务院．中华人民共和国增值税暂行条例［Z］．2017.

［17］ 国务院．中华人民共和国城市维护建设税暂行条例［Z］．2011.

［18］ 中国建设工程造价管理协会．建设工程造价管理理论与实务（四）［M］．北京：中国计划出版社，2017.

［19］ 中国建设工程造价管理协会．建设工程造价管理相关文件汇编［M］．北京：中国计划出版社，2016.

［20］ 中华人民共和国国家标准．工程造价术语标准：GB/T 50875—2013［S］．北京：中国计划出版社，2013.

［21］ 全国人民代表大会常务委员会．中华人民共和国民法典［Z］．2021.

［22］ 全国人民代表大会常务委员会．中华人民共和国政府采购法［Z］．2018.

［23］ 国家发展和改革委员会法规司．中华人民共和国标准设备采购招标文件［S］．北京：机械工业出版社，2018.

［24］ 国家发展和改革委员会法规司．中华人民共和国标准设计招标文件［S］．北京：机

械工业出版社，2018.

［25］全国人民代表大会常务委员会．中华人民共和国建筑法［Z］. 2019.

［26］中华人民共和国住房和城乡建设部．住房和城乡建设部关于修改房屋建筑和市政基础设施工程施工图设计文件审查管理办法的决定［Z］. 2018.

亲爱的读者：

如果您对本书有任何**感受、建议、纠错**，都可以告诉我们。我们会精益求精，为您提供更好的产品和服务。

祝您顺利通过考试！

扫码参与调查

环球网校造价工程师考试研究院